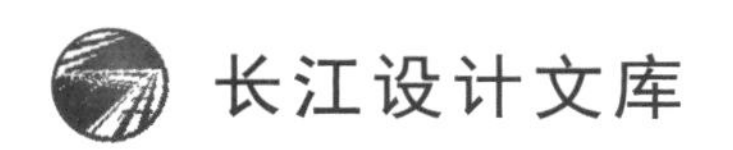

SHUIKU DABA ANQUAN JIANCE
SHUJU FENXI YU YUJING MOXING HE FANGFA

水库大坝安全监测数据分析与预警模型和方法

李双平　苏怀智／著

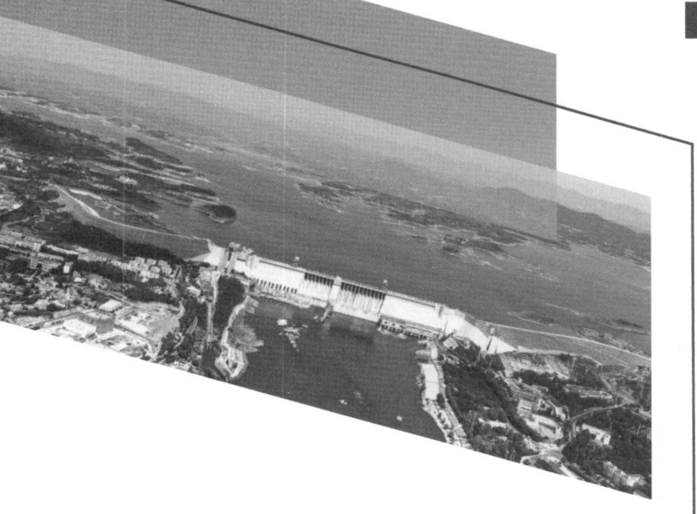

图书在版编目（CIP）数据

水库大坝安全监测数据分析与预警模型和方法 / 李双平，苏怀智著．-- 武汉：长江出版社，2024. 6.
ISBN 978-7-5492-9537-1

Ⅰ．TV698.2

中国国家版本馆 CIP 数据核字第 202406KC61 号

水库大坝安全监测数据分析与预警模型和方法
SHUIKUDABAANQUANJIANCESHUJUFENXIYUYUJINGMOMINGHEFANGFA
李双平　苏怀智　著

责任编辑：郭利娜
装帧设计：郑泽芒
出版发行：长江出版社
地　　址：武汉市江岸区解放大道 1863 号
邮　　编：430010
网　　址：https://www.cjpress.cn
电　　话：027-82926557（总编室）
　　　　　027-82926806（市场营销部）
经　　销：各地新华书店
印　　刷：武汉市首壹印务有限公司
规　　格：787mm × 1092mm
开　　本：16
印　　张：12.25
字　　数：240 千字
版　　次：2024 年 6 月第 1 版
印　　次：2024 年 6 月第 1 次
书　　号：ISBN 978-7-5492-9537-1
定　　价：79.00 元

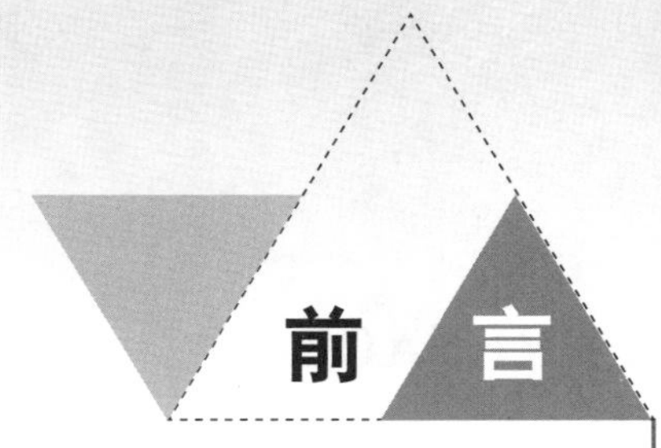

前言

PREFACE

我国水利水电资源丰富但分布不均，呈南丰北乏，尤以长江流域为盛的总体特征。在统筹流域水资源利用与调控、改善水资源空间分布方面，水库大坝作为流域关键节点工程发挥着重要作用。以南水北调、西电东送等国家战略为牵引，丹江口、三峡、溪洛渡、白鹤滩等为代表的高坝大库相继建成并投入使用，为相关地区电力、供水、防洪等提供了重要支撑，现已成为保障国民经济平稳运行的战略基础设施。

相较于常规工程，水库大坝具有工程规模大、服役环境恶劣、影响因素多、行为演化周期长、失事后果严重等突出特征。大坝工程的运行安全面临着不同于常规工程的风险和挑战。因此，本书以跟踪监控大坝工程系统行为响应、合理解译大坝监测数据资料、有效预警预报大坝行为趋势、准确评估大坝安全状态为主要抓手，希冀通过系统地建立健全水库大坝安全监测资料分析模型和方法，为保障水库大坝长期稳定安全运行提供科学参考。

全书共分6章，并以大坝工程安全监测资料为载体，对所建分析方法和模型进行了较为完备的应用与验证。第1章水库大坝安全监测数据保真降噪方法，介绍了总体经验模态分解基本原理及其应用于大坝安全监测数据序列保真降噪的核心指标确定方法。第2章水库大坝工作性态多元特征挖掘方法，基于相空间重构技术、Lyapunov 指数、相关性分析、岭回归等系统研究了大坝监测序列中的混沌性、相关性、时效性等特征的

前言 PREFACE

挖掘方法。第3章水库大坝工作性态在线跟踪监控模型和方法，介绍了改进粒子群算法优化下的小波支持向量机跟踪监控模型，通过数据分组处理算法建立了考虑滞后性的大坝安全监控模型。第4章水库大坝运行安全警戒值拟定方法，基于极值理论的超阈值模型研究了单属性警戒值拟定方法，引入主成分分析建立了多属性联合警戒域拟定方法。第5章水库大坝运行安全状况综合诊断方法，在多源信息融合框架下系统研究了多测点聚类关联方法、监测数据集对分析与D-S证据理论融合诊断模型，介绍了多源融合诊断实现流程。第6章水库大坝运行安全智能监控与预警建模系统，介绍了自研的水库大坝安全监控平台主要功能模块，展示了全书所建监控理论体系的集成示范应用。

本书的研究工作获得了国家自然科学基金(52239009、51979093、51579083、51179066)、国家重点研发计划项目课题(2019YFC1510801、2018YFC0407101)的资助，在此一并表达衷心的感谢！

由于水库大坝影响因素众多，耦合运行机制十分复杂，同时作者所掌握资料和知识水平有限，书中谬误和不足之处在所难免，恳请读者批评指正。

作　者

2023年12月

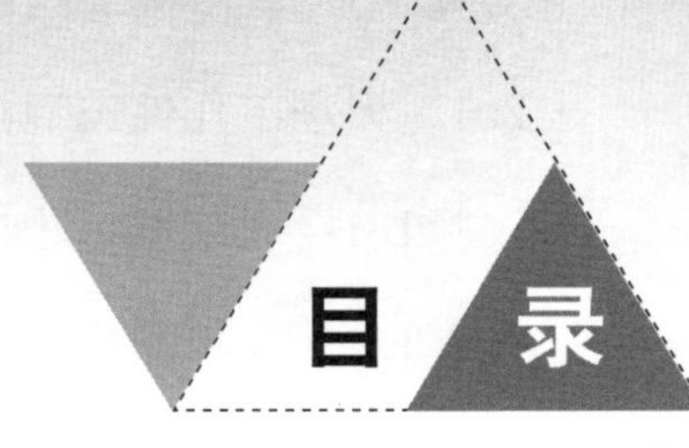

CONTENTS

第 1 章　水库大坝安全监测数据保真降噪方法 …………………………… 1

1.1　大坝安全监测数据 EEMD 降噪的基本原理 ……………………… 1

1.2　大坝安全监测数据 EEMD 降噪算法核心指标的确定 ………… 3

1.2.1　附加噪声幅值和附加次数 ……………………………… 5

1.2.2　筛分停止准则 ………………………………………… 5

1.2.3　分解终止条件 ………………………………………… 5

1.2.4　端点效应 ……………………………………………… 6

1.3　大坝安全监测数据 EEMD 降噪实现过程 ………………………… 7

1.4　工程实例 ………………………………………………………… 9

1.4.1　工程概况 ……………………………………………… 9

1.4.2　垂线横河向变形 ……………………………………… 10

1.4.3　垂线顺河向变形 ……………………………………… 14

1.4.4　引张线变形 …………………………………………… 19

参考文献 ……………………………………………………………… 24

第 2 章　水库大坝工作性态多元特征挖掘方法 …… 25
2.1　大坝工作性态混沌特性辨识与挖掘方法 …… 25
2.1.1　大坝测值序列相空间重构基本原理 …… 25
2.1.2　大坝测值序列相空间重构参数确定方法 …… 28
2.1.3　基于 Lyapunov 指数法的大坝测值序列非线性特性辨识 …… 32
2.2　大坝工作性态滞后特性辨识与提取方法 …… 35
2.2.1　大坝工作性态环境影响因素 …… 35
2.2.2　基于测值序列形态相似性的大坝响应滞后特征辨识方法 …… 37
2.2.3　基于测值序列相关性的大坝响应滞后特征辨识方法 …… 42
2.3　大坝工作性态时效特性辨识与提取方法 …… 44
2.3.1　岭回归基本原理 …… 45
2.3.2　岭回归安全趋势模型的构建 …… 46
2.4　工程实例 …… 49
2.4.1　大坝工作性态混沌特性辨识与挖掘应用案例分析 …… 49
2.4.2　大坝工作性态滞后特性辨识与提取应用案例分析 …… 57
参考文献 …… 64
第 3 章　水库大坝工作性态在线跟踪监控模型和方法 …… 66
3.1　考虑非线性的大坝工作性态在线跟踪监控模型与方法 …… 66
3.1.1　基于小波支持向量机的大坝工作性态监控模型建模原理 …… 66
3.1.2　大坝工作性态监控小波支持向量机模型建模方法 …… 73

3.2 考虑滞后性的大坝工作性态在线跟踪监控模型与方法 …… 78
3.2.1 考虑滞后效应的大坝工作性态监控标准模型 …… 79
3.2.2 考虑滞后效应的大坝工作性态监控优化模型 …… 84
3.3 工程实例 …… 88
3.3.1 大坝工作性态监控小波支持向量机模型实例分析 …… 88
3.3.2 考虑滞后性的大坝工作性态监控模型实例分析 …… 93
参考文献 …… 99
第4章 水库大坝运行安全警戒值拟定方法 …… 101
4.1 大坝运行安全单属性警戒值拟定方法 …… 101
4.1.1 基于POT模型的大坝工作性态单属性警戒值拟定基本思想 …… 101
4.1.2 广义帕累托分布及其参数估计 …… 102
4.1.3 超阈值分布函数与总体分布函数 …… 103
4.1.4 基于Hill图的阈值确定方法 …… 104
4.1.5 基于POT模型的大坝工作性态单属性警戒值拟定实现过程 …… 104
4.2 大坝工作性态多属性联合警戒域拟定方法 …… 105
4.2.1 大坝工作性态特征提取的主成分分析法 …… 105
4.2.2 大坝工作性态特征提取的核主成分分析法 …… 107
4.2.3 大坝工作性态多属性联合警戒域的拟定 …… 111

4.2.4 大坝工作性态多属性联合警戒域拟定实现过程 …… 114

4.3 工程实例 …… 115

4.3.1 基于POT模型拟定单属性安全警戒值 …… 115

4.3.2 基于KPCA法拟定多属性安全警戒域 …… 117

参考文献 …… 124

第5章 水库大坝运行安全状况综合诊断方法 …… 126

5.1 大坝运行安全状况多源信息融合评估基本原理 …… 126

5.2 大坝运行安全状况数据和特征级融合分析方法 …… 129

5.2.1 数据集剪枝 …… 129

5.2.2 基于关联规则的聚类融合 …… 132

5.3 大坝运行安全状况决策级融合分析方法 …… 135

5.3.1 基于D-S证据理论的信息融合基本原理 …… 135

5.3.2 集对分析基本原理 …… 137

5.3.3 基于集对分析的D-S证据理论基本概率赋值确定方法 …… 138

5.4 大坝运行安全状况多源信息融合诊断模型 …… 140

5.4.1 大坝安全状况信息系统 …… 140

5.4.2 指标的度量 …… 141

5.4.3 基于D-S证据理论的多源信息融合分析模型 …… 141

5.4.4 大坝运行安全状况的多源信息融合诊断实现流程 …… 142

5.5 工程实例 …… 143

5.5.1 监测数据多源挖掘与测点聚类 …… 143

5.5.2　基于D-S理论和集对分析相结合的异类监测信息决策层融合 …… 150
参考文献 …… 155
第6章　水库大坝运行安全智能监控与预警建模系统 …… 157
6.1　系统基础信息 …… 157
6.1.1　系统功能模块 …… 157
6.1.2　系统界面功能分区 …… 157
6.1.3　数据文件格式 …… 160
6.2　数据管理输入模块 …… 170
6.3　监测数据保真降噪模块 …… 170
6.3.1　降噪方法参数设置 …… 171
6.3.2　监测数据降噪 …… 171
6.4　性态多元特征挖掘模块 …… 172
6.4.1　性态多元特征挖掘模块参数设置 …… 172
6.4.2　性态多元特征挖掘 …… 173
6.5　性态在线跟踪监控模块 …… 173
6.5.1　性态在线跟踪监控模块参数设置 …… 173
6.5.2　性态在线跟踪监控 …… 175
6.6　安全警戒值域拟定模块 …… 176
6.6.1　单属性警戒值拟定 …… 176

6.6.2 多属性警戒域拟定 …… 177
6.7 变化趋势异常预警模块 …… 177
6.7.1 变化趋势异常预警模块参数设置 …… 178
6.7.2 变化趋势预测预警 …… 178
6.8 监控测点聚类分析模块 …… 179
6.9 运行性态综合诊断模块 …… 181
6.9.1 参数设置及指标解读 …… 181
6.9.2 性态综合诊断 …… 182
6.10 安全状况综合评价模块 …… 184
6.10.1 综合评价参数设置 …… 184
6.10.2 安全状态综合评价 …… 185

第1章 水库大坝安全监测数据保真降噪方法

水库大坝安全监测设施获得的监测资料作为一种随时间或空间变化的数据信号，是水压、温度、时效等因素以及噪声影响的综合反映。在周围环境、人为操作以及其他不确定因素的影响下，采集到的监测数据序列通常表现出一种小幅的随机波动，这通常是真实信号被一些噪声信号污染的结果。噪声的存在影响了监测效应量主要变化规律的表征，将会影响后续监测资料分析的精度和可靠性，因此研究水库大坝运行安全监测数据保真降噪方法，对数据信号进行降噪处理，有效降低监测数据序列的噪声水平，是开展大坝安全监测资料分析的重要前提。本章介绍了基于总体经验模态分解(Ensemble Empirical Mode Decomposition, EEMD)算法的大坝安全监测数据序列降噪方法与工程实例分析。

1.1 大坝安全监测数据 EEMD 降噪的基本原理

常用的线性降噪方法容易忽略大坝安全监测数据具有非平稳和非线性的特征，导致降噪效果不佳。常用的降噪方法在参数选取时常根据经验或试算法来确定，具有较强的主观性。

针对非线性、非平稳时间序列的 Hilbert 谱分析而提出的一种信号处理方法，经验模态分解(Empirical Mode Decomposition, EMD)算法按照信号极值特征尺度将信号进行层层筛分[1]。EMD 算法认为非线性、非平稳信号是由若干固有模态函数(Intrinsic Mode Function, IMF)和一个余量组成的。每一个 IMF 需满足两个条件：①在整个信号上，极值点数目和过零点数目相差不大于1；②在任一点处，由局部极大值和局部极小值定义的上下包络的均值为零，即上下包络关于时间轴对称。EMD 算法按照信号极值特征尺度将非平稳信号

进行层层筛分，可获得一系列频率从高到低的 IMF 分量和一个余量。信号 $x(t)$ 的 EMD 分解步骤如下：

步骤 1：找出信号 $x(t)$ 中的局部极大值和局部极小值，然后用三次样条曲线分别对局部极大值和局部极小值进行拟合，得到 $x(t)$ 的上下包络。

步骤 2：求出上下包络的平均值 $m_1(t)$，将 $x(t)$ 减去平均值 $m_1(t)$ 得到一个去掉低频的差值信号 $h_1(t)=x(t)-m_1(t)$。

步骤 3：如果 $h_1(t)$ 满足 IMF 条件，则 $h_1(t)$ 即为信号 $x(t)$ 的第一个 IMF 分量，否则进行第二次筛分，即对 h_1 继续进行步骤 1 和步骤 2 的处理，得 $h_{11}(t)=h_1(t)-m_{11}(t)$；筛分过程重复 j 次，直到 $h_{1j}(t)=h_{1(j-1)}(t)-m_{1j}(t)$ 满足 IMF 条件为止，并将 $h_{1j}(t)$ 作为信号 $x(t)$ 的第一个 IMF 分量，即 $c_1(t)=h_{1j}(t)$。

步骤 4：令 $r_1(t)=x(t)-c_1(t)$，将 $c_1(t)$ 从 $x(t)$ 中分离出来，得到一个去掉高频分量的剩余信号 $r_1(t)$。

对 $r_1(t)$ 重复以上筛分过程，得信号 $x(t)$ 的第二个 IMF 分量 $c_2(t)$ 和剩余信号 $r_2(t)$；如此进行重复筛分，直到满足分解终止条件，可以自适应地将信号 $x(t)$ 分解为从高频到低频的 n 个 IMF 分量 $c_1(t)$、$c_2(t)$、…、$c_n(t)$ 和余量 $r_n(t)$ 之和，即

$$x(t)=\sum_{i=1}^{n}c_i(t)+r_n(t) \tag{1.1.1}$$

在上述分解过程中，基于信号极值特征尺度，信号 $x(t)$ 中频率最高的成分首先被分解出来，即第一个 IMF 分量 $c_1(t)$；随着筛分过程的进行，$x(t)$ 中的各频率成分按频率从高到低被依次分解出来；最后的余量 r_n 则为信号的趋势分量，代表了信号 $x(t)$ 的平均趋势。由此可见，EMD 算法具有良好的滤波特性，分解过程可以解释为以信号极值特征尺度为度量的滤波过程。而且，该算法依据信号本身的信息对信号进行分解，分解过程无须固定的基函数，避免了小波分析选择小波基的困难，是一种自适应分析方法，广泛适用于非线性、非平稳信号的处理。

虽然 EMD 算法能够在很广的领域应用于非线性、非平稳性序列的信号解析，但当信号中存在着间歇性成分即由间歇性信号和连续的基础信号叠加而成时，将直接导致 EMD 产生不期望的模态混叠。EEMD 算法是针对 EMD 的

模态混叠问题而提出的改善方法，其基本原理是：利用白噪声频率均匀分布的统计特性，给目标信号加入有限幅值的白噪声，附加的白噪声均匀地分布在整个不同尺度成分组成的时频空间，信号的不同尺度成分将自动地映射到由白噪声建立的参照尺度上，使信号的间歇性成分具有连续性，从而有效避免了模态混叠[2]。EEMD算法继承了EMD算法的优点，并且利用高斯白噪声具有频率均匀分布的统计特性，通过向原始信号中添加白噪声，成功解决了由间歇性信号导致的模态混叠问题。

EEMD分解流程如图1.1.1所示，其基本步骤如下：

步骤1：设置白噪声的附加次数 N 和幅值 ε 。

步骤2：给目标信号 $x(t)$ 加入随机高斯白噪声序列 $\omega_k(t)$ ，得到含噪信号 $x_k(t)$ ，即

$$x_k(t)=x(t)+\varepsilon\cdot\omega_k(t),k=1,2,\cdots,N \tag{1.1.2}$$

步骤3：对附加了白噪声的信号 $x_k(t)$ 进行EMD分解，得到 n 个IMF分量 $c_{ik}(t)$ $(i=1,2,\cdots,n)$ ，$c_{ik}(t)$ 表示第 k 次加入白噪声序列后EMD分解得到的第 i 个IMF分量。

步骤4：将得到的各IMF分量进行总体平均，最终EEMD分解的结果为：

$$c_i(t)=\frac{1}{N}\sum_{k=1}^{N}c_{ik}(t),i=1,2,\cdots,n \tag{1.1.3}$$

通过式(1.1.3)可以将均值为0的白噪声全部消除，因此采用EEMD方法得到的最终结果仍为信号本身，同时避免了模态混叠现象。

1.2 大坝安全监测数据EEMD降噪算法核心指标的确定

EEMD算法的分解停止准则为：当残余信号幅值小于某一预设值时整个分解过程终止或者当残余信号变成单调函数或者常数时整个分解过程终止。分解停止准则太苛刻时会产生过多IMF分量，其中必定存在很多伪分量，对有用信号的提取增加难度。添加不同次数的白噪声会对算法的计算时间产生影响。分解停止准则宽松可能出现欠分解使有用信号丢失。EEMD算法中的附加噪声幅值和附加次数、筛分停止准则、分解终止条件、端点效应等，关乎大坝安全监测数据降噪的效果和效率。

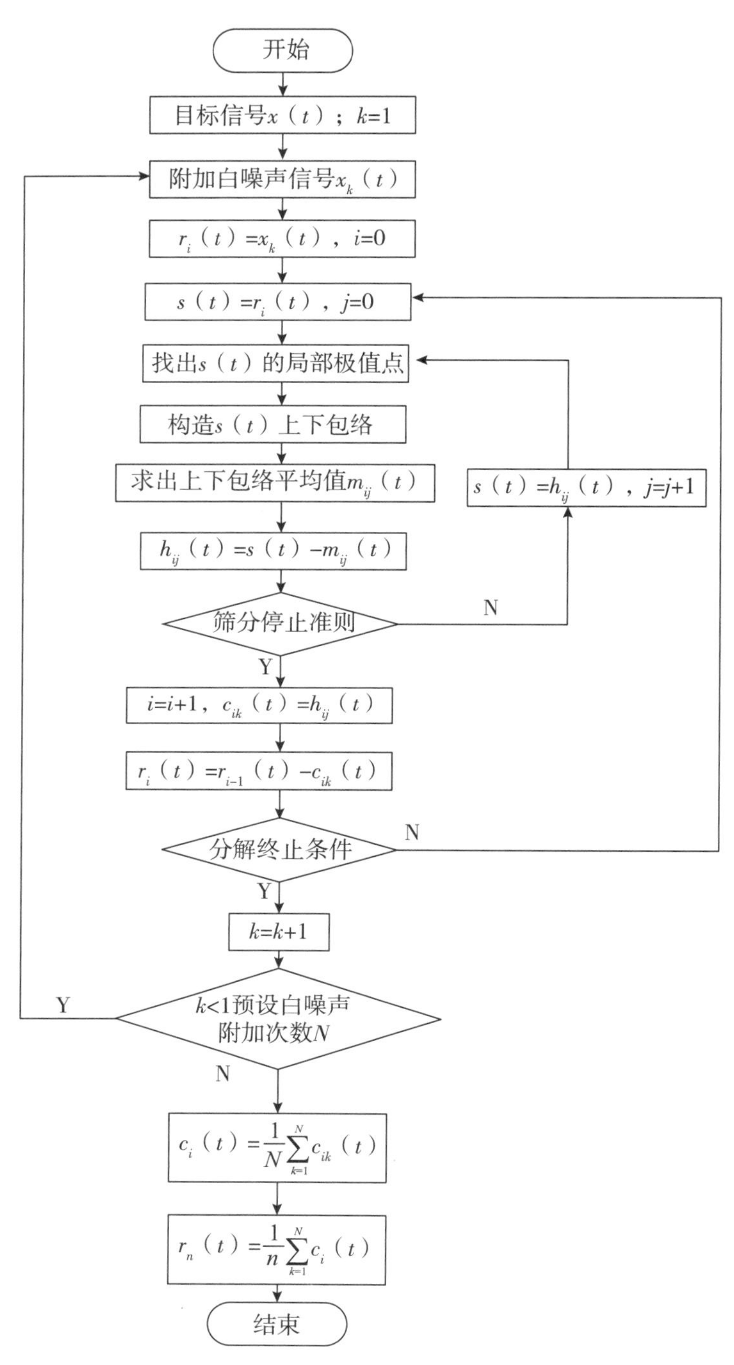

图 1. 1. 1　EEMD 分解流程

1.2.1 附加噪声幅值和附加次数

EEMD算法中附加的白噪声对结果的影响遵循如下统计规律：

$$\varepsilon_n = \frac{\varepsilon}{\sqrt{N}} \tag{1.2.1}$$

式中：ε_n ——标准偏差，即最终得到的IMF分量重构结果与输入信号的偏离；

ε ——附加噪声的幅值；

N ——噪声的附加次数。

对于附加噪声的幅值，如果幅值过小，附加噪声将无法影响到极值点的选取，进而失去预期的作用，所以附加噪声的幅值不能太小。在附加噪声幅值适度而且附加次数足够多的情况下，幅值和次数的增加将不会对分解结果有太大的影响。建议取附加白噪声的幅值为20%信号的标准偏差，信号以高频分量为主时，噪声幅值应较小，反之亦然。一般而言，当噪声附加次数设置为100～200时，可取得较为满意的结果。

1.2.2 筛分停止准则

EMD过程实际上是一个筛分出IMF分量的过程。筛分停止准则用来控制产生一个IMF分量的筛分次数，也就是IMF定义中的两个条件在算法中的具体实现。若筛分停止准则过严则会造成IMF分量的“过筛”，消除幅值变化；若过松，则会造成IMF分量的“欠筛”，没能消除骑行波，实现局部零平均。近年来，学者们提出的筛分停止准则主要有SD准则、S值准则和总体局部组合准则，但使用这些停止准则普遍会出现一个不期望的特征，也就是分解过程对信号的局部扰动非常敏感。依据这些停止准则，有不同局部扰动的目标信号的分解结果有显著差异，而且其出现没有规律性。显然，这些筛分停止准则不适用于多次附加白噪声的EEMD算法。针对这一问题，有学者通过系统研究发现，大概10次筛分就可使得到的IMF分量上下包络近乎关于零轴对称。

1.2.3 分解终止条件

EMD算法的分解终止条件是，若满足下列任一条件分解过程即可终止：①第 n 个IMF分量 $c_n(t)$ 或余量 $r_n(t)$ 小于预先设定的值；②余量 $r_n(t)$ 为单

调函数。研究表明,对于尺度成分均匀分布在整个时间尺度或时频空间的白噪声信号,EMD分解的作用相当于一个二进制滤波器组,能够将白噪声分解为具有不同平均周期的一系列IMF分量,且任何一个IMF分量的平均周期是它前一个IMF分量平均周期的2倍。所谓平均周期就是数据的总数(信号长度)除以其峰值点数(或局部极大值点数)。因此对于在整个时频空间附加均匀分布白噪声的EEMD算法,彻底分解后的IMF分量总数n近似为$(\log_2 M-1)$,M为信号长度。

实际上,也可以根据所分析问题的需要,采用适当的终止条件终止分解过程。例如,当极值点数目小于某个数ε时,终止分解过程或者是当分解出的IMF分量数目达到某一数时就终止分解过程。

1.2.4 端点效应

在EMD算法的筛分过程中,通过对信号极值点的三次样条曲线拟合获得上下包络。然而,信号的两端点不一定是极值点,上下包络在信号的两端往往会出现发散现象,而且随着筛分过程的不断进行,这种发散现象还会从端点处向内逐渐传播,使分解得到的每个信号分量均存在一定误差,甚至造成分解结果严重失真,此即端点效应问题[3]。传统上,处理EMD端点效应问题主要有两种思路:第一种思路是根据极值点的情况通过不断抛弃两端的数据来保证所得的包络失真度达到最小;第二种思路是对信号进行延拓或预测以获得足够的极值点,如镜像延拓、神经网络预测、边界波形匹配预测、偶延拓和奇延拓以及支持向量机预测等[4]。

考虑到在筛分过程中,需要获得的是端点处的"极大值"和"极小值",使拟合的包络能够完整包络整个信号,本研究引用一种简单而有效的EMD端点效应抑制方法:筛分过程中,比较端点邻近的两个极大值点连线延伸至端点处的取值和端点值的大小,大者作为该端点处的"极大值",用于拟合上包络;比较端点邻近的两个极小值点连线延伸至端点处的取值和端点值的大小,小者作为该端点处的"极小值",用于拟合下包络。通过图1.2.1来说明该方法。在图1.2.1中,信号左端点C邻近的两个极大值点A_1、B_1连线延伸至端点处得C_1,$C_1>C$,则以C_1为左端点处的"极大值";信号左端点C邻近的两个极小值点A_2、B_2连线延伸至端点处得C_2,$C<C_2$,则以C为左端点处的"极小值"。

同样地，分别以 F_1 和 F_2 为信号右端点处的“极大值”和“极小值”。

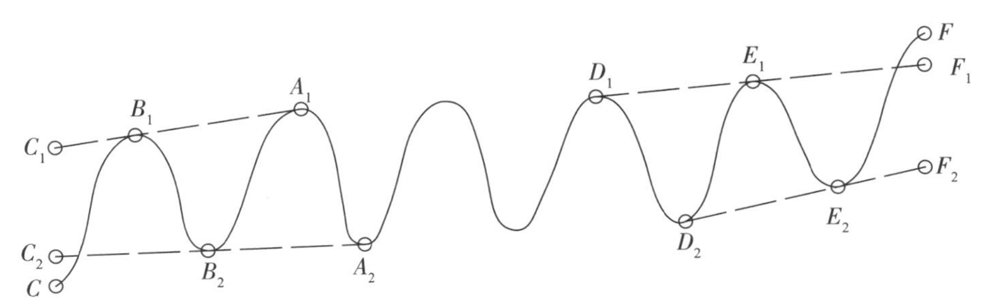

图 1.2.1　EMD 端点效应抑制方法

1.3　大坝安全监测数据 EEMD 降噪实现过程

大坝安全监测数据序列是一种非线性、非平稳信号。其大部分信息主要集中在低频部分，其噪声主要分布在高频部分，而且往往含有间歇性信号[5,6]。EEMD 分解是以信号的极值特征尺度为度量的滤波过程，可以将信号分解为从高频至低频的若干 IMF 分量和一个余量，而且克服了间歇性信号导致的模态混叠问题。所以可以先对大坝安全监测序列进行 EEMD 分解，再对分解得到的含噪声的前几个 IMF 分量阈值降噪处理后重构信号以实现滤波降噪，即

$$x'(t)=\sum_{i=1}^{k}c'_i(t)+\sum_{i=k+1}^{n}c_i(t)+r_n(t) \tag{1.3.1}$$

式中：$x'(t)$ ——降噪后的大坝安全监测数据序列；

k ——进行降噪处理的 IMF 分量的个数；

$c_i'(t)$ ——降噪处理后的 IMF 分量；

$c_i(t)$ ——未降噪处理的 IMF 分量；

$r_n(t)$ ——EEMD 分解余量。

大坝安全监测数据序列的 EEMD 阈值降噪的实现流程如图 1.3.1 所示，其基本步骤如下：

步骤 1：EEMD 分解。取附加白噪声的幅值为 20% 监测数据序列的标准偏差，噪声附加次数设为 200 次，分解的筛分次数设为 10 次，当分解出的 IMF 分量数目 n 达到($\log_2 M-4$)时终止 EMD 分解过程，其中 M 为监测数据序列长度。对大坝安全监测数据序列进行 EEMD 分解，得到 n 个 IMF 分量。

步骤 2：确定待降噪处理的 IMF 分量。EEMD 降噪需要通过一定准则找

出待降噪的 IMF 分量。评判的准则主要有累积均值、连续均方误差(CMSE)、相关特性、过零率和频谱特征等。研究结果表明,白噪声信号各 IMF 分量的 $R_k \geqslant C$ 能量密度与其平均周期的乘积为一常数,即

$$E_i \overline{T}_i = \mathrm{const} \tag{1.3.2}$$

式中:

$$E_i = \frac{1}{M}\sum_{t=1}^{M}[c_i(t)]^2 \tag{1.3.3}$$

表示白噪声信号的第 i 个 IMF 分量 c_i 的能量密度,M 为信号长度;

$$\overline{T}_i = M/M_{\max} \tag{1.3.4}$$

表示 c_i 的平均周期,$M_{\max}$ 为 c_i 的极大值点数。

定义统计量 R_k 如下:

$$R_k = \left|(E_{k+1}\overline{T}_{k+1} - E_k\overline{T}_k)/(\frac{1}{k}\sum_{i=1}^{k}E_i\overline{T}_i)\right| \tag{1.3.5}$$

式中:E_k 和 $\overline{T}_k$ ——大坝安全监测数据序列 EEMD 分解得到的第 k 个 IMF 分量 c_k 的能量密度和平均周期。

当 C 一般取 2～3 时,认为前 k 个 IMF 分量主要含有噪声,需进行降噪处理。

步骤 3:阈值降噪。对于含噪声的 IMF 分量,其组成成分除了噪声外,也包含少量真实信号的高频部分,若直接把某些尺度的 IMF 分量完全滤掉,有可能在降噪的同时也滤掉了一些有用成分,影响后续分析的准确性。因此,参考小波阈值降噪法,对待降噪处理的 IMF 分量 $c_i(t)$ 进行阈值降噪,得到降噪后的 IMF 分量 $c'_i(t)$,即

$$c'_i(t) = \begin{cases} \mathrm{sgn}(c_i(t))(|c_i(t)| - \lambda_i) & |c_i(t)| \geqslant \lambda_i \\ 0 & |c_i(t)| < \lambda_i \end{cases} (i = 1,2,\cdots,k) \tag{1.3.6}$$

式中:$\mathrm{sgn}(x)$——符号函数;

λ_i ——IMF 分量 $c_i(t)$ 的阈值。

当 $1 \leqslant i \leqslant 2$ 时,对应的 IMF 分量噪声能量较大,信噪比很低,选取阈值 λ_i 为:

$$\lambda_i = \hat{\sigma}\sqrt{2\ln(M)} \tag{1.3.7}$$

式中：$\hat{\sigma}$ ——噪声水平估计，$\hat{\sigma}=m/0.6745$，其中 m 为 $c_1(t)$ 的绝对变差中值；

M ——序列长度。

当 $2\leqslant i\leqslant k$ 时，对应的 IMF 分量中有用信号的能量与噪声信号的能量比较接近，阈值应该适当减小，因此选取阈值 λ_i 为：

$$\lambda_i=\hat{\sigma}\sqrt{2\ln(M)}/\ln(i+1) \tag{1.3.8}$$

步骤 4：信号重构。根据式(1.3.1)重构信号得到的 $x'(t)$ 即为降噪后的大坝安全监测数据序列。

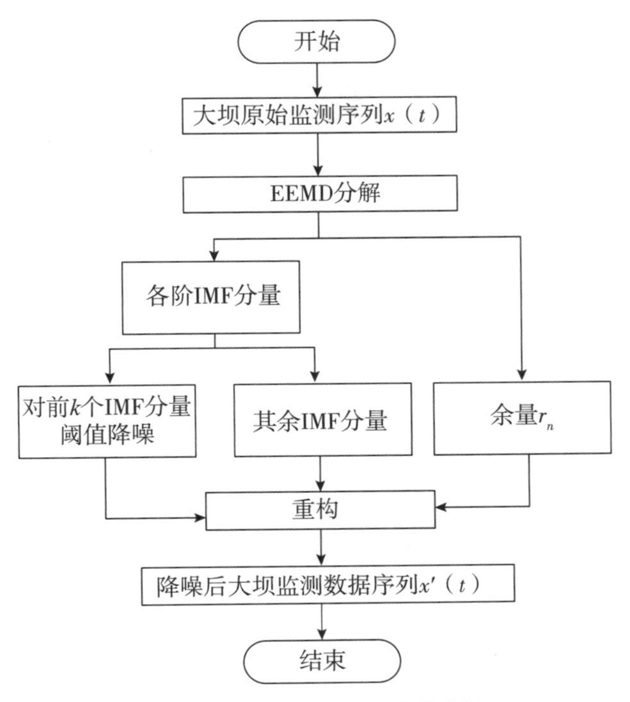

图 1.3.1 EEMD 阈值降噪流程

1.4 工程实例

1.4.1 工程概况

丹江口水利枢纽初期工程于 1958 年 9 月开工兴建，1967 年 11 月下闸蓄水，1974 年 2 月竣工。后期大坝加高工程于 2009 年 9 月 26 日开工建设，2013 年 6 月 30 日基本完成。挡水建筑物总长为 3.442km，其中混凝土坝长为

1141m,右岸土石坝长 877m,左岸土石坝长 1424m[7,8]。

为监测大坝安全,布设了各种观测设备及仪器,对大坝变形、坝基扬压力和渗流量、坝体应力应变及温度等项目进行了系统的监测[9]。安全监测成果在大坝安全运行、设计验证、指导加高工程施工以及科学研究等各个方面发挥了巨大作用。由于监测项目和监测数据量较多,而且不同监测项目和数据的采集方式、采集时间和变化规律等存在一些差异,监测数据同样存在噪声的干扰。为进一步检验所提出的大坝安全监测数据降噪方法的适用性和有效性,选取具有代表性的部分监测数据进行降噪分析,所选取的监测数据来源于混凝土坝坝段和土石坝坝段布设的部分监测仪器,包括以下类型的监测数据:垂线横河向变形、垂线顺河向变形、引张线变形。

1.4.2 垂线横河向变形

采用所提出的降噪方法对溢流坝段 01#IP01YL012 测点的监测数据进行降噪处理。综合考虑实际降噪效果和降噪时间等因素,EEMD 算法中附加白噪声幅值统一设置为 0.2,附加白噪声次数设置为 200,得到了 10 个 IMF 分量(c_1~c_{10})和一个余量,如图 1.4.1 所示。

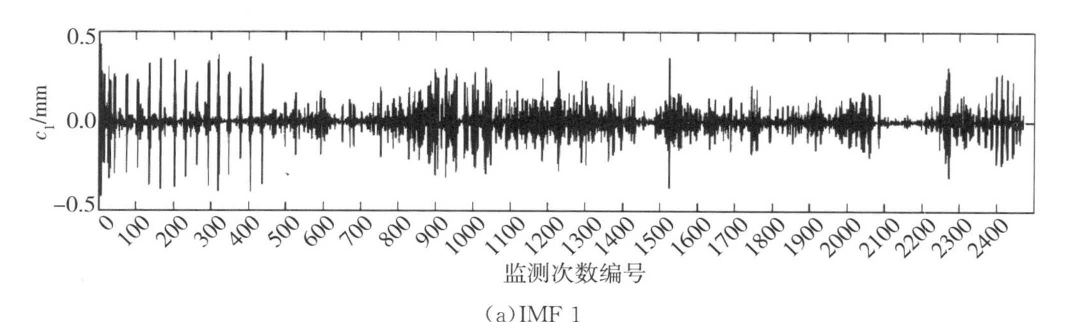

(a)IMF 1

(b)IMF 2

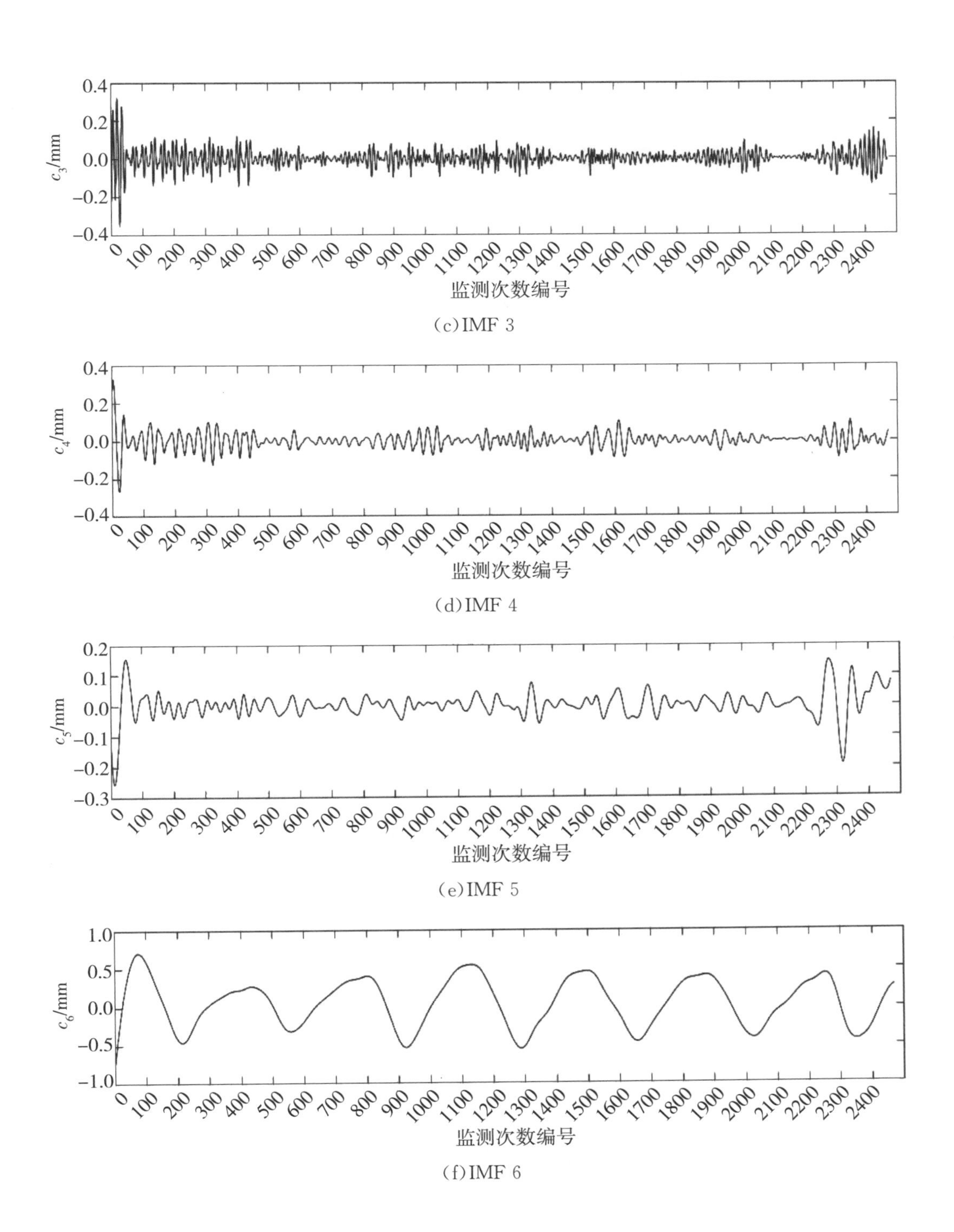

(c) IMF 3

(d) IMF 4

(e) IMF 5

(f) IMF 6

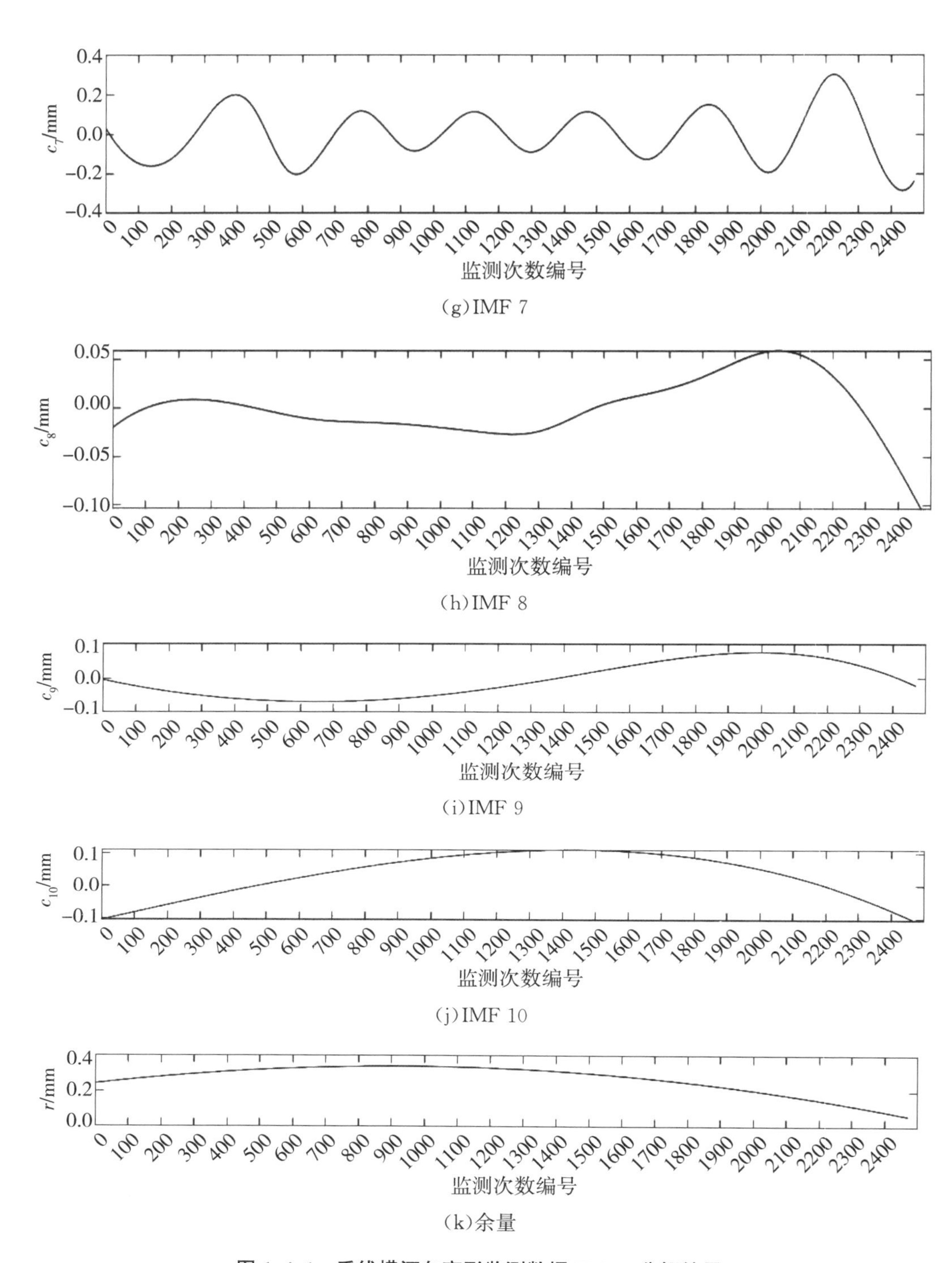

(g) IMF 7

(h) IMF 8

(i) IMF 9

(j) IMF 10

(k)余量

图 1.4.1　垂线横河向变形监测数据 EEMD 分解结果

对前5个IMF分量分别以阈值0.1799、0.1799、0.1298、0.1118和0.1004进行降噪，再与其余的IMF分量及余量相加得到降噪后的垂线横河向变形序列（图1.4.2），分别为原始测值，降噪之后的信号和降噪残差。

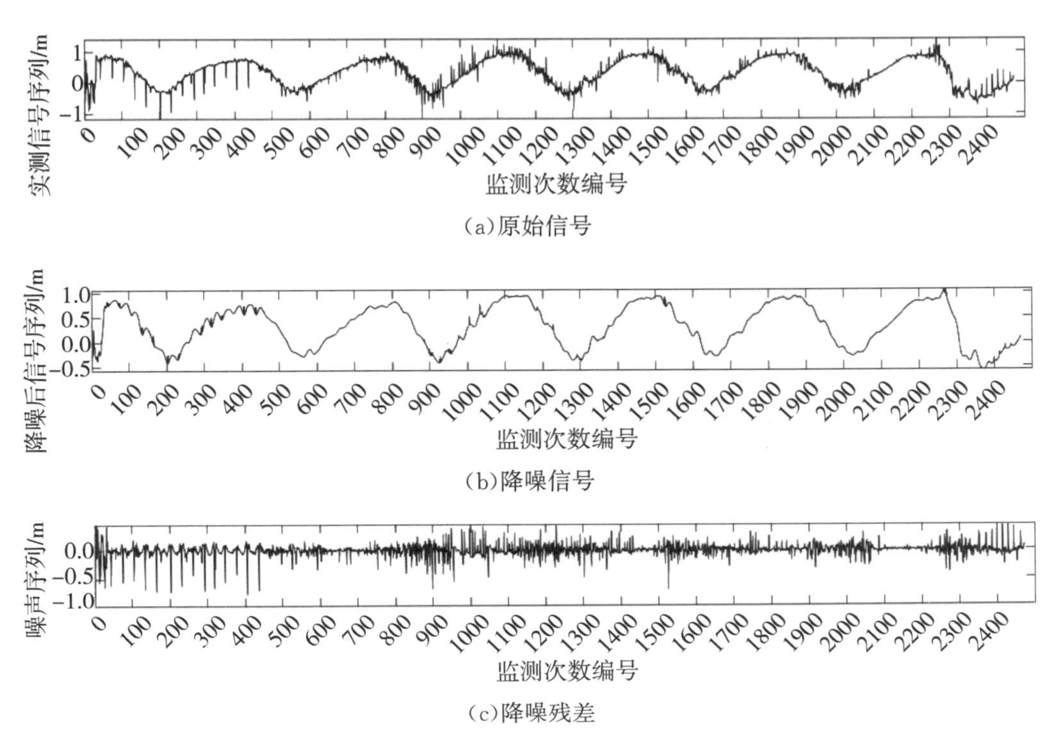

（a）原始信号

（b）降噪信号

（c）降噪残差

图1.4.2 垂线横河向变形监测数据降噪结果

从图1.4.2可以看出，垂线横河向变形监测数据整体受噪声影响较大，存在明显的“突刺”，经过本章所提降噪方法处理后，原始垂线横河向变形监测数据变得更加平滑，“突刺”信号被有效剔除，而且没有改变监测序列的变化趋势，降噪效果良好。

分别对垂线横河向变形监测序列与降噪后的垂线横河向变形监测序列用逐步回归法建立统计模型。垂线横河向变形受水压、温度和时效影响，选择建模因子依次为H、H^2、H^3、$\sin\frac{2\pi t}{365}$、$\cos\frac{2\pi t}{365}$、$\sin\frac{4\pi t}{365}$、$\cos\frac{4\pi t}{365}$、$\ln\theta$、θ，其中H为上游水深，t为监测日至始测日的累计天数，$\theta=t/100$。依据2013年7月31日至2021年12月31日的垂线横河向变形监测数据序列以及经EEMD阈值降噪后的垂线横河向变形监测数据序列分别建立逐步回归统计模型，并预测了2022年的垂线横河向变形。

模型拟合预测结果及残差如图 1.4.3 所示。未经降噪处理直接建立的逐步回归统计模型的拟合均方差 MSE＝0.0207，预测均方差 MSE＝0.2448；经过 EEMD 阈值降噪处理后建立的逐步回归统计模型的拟合均方差 MSE＝0.0205，预测均方差 MSE＝0.2180，基于 EEMD 阈值降噪的统计模型预测准确率有所提高。

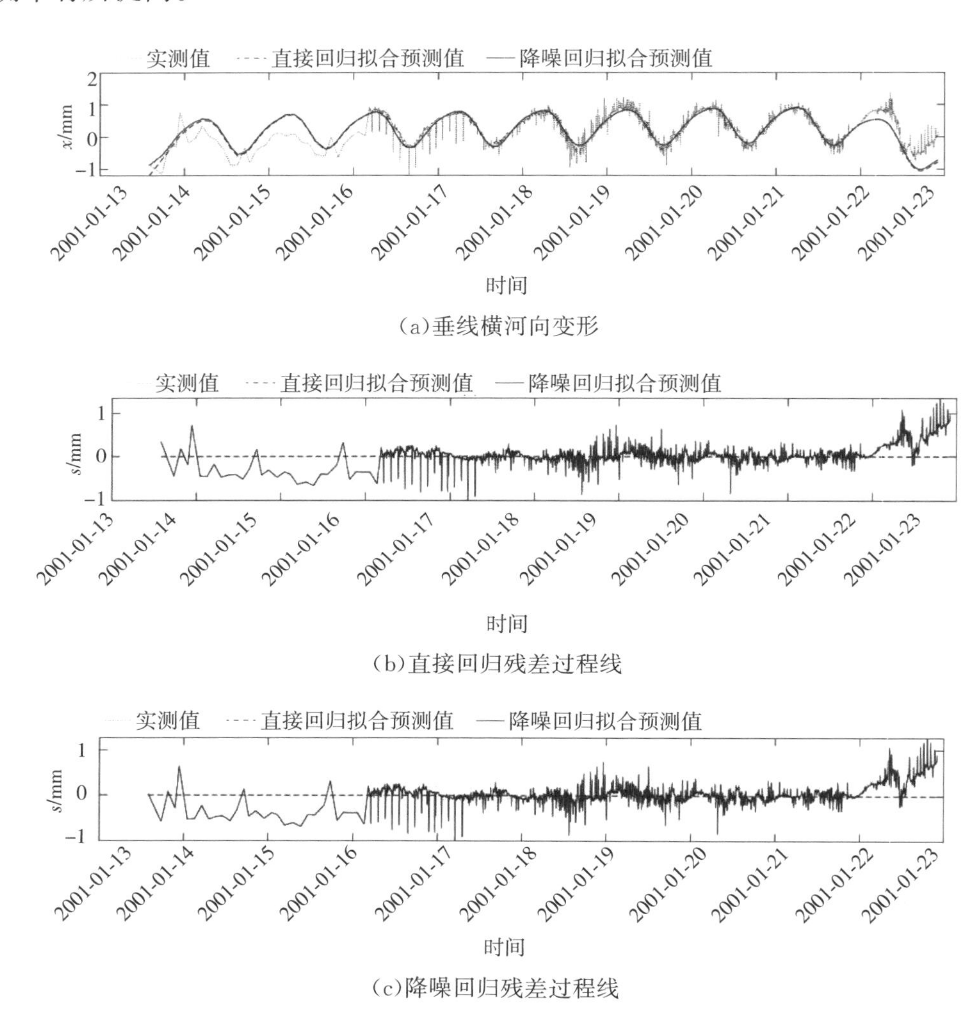

(a)垂线横河向变形

(b)直接回归残差过程线

(c)降噪回归残差过程线

图 1.4.3　垂线横河向变形逐步回归统计模型计算值与残差过程线

1.4.3　垂线顺河向变形

采用所提出的降噪方法对溢流坝段 02＃PL02YLY22 测点的监测数据进行降噪处理。EEMD 算法参数设置与 1.4.2 节中一致，得到了 9 个 IMF 分量

(c_1~c_9)和一个余量，如图 1.4.4 所示。

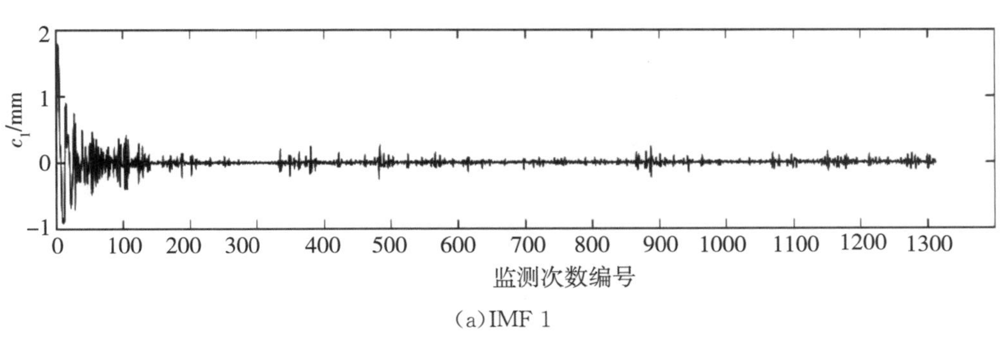

(a)IMF 1

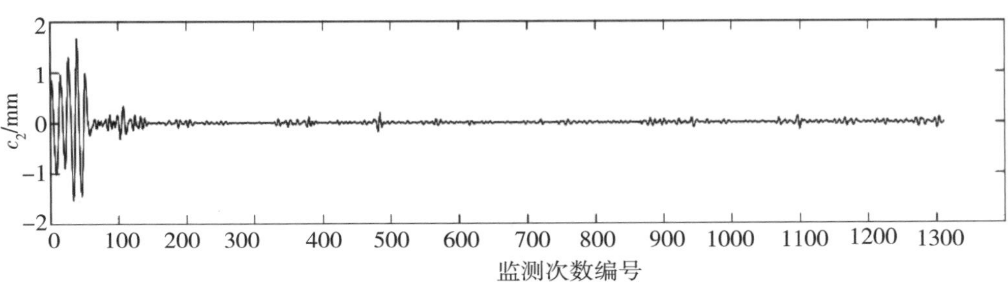

(b)IMF 2

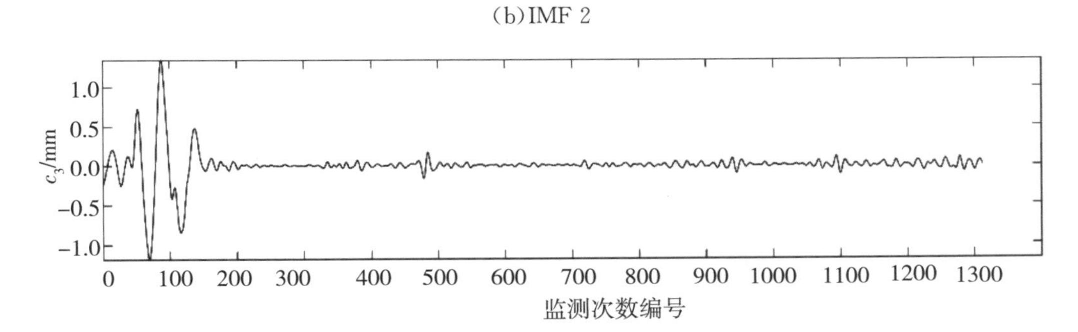

(c)IMF 3

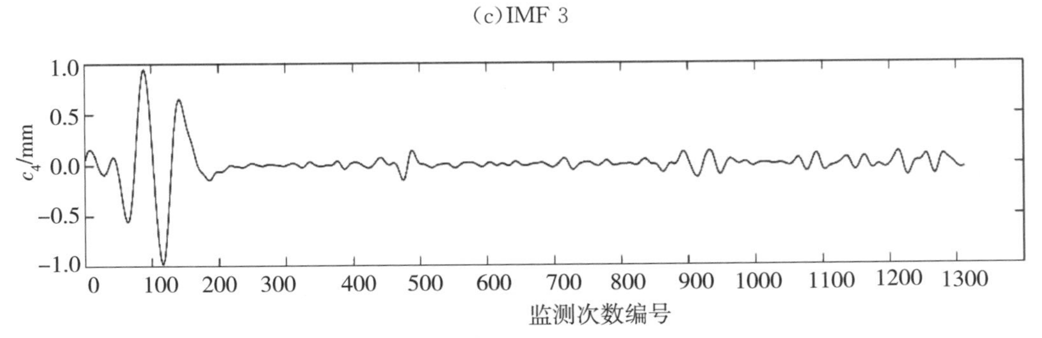

(d)IMF 4

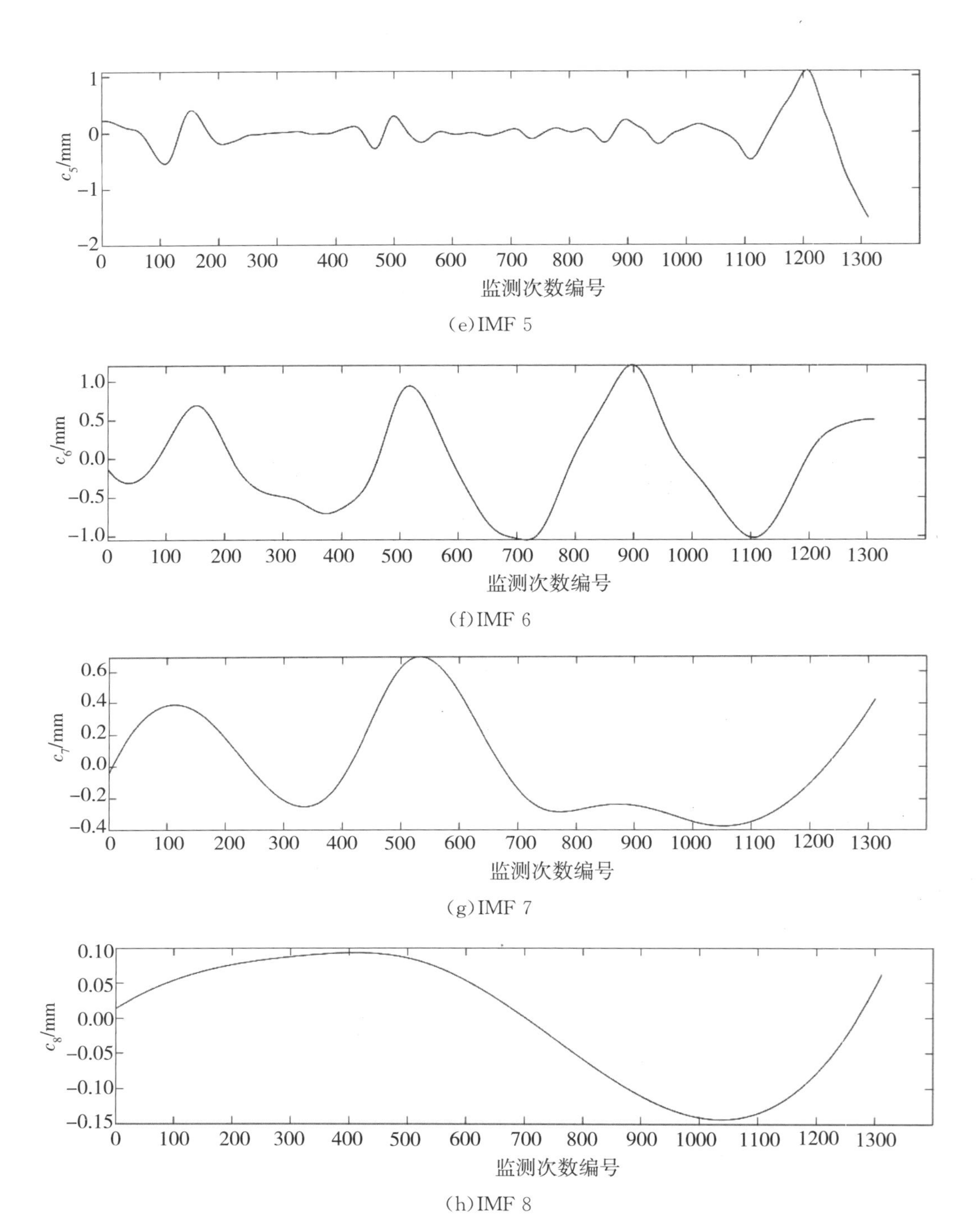

(e)IMF 5

(f)IMF 6

(g)IMF 7

(h)IMF 8

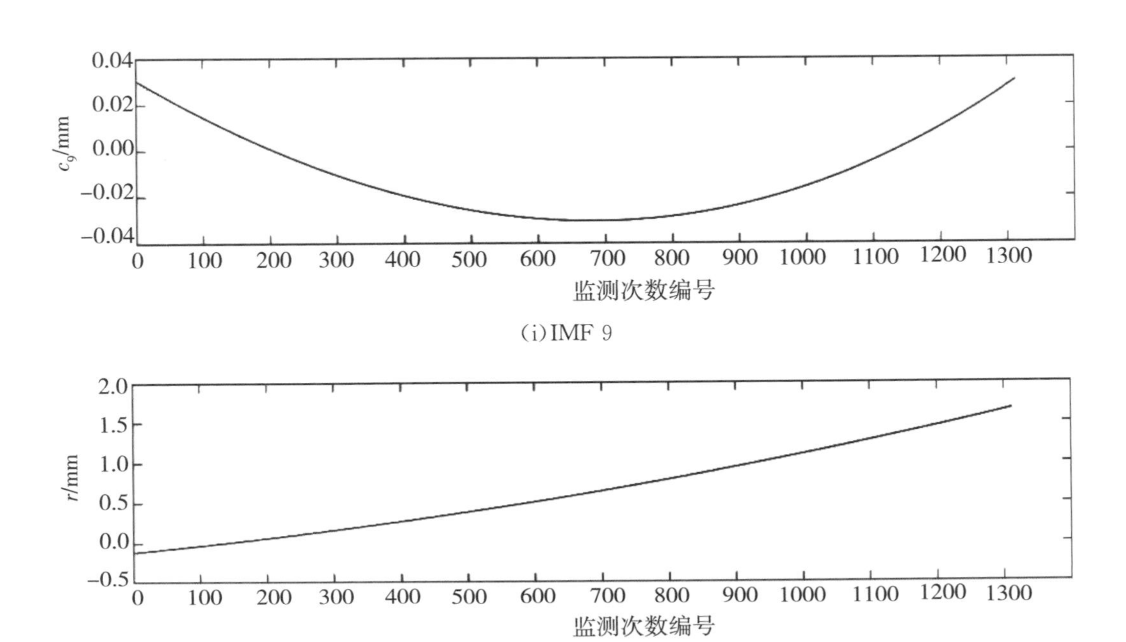

(i) IMF 9

(j)余量 r

图 1.4.4 垂线顺河向变形监测数据 EEMD 分解结果

对前 3 个 IMF 分量分别以阈值 0.1027、0.1027 和 0.0741 进行降噪，再与其余的 IMF 分量及余量相加得到降噪后的静力水准沉降监测数据(图 1.4.5)，分别为原始测值、降噪之后的信号和降噪残差。

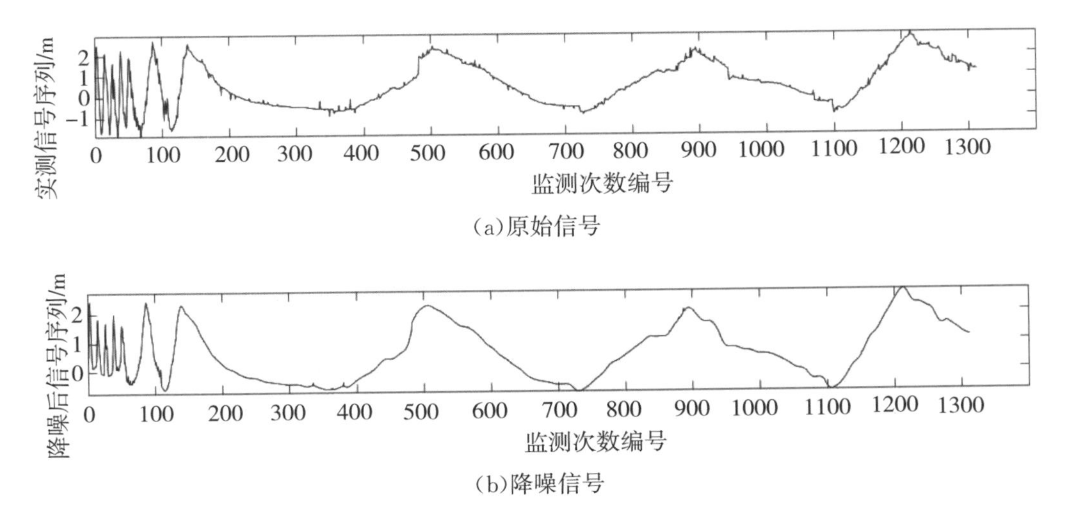

(a)原始信号

(b)降噪信号

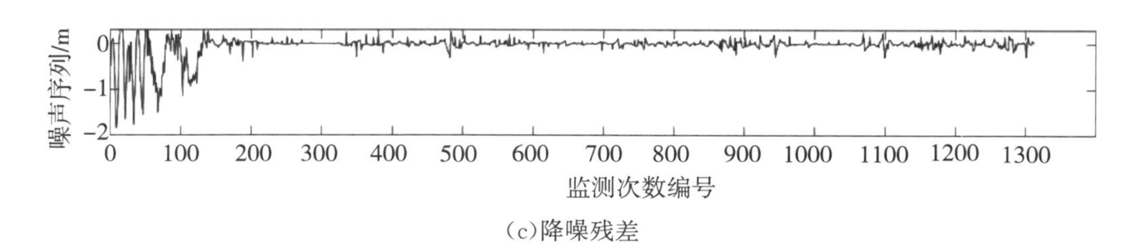

(c)降噪残差

图 1.4.5　垂线顺河向变形监测数据降噪结果

从图 1.4.5 可以看出，垂线顺河向变形监测数据整体受噪声影响并不大，只存在小幅噪声信号的干扰，但是所提降噪方法依然能对小幅噪声信号进行有效处理，原始垂线顺河向变形监测数据降噪之后变得更加平滑，而且监测序列的变化趋势与原来保持一致，这证明了所提降噪方法对存在少量噪声信号干扰的监测数据的降噪依然有效。

分别对垂线顺河向变形原始监测序列与降噪后的垂线顺河向变形监测序列用逐步回归法建立统计模型。建模因子与 1.4.2 节一致，依据 2013 年 6 月 1 日至 2021 年 12 月 31 日的垂线顺河向变形监测数据序列以及经 EEMD 阈值降噪后的垂线顺河向变形监测数据序列分别建立逐步回归统计模型，并预测了 2022 年的垂线顺河向变形。

模型拟合预测结果及残差如图 1.4.6 所示。未经降噪处理直接建立的逐步回归统计模型的拟合均方差 MSE＝0.1576，预测均方差 MSE＝0.0083；经过 EEMD 阈值降噪处理后建立的统计模型的拟合均方差 MSE＝0.1248，预测均方差 MSE＝0.0067，基于 EEMD 阈值降噪的统计模型的预测准确率有所提高。

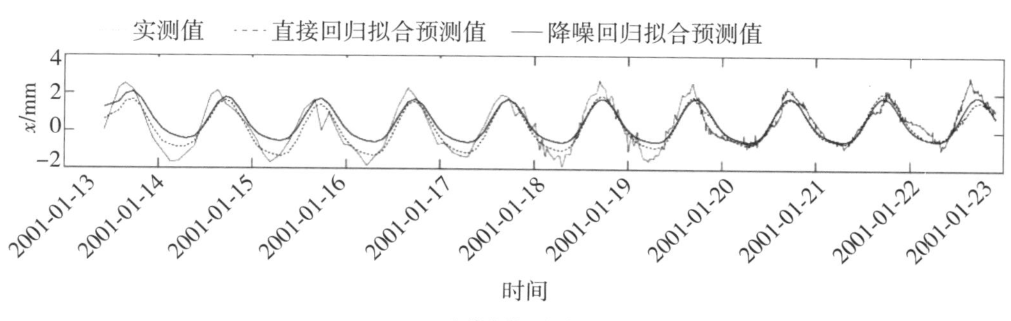

(a)垂线顺河向变形

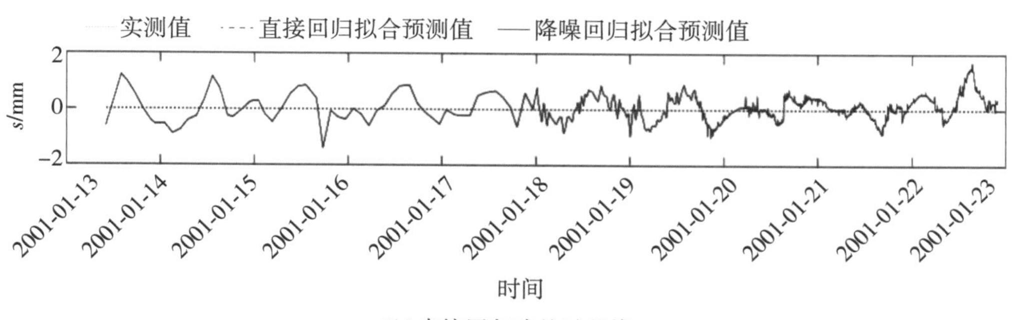

(b)直接回归残差过程线

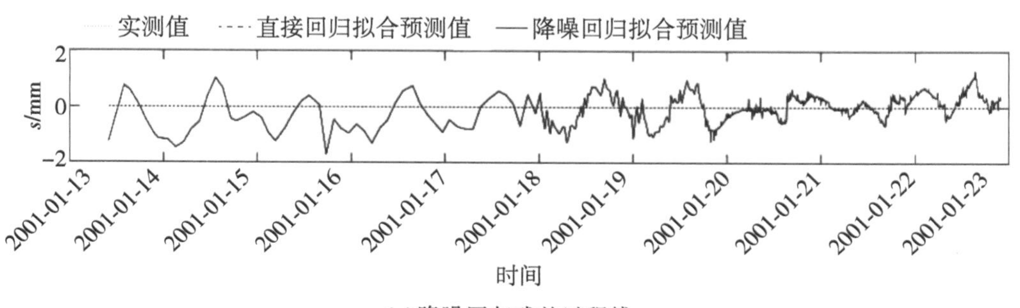

(c)降噪回归残差过程线

图 1.4.6 垂线顺河向变形逐步回归统计模型计算值与残差过程线

1.4.4 引张线变形

采用所提出的降噪方法对河床坝段 20＃EX13HC203 测点的监测数据进行降噪处理。EEMD 算法参数设置与 1.4.2 节中一致，得到了 9 个 IMF 分量(c_1～c_9)和一个余量，如图 1.4.7 所示。

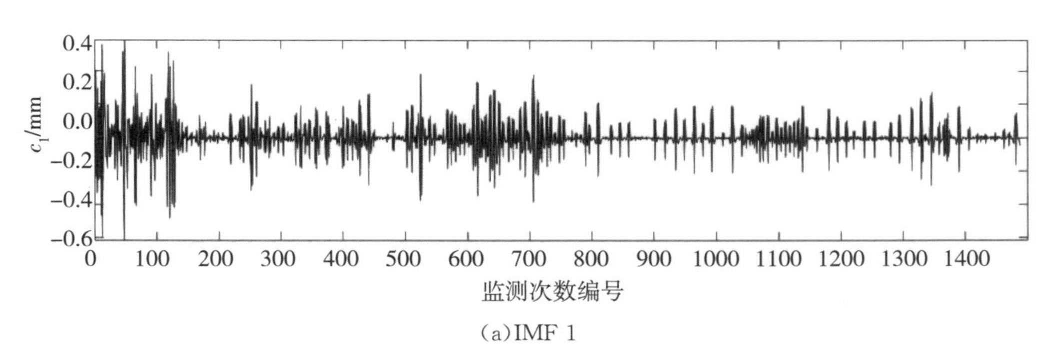

(a)IMF 1

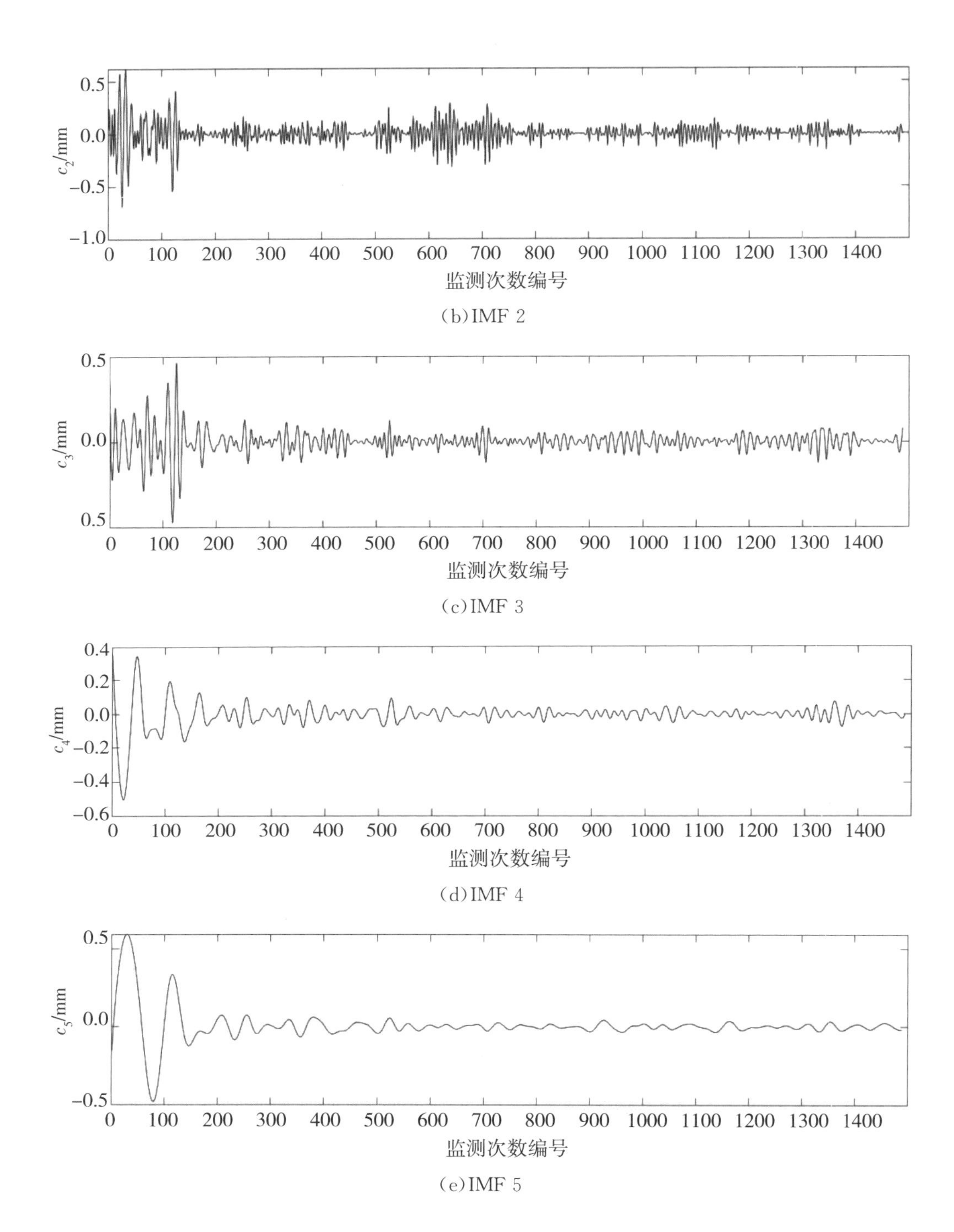

(b)IMF 2

(c)IMF 3

(d)IMF 4

(e)IMF 5

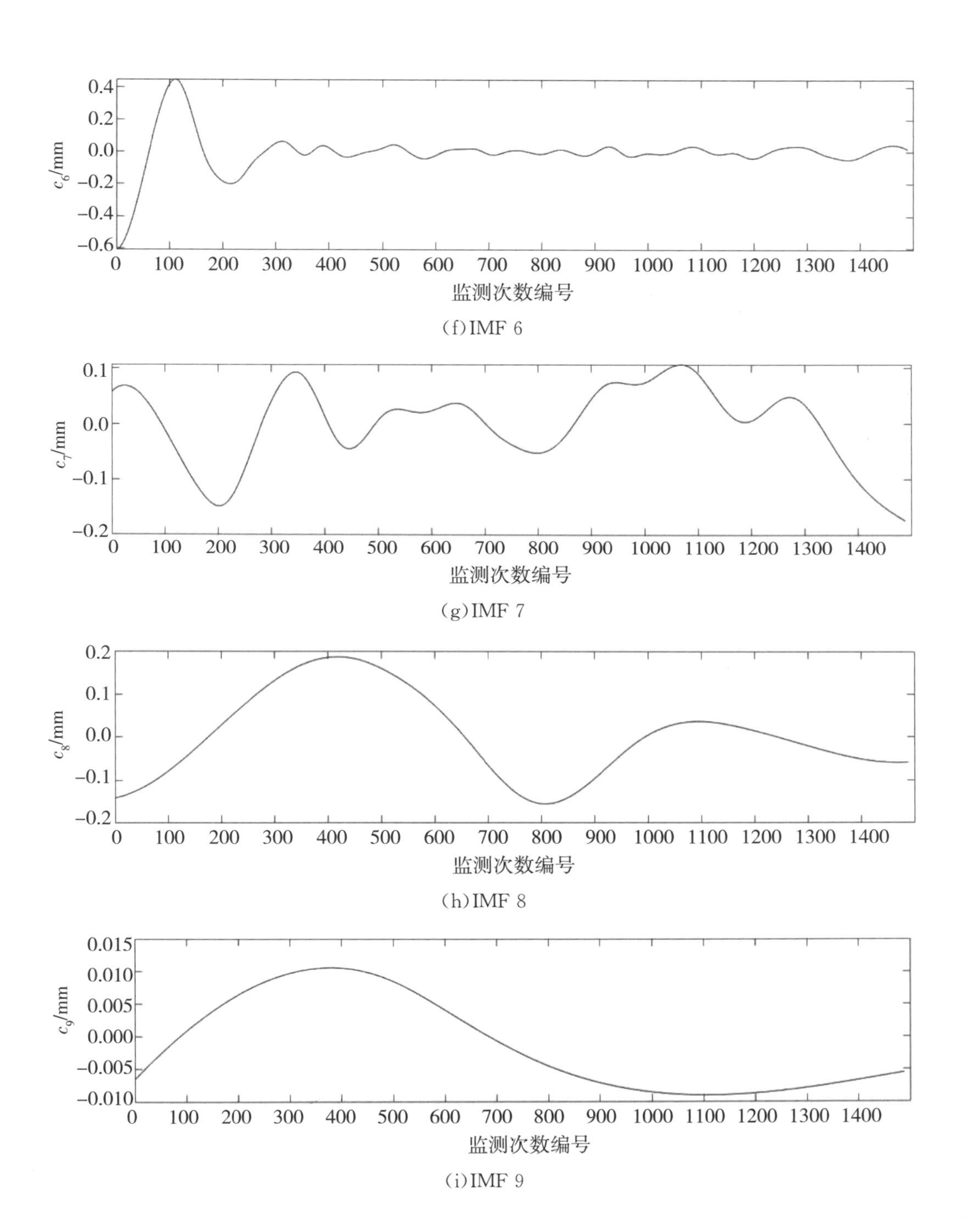

(f) IMF 6

(g) IMF 7

(h) IMF 8

(i) IMF 9

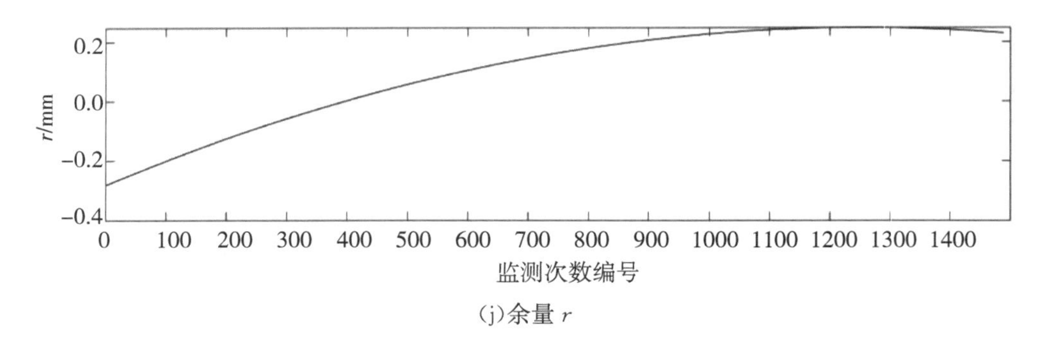

(j)余量 r

图 1.4.7　引张线变形监测数据 EEMD 分解结果

对前 3 个 IMF 分量分别以阈值 0.1476、0.1476 和 0.1065 进行降噪，再与其余的 IMF 分量及余量相加得到降噪后的引张线变形监测数据(图 1.4.8)，分别为原始测值、降噪之后的信号和降噪残差。

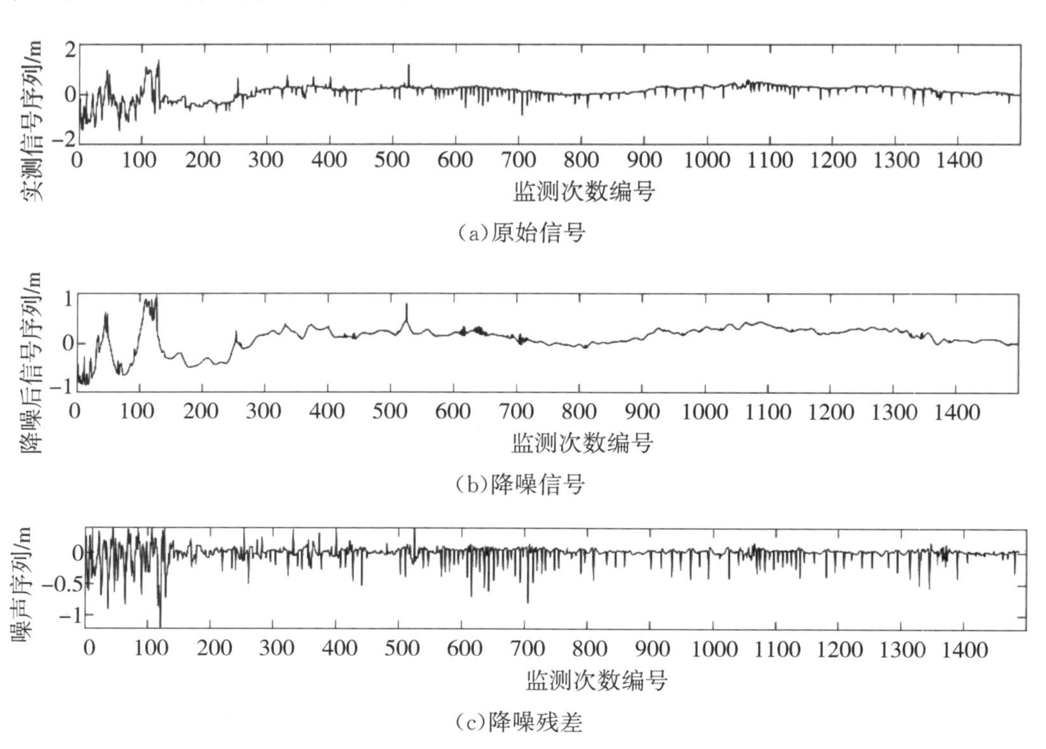

(c)降噪残差

图 1.4.8　引张线变形监测数据降噪结果

从图 1.4.8 可以看出，引张线变形监测数据整体存在较多的噪声信号干扰，前期变化规律较为复杂。采用所提降噪方法降噪之后，监测数据中的“突刺”信号得到了有效剔除，从降噪后数据前期的变化趋势来看，很好地保留了原始监测数据的变化趋势。

分别对引张线变形原始监测数据序列与降噪后的引张线变形监测数据序列用逐步回归法建立统计模型。建模因子与1.4.2节中一致，依据2009年1月12日至2021年12月31日的引张线变形原始监测数据序列以及经EEMD阈值降噪后的引张线变形监测数据序列分别建立逐步回归统计模型，并预测了2022年的引张线变形监测数据。

模型拟合预测结果及残差如图1.4.9所示。未经降噪处理直接建立的逐步回归统计模型的拟合均方差MSE＝0.0724，预测均方差MSE＝0.0539；经过EEMD阈值降噪处理后建立的逐步回归统计模型的拟合均方差MSE＝0.0717，预测均方差MSE＝0.0502，基于EEMD阈值降噪的统计模型的预测准确率有所提高。

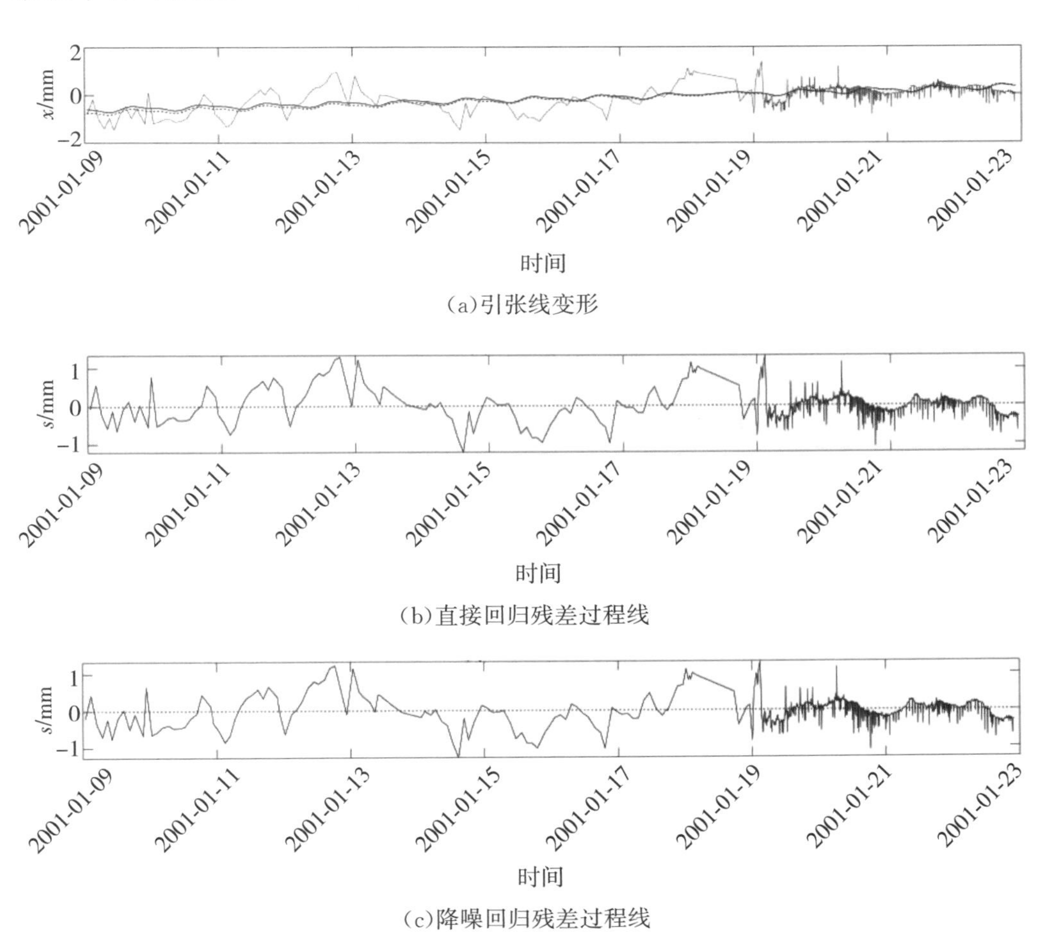

(a)引张线变形

(b)直接回归残差过程线

(c)降噪回归残差过程线

图1.4.9　引张线变形逐步回归统计模型计算值与残差过程线

参考文献

[1] Huang N E, Shen Z, Long S R, et al. The empirical mode decomposition and the Hilbert spectrum for nonlinear and non-stationary time series analysis[J]. Proceedings of the Royal Society of London. Series A: mathematical, physical and engineering sciences, 1998, 454(1971): 903-995.

[2] Wu Z, Huang N E. Ensemble empirical mode decomposition: a noise-assisted data analysis method[J]. Advances in adaptive data analysis, 2009, 1(1): 1-41.

[3] 邓拥军，王伟，钱成春，等．EMD 方法及 Hilbert 变换中边界问题的处理[J]. 科学通报，2001(3)：257-263.

[4] 王婷．EMD 算法研究及其在信号去噪中的应用[D]. 哈尔滨：哈尔滨工程大学，2010.

[5] 梁嘉琛，赵二峰，张秀山，等．基于集合经验模态分解和自回归滑动平均的某碾压混凝土重力坝变形预测模型及应用[J]. 水电能源科学，2015，33(3)：68-70.

[6] 马佳佳，苏怀智，王颖慧．基于 EEMD-LSTM-MLR 的大坝变形组合预测模型[J]. 长江科学院院报，2021，38(5)：47-54.

[7] 吴瑕，刘德军．丹江口加高工程大坝变形监测总体设计[J]. 人民长江，2007，383(10)：51-53.

[8] 周荣，田凡，夏杰．丹江口水库蓄水试验期右岸土石坝安全监测成果分析[J]. 水利水电快报，2018，39(12)：25-28.

[9] 王占锐，张志勇．丹江口水利枢纽后期完建工程混凝土坝内部观测设计探讨[J]. 大坝观测与土工测试，1994(5)：9-13.

第2章 水库大坝工作性态多元特征挖掘方法

受多因素综合影响，水库大坝工作性态多呈现出强非线性动力学特征，与影响因素间存在一定的滞后效应。借助时间序列分析方法或统计学方法，所构建的水库大坝工作性态预测预报显示或隐式数学模型高度依赖于对大坝安全监测数据序列所蕴含的非线性、滞后性、时效性等多元特征的精细辨识。

本章引入相空间重构技术、相似序列匹配技术以及互相关图分析方法等，针对水库大坝工作性态混沌特性、滞后特性、时效特性等，开展其辨识与挖掘技术研究，以期更深入认知水库大坝工作性态变化规律，更好服务于后续安全监控模型的构建。

2.1 大坝工作性态混沌特性辨识与挖掘方法

以相空间重构技术为基础，辨识大坝安全监测数据序列的混沌特性，进而估计大坝变形、渗流等可预测的最大时间。同时将重构后的数据矩阵作为后续监控模型的输入样本，对模型进行训练，避免模型输入因子拟定时的人为影响，提高模型预测精度与效率。

2.1.1 大坝测值序列相空间重构基本原理

1980年，Packard[1]提出用初始系统单变量的延迟坐标对相空间进行重构，Takens[2]证明如果延迟坐标的维数 $m \geqslant 2d+1$（d 是动力系统的维数），即可将有规律的轨迹（吸引子）在这个嵌入维空间中恢复出来。

2.1.1.1 系统

目前，关于“系统”一词的定义及其特征描述尚无统一规范。通常认为，系统由一些相互联系又相互制约的若干成分组成，并表现出特定功能的有机整体或集合。组成系统的成分既可以是抽象的事物，也能是实际存在的物体；可把复杂的系统划分为较小、较简单的次系统，亦可把多个系统组织成复杂的超系统。系统的性质特征可用一些状态参数来表征，如大坝的位移与渗压、运动物体的位置与速度等。假如一个系统某时刻的运行状态可以确定其过去与未来的运行状态，则将这个系统称为确定性系统，可以用状态参数的差分方程、微分方程或积分方程等来刻画确定性系统运行状态随时间演化的规律，通常这些方程多为非线性方程。

2.1.1.2 相空间

相空间是指可以表示出某个系统所有可能状态的几何空间，动力系统中坐标是状态向量分量或状态变量组成的空间为相空间，是一个数学、物理学概念。在该几何空间中，均有唯一的一个点与系统的可能状态相对应，这个点被称为“相点”，通常用坐标分量的向量表示。在相空间中，可以用多维空间中的一轴代表系统的每个状态参数，多个状态参数取值允许的组合或系统的可能状态表示多维空间中的一个点，点连成的线可描绘系统状态随时间的变化。对系统相空间的分析有助于理解系统的动力学特性，实际工程中的监测数据的混沌时间序列通常包含了系统的多种变量信息，如变形监测测点，在 x、y、z 方向上有 3 个位置维度，同时在 x、y、z 方向上有 3 个速度维度，因此可利用相空间理论，对一个混沌系统的时间序列进行重构。使用一阶微分方程描述一个 M 维的动力系统，即

$$\dot{x}=f(x) \tag{2.1.1}$$

式中：x——状态变量，$x=(x_1,x_2,\cdots,x_M)$；

f——既是变量 x 的类函数，又是时间变量的函数。

该 M 维的动力系统可用其状态变量 x 描述系统任意时刻的特性与状态。当给出系统初始状态 $x_1(0),x_2(0),\cdots,x_M(0)$时，可在相空间轨迹中描绘出状态向量。

2.1.1.3 吸引子

吸引子是指相空间中的一个子空间或一个点集。通常将时间 t 趋向于无穷时状态归宿称为吸引子，表示系统所有轨迹在暂时状态之后趋向的同一个状态空间。常见吸引子有定常吸引子、周期吸引子、环面吸引子以及奇异吸引子（图 2.1.1）。混沌系统的吸引子是奇异吸引子，奇异吸引子不同于其他吸引子的地方在于其维数是分数。奇异吸引子具有吸引性、总体稳定性以及内部分形性。吸引子外部的所有运动轨迹均会靠拢吸引子，吸引子这种把其外所有轨迹聚集到内部的凝聚力是其较强稳定性的表现。此外吸引子内部的运动轨迹也会相互排斥。奇异吸引子的其他性质有：①结构不随参数变化而发生变化，而是突然变化。②对初值比较敏感，且具有自相似结构。③表现为分数维，Lyapunov 指数为正。

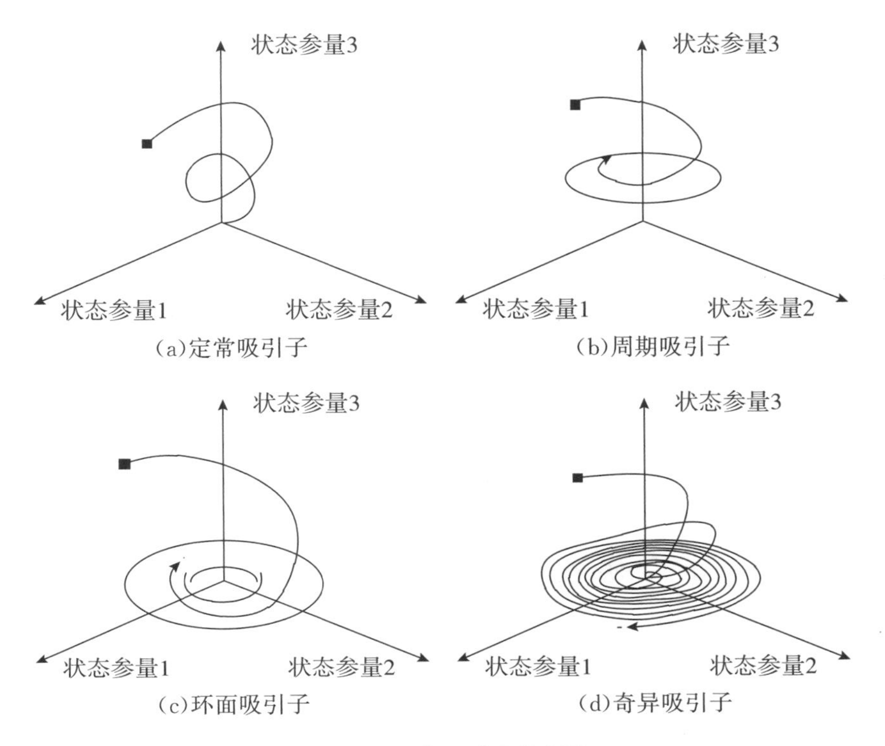

图 2.1.1 各吸引子状态图

大坝变形等监测数据可以看作一个复杂非线性高维系统，是以时间为变量的一维数据 $x_1, x_2, x_3 \cdots$，即时间序列。在相空间中，系统的各维变化情况通常不能通过一个一维标量信息得到充分反映，因此它隐含的系统演化信息也无法得到完全反映。1980 年，Packard 提出用初始系统单变量的延迟坐标对相空间进行重构，Takens 证明如果延迟坐标的维数 $m \geqslant 2d+1$（d 是动力系统的维数），则可把有规律的轨迹（吸引子）在这个嵌入维空间中恢复出来。相空间重构的基本原理是：动力系统中任何一个分量的变化都受其他分量的影响，该分量也包含其他分量的演化信息。

现有导数重构与延迟重构两种相空间重构方法[3]。用某一变量的各阶导数代替其他变量便是导数重构法，在实际运用中，现有的时间序列求导数值方法均会产生误差，因此该方法逐渐不被采用。常被采用的延迟坐标法[4]，其是指利用变量的延迟值作为新的坐标。设某一时间序列为 x_i（$i=1,2,\cdots,n$，n 为序列数目），τ 为延迟时间，m 代表嵌入维数，则可把相空间重构为：

$$y_t = [x_t, x_{t+\tau}, x_{t+2\tau}, \cdots, x_{t+(m-1)\tau}] \tag{2.1.2}$$

即

$$\begin{bmatrix} y_1 \\ y_2 \\ \vdots \\ y_M \end{bmatrix} = \begin{bmatrix} x_1 & x_{1+\tau} & \cdots & x_{1+(m-1)\tau} \\ x_2 & x_{2+\tau} & \cdots & x_{2+(m-1)\tau} \\ \vdots & \vdots & \vdots & \vdots \\ x_{n-(m-1)\tau} & x_{n-(m-1)+\tau+\tau} & \cdots & x_n \end{bmatrix} \tag{2.1.3}$$

式中：$t=1,2,\cdots,n-(m-1)\tau$；

y_t——相点；

M——相点个数，$M=n-(m-1)\tau$ 。

2.1.2 大坝测值序列相空间重构参数确定方法

延迟时间 τ 决定了相点各分量的间隔，嵌入维数 m 决定了相点中分量的个数，τ 与 m 是重构相空间时的两个核心参数。

2.1.2.1 延迟时间的确定

延迟时间决定了相点各分量的间隔，若延迟时间过大，相点中相邻坐标的关联度变弱，出现不相关现象，无法反映整个系统的特性；若延迟时间过小，相点中相邻坐标的关联度变强，导致数据冗余。目前，常用的延迟时间的选取方法有自相关法[5]、互信息法[6]、平均位移法[7]等。

(1)自相关法

自相关法主要提取时间序列的线性相关性，时间序列 x_i（$i=1,2,\cdots,n$，n 为序列数目），其自相关函数为：

$$r_\tau = \frac{\sum\limits_{t=\tau+1} (x_t - \overline{x})(x_t - \tau - \overline{x})}{\sum\limits_{n} (x_t - \overline{x})^2} \tag{2.1.4}$$

式中：$\overline{x}$——时间序列平均值；

r_τ——延迟时间为 τ 时的自相关系数。

式(2.1.4)关于 τ 的函数曲线中，曲线的第一个极小值点对应的时间即为相空间重构所需的最佳延迟时间。

(2)互信息法

互信息法可以用来解决大数据、非线性的问题，是非线性的分析方法，因

此一般情况下计算结果优于自相关法。一个信息源包含信息量的测度用熵表示，即

$$H(x)=-\sum_{i}^{n}p(x_i)\log_2 p(x_i) \tag{2.1.5}$$

式中：x ——一次随机实验；

n ——实验可能出现的结果；

$p(x_i)$ —— x_i 出现的概率。

变量 x 与变量 y 的联合熵定义为：

$$H(x,y)=-\sum_{i=1}^{n}\sum_{j=1}^{m}p_j\log_2 p_{ij} \tag{2.1.6}$$

式中：p_j ——变量 y 在状态 j 时的概率；

p_{ij} ——变量 x 与变量 y 对应状态 i,j 时的概率。

根据变量 x 与变量 y 的熵与联合熵，可知其互信息为：

$$I(x,y)=H(x)+H(y)-H(x,y) \tag{2.1.7}$$

对于延迟时间为 τ 、嵌入维数为 m 的某一大坝变形测值时间序列为 x_i（ $i=1,2,\cdots,n$ ，n 为序列数目)，其具体互信息为：

$$I(\tau)=\sum_{x_i,x_{i+\tau}}P(x_i,x_{i+\tau})\log_2\left[\frac{P(x_i,x_{i+\tau})}{P(x_i)P(x_{i+\tau})}\right] \tag{2.1.8}$$

式中：$P(x_i)$ —— x_i 的归一化分布；

$P(x_{i+\tau})$ —— $x_{i+\tau}$ 的归一化分布；

$P(x_i,x_{i+\tau})$ —— x_i 与 $x_{i+\tau}$ 的联合分布。

互信息法能够准确判断出混沌系统的相关性，一般选取 $I(\tau)$ 的第一个最小值为最佳延迟时间。

(3)平均位移法

利用平均位移法求解延迟时间，需要先求取嵌入维数 m 。该方法利用平均位移对序列点对角线扩展的程度进行度量，在冗余误差与不相关误差间寻找最佳折中点，使这两种误差的总和最小。相空间两相邻相点 y_t 与 $y_{t+\tau}$ 之间的平均位移 $S_m(\tau)$ 为：

$$S_m(\tau)=\frac{1}{M}\sum_{t-1}^{M}\parallel y_t-y_{t+\tau}\parallel \tag{2.1.9}$$

当嵌入维数确定时，平均位移的计算公式为：

$$S_m(\tau)=\frac{1}{M}\sum_{i=1}^{M}\sqrt{\sum_{j=1}^{m-1}[x(i-j\tau)-x(i)]^2} \tag{2.1.10}$$

平均位移 $S_m(\tau)$ 会随着延迟时间的增大而逐渐趋于饱和，一般取平均位移增长率降到40%初始值的点所对应时间为最佳延迟时间。

2.1.2.2 嵌入维数的确定

在实际应用中，若嵌入维数 m 过大，不仅会增加计算工作量，而且会扩大噪声与舍入误差的影响；若嵌入维数 m 过小，则缺少容纳吸引子的空间，无法展现系统动力特性。常用嵌入维数的选取方法有假邻近点法[8]、Cao法[9]、GP法[10]等。

(1)假邻近点法

当嵌入维数较小时，空间轨道处于相互挤压状态，一些原本相距较远的相点会发生折叠，这便是虚假邻近点。在对时间序列进行相空间重构时，轨道随着嵌入维数的增大而展开，虚假邻近点也会逐渐分离，最终被剔除。因此当不存在虚假邻近点时，可认为空间轨道是完全打开的，对应该状态的最小嵌入维数便是最优的维数。

在 m 维空间中，假设相点 y_t 的最近邻点为 y_f，y_t 与 y_f 的表达式如式(2.1.2)所示，y_t 与 y_f 的距离为 $R_m(t)=\| y_t-y_f \|$。当把相空间从 m 扩展到 $m+1$ 维，新分量的引入会使 y_t 与 y_f 的距离 $R_{m+1}(t)$ 发生变化，即

$$R_{m+1}^2(t)=R_m^2(t)+\| x_{t+m\tau}-x_{f+m\tau} \|^2 \tag{2.1.11}$$

将 $R_m(t)$ 与 $R_{m+1}(t)$ 的值进行对比，并按下式标准进行判断：

$$\sigma_m=\frac{\| x_{t+m\tau}-x_{f+m\tau} \|}{R_m(t)} \tag{2.1.12}$$

若两者的值相差过大，且 σ_m 大于某一阈值 σ_T，则认为相点 y_f 为相点 y_t 的一个虚假邻近点。阈值 σ_T 的选取范围一般为[10,50]。对于所分析的测值时间序列，当虚假邻近点的个数占总邻近点个数的比率小于0.05或比率不再随维数的增加而减小时，认为吸引子处于完全展开状态，此时的嵌入维数 m 即是最佳维数。

(2)Cao法

假邻近点法中的阈值 σ_T 受人为选择的影响，因此采用假邻近点法可能无

法得到最优嵌入维数 m 。Cao 法是假邻近点法的改进方法，可以避免选择阈值 σ_T 。定义：

$$a(t,m)=\frac{\| y_t^{m+1}-y_f^{m+1} \|}{\| y_t^m-y_f^m \|} \tag{2.1.13}$$

式中：$\| y \|$ ——欧式距离；

y_f^{m+1} ——在嵌入维数为 $m+1$ 时，距离相点 y_t^{m+1} 最近的邻近点；

y_t^m ——在嵌入维数为 m 时，距离相点 y_t^{m+1} 最近的邻近点。

则 $a(t,m)$ 的平均值为：

$$E(m)=\frac{1}{n-m\tau}\sum_{t=1}^{n-m\tau}a(t,m) \tag{2.1.14}$$

当嵌入维数从 m 扩展到 $m+1$ 时，设：

$$E_1(m)=\frac{E(m+1)}{E(m)} \tag{2.1.15}$$

当 $E_1(m)$ 的值随着嵌入维数的增大而逐渐趋于平稳时，此时最小的嵌入维数便是最佳值。理论上，随机时间序列的 $E_1(m)$ 值不会趋于平稳。实际应用中，当维数 m 较大时，难以判断 $E_1(m)$ 是已经平稳还是缓慢增长，有限长的随机时间序列的 $E_1(m)$ 亦可能出现不变化的现象。因此定义 E' ：

$$E'(m)=\frac{1}{n-m\tau}\sum_{t=1}^{n-m\tau}| y_t^{m+1}-y_f^{m+1} | \tag{2.1.16}$$

$$E_2(m)=\frac{E'(m+1)}{E'(m)} \tag{2.1.17}$$

其中，随机时间序列的 $E_2(m)$ 不发生变化（等于 1），确定性时间序列的 $E_2(m)$ 会有起伏。

(3)GP 法

GP 法是由 Grassberger 与 Procaccia 提出的一种计算时间相关维数的算法。假设变形监测数据序列重构相空间后有 n 个矢量，若其中两个矢量之间的距离比给定的正数 r 小，则称这两个矢量相互关联。计算其中关联矢量的对数，以及其在 n^2 个矢量对中所占的比例，这个比例称为关联积分，即

$$C(r)=\frac{1}{n^2}\sum_{i,j=1}^{n}\theta(r-\| y_i-y_j \|) \tag{2.1.18}$$

式中：$C(r)$ ——关联积分；

$\theta(x)$ ——Heaviside 单位函数；

r ——给定的正数，一般值较小；

$\| y_i - y_j \|$ ——任意两矢量的欧式距离。

当 r 值选择适当时，关联积分 $C(r)$ 在某个区域满足下式：

$$C(r) = r^D \tag{2.1.19}$$

对式(2.1.19)的两端取对数，得：

$$D = \frac{\ln C(r)}{\ln r} \tag{2.1.20}$$

在实际运用中，先赋给 m 一个值，在一定范围内改变 r 的大小，由式(2.1.20)可得 $\ln C(r) \sim \ln r$ 关系曲线，去除曲线中斜率为零及无穷的直线，选出最优的拟合直线，该直线的斜率即代表 m 维数下的关联维数 D 。改变 m 的值，可得 $D \sim m$ 关系曲线。若 D 不再随 m 的变化而变化，说明此时的 m 值即是最佳嵌入维数。GP 法的计算量较大且易受噪声影响，对数据的精确度要求较高。

2.1.3 基于 Lyapunov 指数法的大坝测值序列非线性特性辨识

大坝监测数据中的非线性常表现为混沌特性，目前常用于混沌时间序列判别的方法有分数维数法[11]、功率谱法[12]、Lyapunov 指数法[13]等，本节重点研究 Lyapunov 指数法。混沌运动对初始条件极为敏感。若在混沌系统中有两个初始状态、初始条件都非常相似的点，这两个点的运动轨道会随时间的变化而按指数方式分离，Lyapunov 指数就是对这一现象的定量描述，其定义如下：

设相空间中相点 $y(0)$ 有半径为 $\varepsilon(0)$ 的邻域，当系统不断演化时，邻域 $\varepsilon(0)$ 逐渐伸展或收缩成一个超椭球，若该超椭球在各方向上的轴长为 $\varepsilon_z(t)$（ s 代表方向，t 代表时刻），则相点 y 的运动轨道在第 s 个方向上的 Lyapunov 指数为：

$$\lambda_s = \lim_{t\to\infty}\lim_{\varepsilon(0)\to 0}\frac{1}{t}\ln\frac{\varepsilon_z(t)}{\varepsilon(0)} \quad (s=1,2,\cdots,m) \tag{2.1.21}$$

若 $\lambda_s < 0$，说明运动轨道在 s 方向上呈收缩状态，系统运动对初始条件不敏感，运动状态稳定；若 $\lambda_s > 0$，说明运动轨道在 s 方向上呈发散状态，系统运动对初始条件敏感，运动呈混沌状态；若 $\lambda_s = 0$，说明系统对初始条件不敏感，运动状态呈周期性。将 λ_s 按从大到小的顺序排列，可得到 Lyapunov 指数谱，最小的指数代表运动轨道收缩的速度，最大的指数代表轨道发散覆盖吸引子的速度。

格力波证明只要最大 Lyapunov 指数大于零，则系统具有混沌特性[14]。因此判断大坝监测数据是否具有混沌特性时，只需计算最大 Lyapunov 指数。目前有多种计算 Lyapunov 指数的方法，Wolf 提出的算法适用无噪声、非线性序列，故当大坝监测数据序列可采用该算法计算最大 Lyapunov 指数[15]。具体思路如下：

设测值时间序列为 x_i（$i=1,2,\cdots,n$，序列数目），τ 为延迟时间，m 代表嵌入维数，相点如式(2.1.2)所示。取初始相点 $y_t(t_0)$，最近邻点 $y_t^0(t_0)$ 与其的距离为 L_0，追踪这两点随时间的演化，t_1 时刻这两点的间距 L'_0 超过某规定值 ε，保留 $y_t(t_1)$，并在其邻近处另找一点 $y_t^1(t_1)$，使两点的距离 $L_1<\varepsilon$，并使向量 $(y_t^0(t_1)-y_t(t_1))$ 与向量 $(y_t^1(t_1)-y_t(t_1))$ 间的夹角尽可能小，如图 2.1.2 所示。

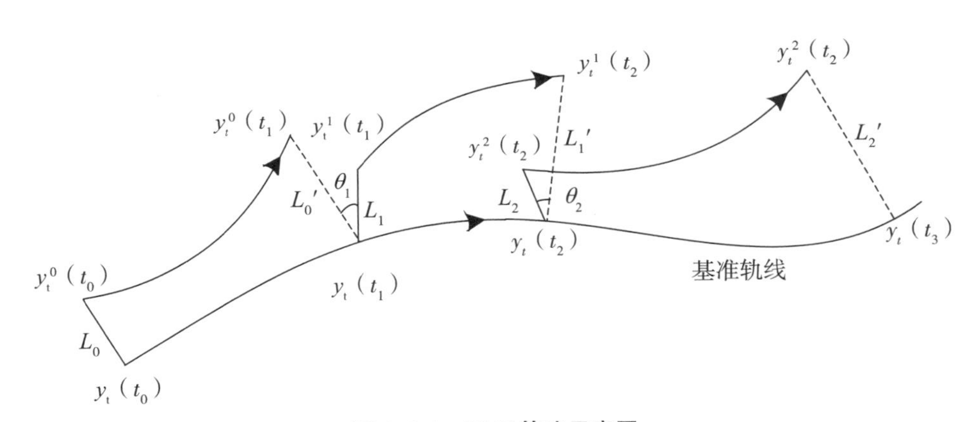

图 2.1.2 Wolf 算法示意图

继续上述过程，直到 y_t 到达时间序列的终点，此时演化过程的总迭代次数为 K，Lyapunov 指数的最大值 $\lambda_{\max}$ 为：

$$\lambda_{\max}=\frac{1}{t_K-t_0}\sum_{i=0}^{K}\frac{L'_i}{L_i} \tag{2.1.22}$$

混沌运动并不是随机的，而是服从一定规律，也即说明运动在某个临界时间 t' 范围内时可预测。假设运动初始时刻两相邻轨道之间的距离为 $L(t_0)$，t 时刻两者之间距离的最大分量为：

$$S = L(t) - L(t_0)\mathrm{e}^{\lambda_{\max} t} \tag{2.1.23}$$

若 $\dfrac{L(t)}{L(t_0)}$ 的值超过某临界值 c 时，认为轨道发散过大，不能再对运动进行预测，这时所对应的时间就是运动可预测临界时间 t'，即

$$c = \frac{L(t')}{L(t_0)} = \mathrm{e}^{\lambda_{\max} t'} \tag{2.1.24}$$

因此有：

$$t' = \frac{1}{\lambda_{\max}} \ln c \tag{2.1.25}$$

一般认为，当轨线分离距离达到初始距离的数倍或十几倍时（$c \approx 10$，$\ln c \approx 1$），轨道运动即不可预测了。因此混沌时间序列的运动最大可预测时间近似为：

$$t' \approx \frac{1}{\lambda_{\max}} \tag{2.1.26}$$

上式的时间 t' 也称为 Lyapunov 时间。

基于前述方法与原理，重构大坝测值序列的相空间，执行序列混沌特性判别的实现流程如图 2.1.3 所示，具体步骤如下。

步骤 1：选择要判别的监测数据序列，对监测数据进行去噪处理；

步骤 2：根据去噪后的监测数据，选择延迟时间确定方法，计算判别量与延迟时间的关系，并绘制相应的关系曲线，根据判别准则确定最佳延迟时间 τ；

步骤 3：根据计算出的最佳延迟时间 τ，选择嵌入维数确定方法，计算判别量与嵌入维数的关系，并绘制相应的关系曲线，根据判别准则确定最佳嵌入维数 m；

步骤 4：根据计算出的最佳延迟时间 τ 与最佳嵌入维数 m，利用式(2.1.3)重构测值序列的相空间；

步骤 5：计算监测数据序列的最大 Lyapunov 指数 $\lambda_{\max}$，若 $\lambda_{\max} > 0$，说明监测数据序列具有混沌特性，可进行预测，并可计算出其最大可预测时间 t'，其相空间重构矩阵可作为监控模型的输入样本；若 $\lambda_{\max} < 0$，说明监测数据序列不具有混沌特性，是随机序列，不可预测。

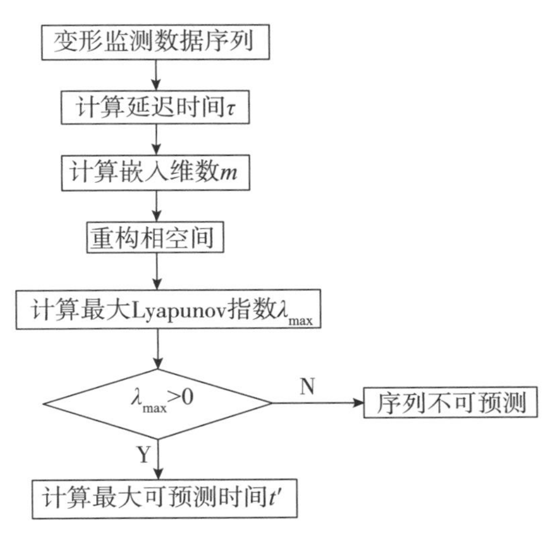

图 2.1.3　大坝测值序列混沌特性辨识流程

2.2　大坝工作性态滞后特性辨识与提取方法

在水位、温度、降雨等影响下，大坝变形、渗流等性态变化呈强非线性，且这种响应具有滞后性。由于滞后效应的复杂性，构建大坝安全监控模型时应考虑滞后效应，通常取前期环境平均值加入模型的输入因子，或以数学函数模拟滞后效应变化过程并利用试算、迭代等方法求解。这些方法都具有一定的实用性，然而求解过程步骤多，计算量大。为更合理地指导大坝安全监控模型的构建，本节从大坝监测资料分析出发，开展滞后特征辨识方法研究。首先利用相似序列匹配技术，从形态上来挖掘大坝效应的滞后特征；然后引入互相关图分析方法进行序列间滞后特征的辨识，两种方法结合使用，从而保证滞后特征辨识的可靠度与准确性。

2.2.1　大坝工作性态环境影响因素

大坝效应量与各个环境量之间存在着不同的关系，不同效应量的主要影响因素也有所差别。对于大坝渗流而言，环境量库水位与降雨对其造成的滞后效应较为明显；而对于大坝变形，环境量气温对其造成的滞后效应较为明显。

2.2.1.1　大坝渗流对库水位响应的滞后性

库水位对大坝渗流的影响较大，通常来说库水位上升会引起大坝渗流量变大,库水位下降则大坝渗流量也随之下降,经分析这两者之间的变化存在一定的时间差,即渗流对库水位变化的响应具有滞后性。以 $\tau_k(t)$ 表示滞后时间,则大坝渗流量与库水位关系表示为:

$$Y_H(t)=f[t,H(t),H(t-\tau_1(t)),H(t-\tau_2(t)),\cdots,H(t-\tau_n(t))] \tag{2.2.1}$$

式中:$Y_H(t)$——t 时刻的渗流量水位分量;

$\tau_k(t)\geqslant 0, k=1,2,3,\cdots,n$;

$H(t)$、$H(t-\tau_k(t))$——对应时刻的库水位。

式(2.2.1)显示,t 时刻的渗流量水位分量 $Y_H(t)$ 不仅与当天的水位有关,亦与 t 时刻以前的库水位相关,表现为库水位连续变化的瞬态结果。

2.2.1.2 大坝渗流对降雨响应的滞后性

降雨对大坝渗流产生较为复杂的影响,分为地上与地下两部分。降雨不仅会直接抬升水位,也会产生地面径流流入水库导致水位上升;当降雨持续时间长且降雨强度大时,部分雨水以入渗的形式进入地下,从而对大坝渗流产生影响。通常认为,直接降雨主要产生地面径流并汇入库水中;而入渗过程比较复杂,对地下渗流的影响并不显著,因此降雨对大坝渗流的影响通常在当天有显著表征现象。

降雨对大坝渗流量的影响比对库水位的影响更为复杂,地下水位与降雨量、雨型、入渗条件、地形地质条件相关,且具有滞后性,因而降雨对渗流的主要影响是一个间接的过程,存在滞后效应。

2.2.1.3 大坝变形对气温响应的滞后性

温度对大坝变形的影响过程也比较复杂,其滞后效应可从内、外两个方面来论证。一方面,外部环境中的热量包括气温、水温等,时刻都在与大坝进行热交换,不仅库水温度的变化滞后于气温的变化,大坝坝体的温度也滞后于库水温度的变化。另一方面,大坝结构内部温度场分布情况十分复杂,温度在传导过程中存在着滞后现象以及衰减效应。

温度变化会导致混凝土膨胀或收缩,称为温度变形。在无约束条件下,温度变化 T 与温度变形关系如下式所示:

$$E_x=E_y=E_z=\alpha T,\gamma_x=\gamma_y=\gamma_z=0 \tag{2.2.2}$$

式中：α ——线胀系数，表示由单位温度变化引起的混凝土应变变化量；

E_x, E_y, E_z ——主应变；

$\gamma_x, \gamma_y, \gamma_z$ ——切应变；

T ——混凝土温度变化量。

2.2.2 基于测值序列形态相似性的大坝响应滞后特征辨识方法

大坝变形、渗流等效应量受库水、温度、降雨等环境量影响，二者存在相关性，在测值序列表现上，具有潜在的相似性。基于此，本节引入数据挖掘领域相似序列匹配技术来实现大坝效应量对环境量响应滞后时间的辨识。

2.2.2.1 大坝监测数据序列相似度表征

根据不同的实际需求，在应用中常用的相似度表征量有 L_p 范数距离、动态时间规整距离等。

(1) L_p 范数距离

对于两个时间序列 $X = X\{(x_i) \mid i=1,2,3,\cdots,n\}$ 与 $Y = Y\{(y_i) \mid i=1,2,3,\cdots,n\}$ 来说，其 L_p 范数距离 D_p 计算公式为：

$$D_p = \left(\sum_{i}^{n} \mid x_i - y_i \mid ^{p}\right)^{\frac{1}{p}} \tag{2.2.3}$$

式中：D_p —— L_p 范数距离；

n ——时间序列 X 与 Y 的长度；

p ——参数。

常用的 L_p 范数距离是曼哈顿距离($p=1$)、欧式距离($p=2$)与切比雪夫距离($p\to\infty$)。该表征方式容易理解与求解，但是会受到噪声与短期波动影响，并且只能应用于等长序列。

(2)动态时间规整

动态时间规整支持时间轴上的平移、伸缩等变换，其基于动态规划的思想，可用于解决不等长序列间距离的问题。对于两个时间序列 $X = X\{(x_i) \mid i=1,2,3,\cdots,n\}$ 与 $Y=Y\{(y_i) \mid i=1,2,3,\cdots,n\}$，首先建立一个矩阵 $d_{m\times n}$，其任一元素计算公式如下：

$$d_{i,j} = \mid x_i - y_j \mid \tag{2.2.4}$$

式中：$d_{i,j}$ ——矩阵 $d_{m\times n}$ 中第 i 行第 j 列元素；

x_i ——时间序列 X 中第 i 个元素；

y_i ——时间序列 Y 中第 j 个元素。

在此基础上建立矩阵 $D_{m\times n}$ ，任一元素计算公式如下式：

$$D_{1,1}=d_{1,1} \tag{2.2.5}$$

$$D_{1,j}=d_{1,j}+D_{1,j-1} \tag{2.2.6}$$

$$D_{i,1}=d_{i,1}+D_{i-1,1} \tag{2.2.7}$$

$$D_{i,j}=d_{i,j}+\min\begin{cases}D_{i-1,j-1}\\D_{i,1,j}\\D_{i,j-1}\end{cases}\quad(i\neq 1\text{ 且 }j\neq 1) \tag{2.2.8}$$

式中：$D_{i,j}$ —— $D_{m\times n}$ 矩阵中第 i 行第 j 列的元素；

$d_{i,j}$ ——矩阵 $d_{m\times n}$ 中第 i 行第 j 列元素。

$D_{m\times n}$ 矩阵右下角元素的 $D_{m,n}$ 即为所求动态时间规整距离。从计算过程可以看出，计算量较大，不宜用于较长序列的比较。

考虑到本节查询相似序列的目的是对比两序列的时间属性，从而得到滞后时间，即比较等长序列间的相似度，因此采用欧式距离衡量相似度：对于两个序列 $X=X\{(x_i)\mid i=1,2,3,\cdots,n\}$ 与 $Y=Y\{(y_i)\mid i=1,2,3,\cdots,n\}$ ，首先分别进行归一化处理消除量纲影响，若两者间的欧式距离小于阈值 ε ，即满足式(2.2.9)，则称两者是相似序列。

$$\frac{1}{n}\sqrt{\sum_{i=1}^{n}(Y_i-X_i)^2}\leqslant\varepsilon \tag{2.2.9}$$

式中：ε ——相似度阈值，与序列长度 n 有关，通常情况下 n 越大，ε 也相应取较大值；

n ——时间序列 X 与时间序列 Y 的长度。

为了分析效应量与环境量间的滞后特征，在上述相似序列的基础上，利用最大相似度原则寻找相似度最好的序列与参考序列进行对比，从而获取滞后时间。

2.2.2.2 数据特征化表示

相似序列匹配分为完全匹配与子序列匹配，前者是指计算分析两个序列 X 与 Y 的相似度，后者是指计算分析序列 X 与 Y 的子序列之间的相似度。对于本研究来说，由于要分析序列间的滞后特征，因此采用子序列匹配的方法。

由于自动化监测系统的推广应用，大坝监测数据序列可能较长。为了压缩序列长度，从而加快相似序列匹配速度，在进行相似序列匹配之前有必要首先对原始数据进行分段线性化表示。分段线性化表示的方法，分为自顶向下分段算法与自底向上分段算法。

(1)自顶向下分段算法

设待分段时间序列 S 数据个数是 N，自顶向下算法的步骤如下：

步骤 1：连接时间序列的首尾两点，S_1 与 S_N，得到初始分段 S_1S_N。

步骤 2：对该分段中间点 $S_k(1<k<N)$，逐个计算该点到线段 S_1S_N 的距离 d_k。若在第 z 个点取得最大值 $d_z=\max\{(d_k)\mid 1<k<N\}$，则对区间 $S_1\sim S_z$ 与 $S_z\sim S_N$ 分别做直线拟合，得拟合误差分别为 ε_1 与 ε_2。对于给定的阈值 ε_d，若 $\varepsilon_1>\varepsilon_d$ 或 $\varepsilon_2>\varepsilon_d$，则原序列 S 可用两个直线段 S_1S_z 与 S_zS_N 表示。

步骤 3：对第二步得到的新线段继续执行分段，循环该过程，直至找不出满足条件的点，分段完成。

自顶向下分段算法如图 2.2.1 所示，图中展示了三次分段过程：初始分段得到线宽最粗的线段；线宽次之的两根线段是第二次分段效果；最终分段效果为 4 段，见图中线宽最细的线段。

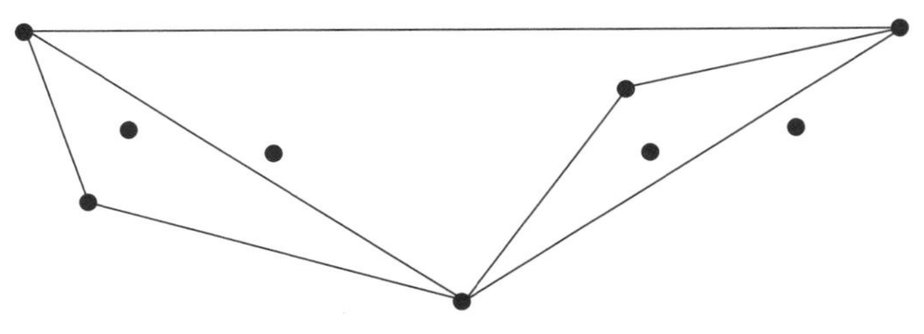

图 2.2.1　自顶向下分段算法示意图

(2)自底向上分段算法

设待分段时间序列 S 数据个数是 N，自底向上算法的步骤如下：

步骤 1：首先将所有数据点按照顺序依次连接，划分成 $\frac{N}{2}$ 个初始分段 (S_1S_2，S_3S_4，$S_5S_6\cdots$)；

步骤 2：对任意两个相邻的分段 S_iS_j 与 S_kS_z，计算区间 $S_i\sim S_z$ 的直线拟

合误差 ε 。对于给定的阈值 ε_d ，若 $\varepsilon < \varepsilon_d$ ，则使用直线段 S_iS_z 取代原有的直线分段 S_iS_j 与 S_kS_z ；

步骤 3：循环执行第二步合并过程，直到无可合并的相邻分段，得到最终分段结果。

自底向上分段算法见图 2.2.2，图中细线为初始分段，粗线为最终分段效果。

图 2.2.2　自底向上分段算法示意图

该方法存在两点不足：①待分段序列数据个数未必是偶数；②初始分段限制了某点只能与前一个或后一个连接，可能导致合并结果未必是最优结果，如图 2.2.3 所示。图 2.2.3(a)是经典自底向上分段算法的分段结果，图 2.2.3(b)是期望的结果，由于受到散点间两两相连的约束，图 2.2.3 中所示散点在经典自底向上分段算法下得不到期望的分段结果。

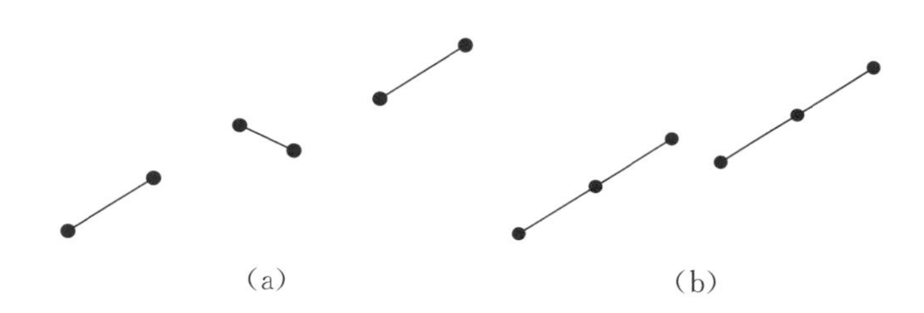

图 2.2.3　分段效果对比

(3)改进自底向上分段算法

为了避免自底向上分段算法的上述问题，对该方法进行了以下优化：

步骤 1：设待分段时间序列 S 数据个数是 N ，将所有数据点按照顺序依次相连，从而得到 $N-1$ 个线段($S_1S_2, S_2S_3, S_3S_4\cdots$)；

步骤 2：对现有的分段结果进行合并运算。从第一个分段开始，逐个往后单向合并。对于第 i 个分段 S_iS_j ，若该段与相邻的下一个分段 S_kS_z 进行直线拟合的误差 ε 小于阈值 ε_d ，则直线段 S_iS_z 取代原有的 S_iS_j ，并继续跟 S_kS_z 相邻的下一个分段 S_pS_q 尝试合并，依次往后合并，直到拟合代价大于阈值 ε_d 。

下一轮循环对 S_kS_z 进行同样的操作，依次往后，直到遍历所有分段。

步骤3：从第二步得到的合并结果，显然存在大量的重叠部分，为此逐个向后检查重叠部分，并进行拆分，使得最终的分段结果互不重叠，最后得到的分段结果即为最优分段。

从上述步骤中可以看出，分段的效果很大程度上取决于阈值 ε_d 的选择。由于阈值不同会导致分段效果产生较大差异，为了尽量减小这种差异，首先要保证拟进行比较的各个序列在分段之前执行归一化处理，消除量纲的影响。阈值 ε_d 的选取采用试算检验的方法，原则是经过分段线性化后得到的段数是原数据点个数的1/5左右。

2.2.2.3 大坝工作性态响应滞后特征辨识的实现过程

经过上一步分段线性化处理之后，可以得到原序列在时间上的拐点以及各段的走势，在这两个信息的基础上开展相似序列匹配工作，从而实现大坝工作性态响应滞后特征的辨识，其实现流程如图2.2.4所示。

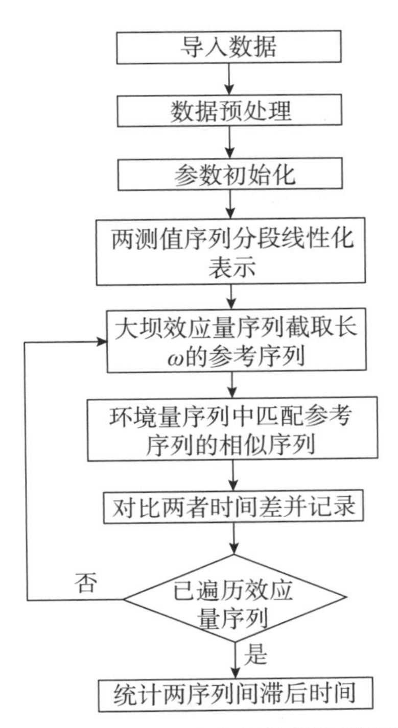

图2.2.4　基于测值序列形态相似性的滞后特征分析流程

2.2.3 基于测值序列相关性的大坝响应滞后特征辨识方法

大坝效应量与环境量之间的滞后关系十分复杂，仅利用测值序列形态上的相似度来辨识滞后特征可能会存在偏差，为此，本节研究一种利用统计学方法分析测值序列滞后特征的方式，两种方法互相验证，从而提高滞后特征辨识的可靠度与精确度。在研究两个序列之间关系时，常依据相关系数与互相关函数。

2.2.3.1 相关系数

相关系数是一类反映两个变量之间密切程度的统计指标，应用较多的是皮尔逊相关系数。对于两个序列 X 、Y，其相关系数 $\rho(X,Y)$ 计算公式如下[18]：

$$\rho(X,Y)=\frac{\text{cov}(X,Y)}{\sigma_x\sigma_y} \tag{2.2.10}$$

式中：$\text{cov}(X,Y)$ ——X、Y 的协方差；

σ_x 、σ_y ——X、Y 的标准差；

$|\rho(X,Y)|\leqslant 1$。

求得 X、Y 的相关系数之后，即可以按 $\rho(X,Y)$ 取值范围判断两变量的相关性，取值范围如表 2.2.1 所示。

表 2.2.1 相关关系评判

$\rho(X,Y)$ 取值范围	相关关系
0.0～0.3	微相关
0.3～0.5	实相关
0.5～0.8	显著相关
0.8～1.0	高度相关

由上述可知，相关系数可用于评价两个变量的相关关系，筛选变量间相互关系，但求解过程并未考虑时间因素，因此不能用于剖析测值序列之间的滞后特征。

2.2.3.2 自相关函数

为了辅助理解互相关函数在辨识大坝响应滞后特征的原理，首先介绍自相关函数。自相关函数用于描述时间序列两个不同时刻取值之间的依赖关系。对于时间序列 $X(t)$，其自相关函数[19]定义为：

$$R_{xx}(\tau)=\lim_{T\to\infty}\frac{1}{T}\int_{0}^{T}X(t)X(t+\tau)\,\mathrm{d}t \tag{2.2.11}$$

式中：τ ——时差；

$R_{xx}(\tau)$ —— $X(t)$ 的自相关函数；

T —— $X(t)$ 的长度。

自相关函数具有一个重要性质：当时差 $\tau=0$ 时，函数值最大，且等于序列均值的平方，即

$$\max\{R_{xx}(\tau)\}=\lim_{T\to\infty}\frac{1}{T}\int_{0}^{T}X^{2}(t)\,\mathrm{d}t=\mu_{X}^{2} \tag{2.2.12}$$

式中：$R_{xx}(\tau)$ —— $X(t)$ 的自相关函数；

T —— $X(t)$ 的长度；

μ_X —— $X(t)$ 的均值。

该性质的几何意义是：当序列与自身重合时，相似度最大。

2.2.3.3 互相关函数

互相关系数，也称为交叉相关系数，即计算两个时间序列不同时间段的相关关系，在滞后域上揭示自变量对效应量的影响程度，反映两者在时间上的滞后关系。互相关系数已经应用于分析降雨量与泉流量间的滞后特征、海潮与海岸带地下水位之间滞后特征、脑电图数据中不同序列间的滞后特征。

对于一对大坝效应量与环境量测值序列 $X(t)$，$Y(t)$，其互相关函数 $R_{XY}(\tau)$ 定义如下[20]：

$$R_{XX}(\tau)=E[X(t)Y(t+\tau)]=\lim_{T\to\infty}\frac{1}{T}\int_{0}^{T}X\binom{t}{t}\,\mathrm{d}t \tag{2.2.13}$$

离散化表示为：

$$R_{XY}(\tau)=\frac{1}{N-\tau}\sum_{t=1}^{N-\tau}X(t)Y(t+\tau) \tag{2.2.14}$$

式中：τ ——时差；

N、T——时间序列 $X(t)$，$Y(t)$ 的长度。

从式(2.2.13)可以看出，互相关函数 $R_{XY}(\tau)$ 计算 t 时刻的序列 $X(t)$ 与 $t+\tau$ 时刻的序列 $Y(t+\tau)$ 之间的相关关系，从而反映 $X(t)$，$Y(t)$ 对不同时差 τ

相应的相关性。利用自相关函数的性质可以推得：若时间序列 $X(t)$ ，$Y(t)$ 存在滞后关系，则当互相关函数取得最大值时对应的时差 τ ，即为两序列的滞后时间。

为了辨识大坝效应量对环境量响应滞后时间，首先需要估计时差 τ 的取值范围 Ω ，在该区间求解互相关函数 $R_{XY}(\tau)$ ，最大的函数值对应的时差 τ 即为效应量与环境量之间的滞后时间 μ ，即

$$R_{XY}(\mu)=\max\{(R_{xx}(\tau))\mid\tau\in\Omega\} \tag{2.2.15}$$

式中：μ ——所求滞后时间；

Ω ——预估的时差 τ 取值范围。

$X(t)$ ，$Y(t)$ 的互相关系数 $\rho_{xy}(\tau)$ 计算公式如式(2.2.16)所示，该系数越接近于0，表示两个序列间相似性越差。

$$\rho_{XY}(\tau)=\frac{R_{XY}(\tau)-\mu_X\mu_Y}{\sigma_X\sigma_Y} \tag{2.2.16}$$

式中：σ_X ，σ_Y ——X，Y 的标准差；

μ_X ，μ_Y ——X，Y 的均值；

$|\rho_{XY}(\tau)|$ ——互相关系数，$|\rho_{XY}(\tau)|\leqslant|$；

$R_{XY}(\tau)$ ——互相关函数。

综上所述，依据时间序列相关性辨识大坝响应滞后特征的问题归结为：在互相关图上寻找极值位置的问题。具体步骤如下：首先求解两个变量的互相关系数；然后以滞后时间为横轴、互相关系数为纵轴绘制互相关图；最后在互相关图上寻找靠近纵轴的第一个峰值，该值对应的横轴坐标即为所求的滞后时间。

2.3 大坝工作性态时效特性辨识与提取方法

大坝长期运行过程中监测数据会呈现出整体趋势上的变化，及时掌握其趋势动态对工程维护、水库大坝的安全运行具有重要意义。本节基于大坝安全有效监测信息，集成数据整备、缺失值填补算法，利用三次样条函数对数据进行整备，构建岭回归的大坝运行安全性态趋势预测模型，对大坝变形、渗流渗压、应力应变等效应量进行外延预测值拟定。通过分析与给定大坝运行安全趋势警戒值间差异，以实现对大坝运行趋势进行判断。

2.3.1 岭回归基本原理

线性回归是机器学习的重要算法之一，在线性回归中，给定N个训练数据点 $(x_i, y_i)_{i=1}^{N}$，其中 $x_i = (x_{i1}, \cdots, x_{iM})^{\mathrm{T}} \subset R^M$ 是一个 M 维向量，$y_i \in R$ 是常数因变量。线性回归的主要任务是拟合线性关系，构建一个线性函数 $f(x) = \omega^{\mathrm{T}} x$，使得 $f(x_i)$ 尽可能接近 y_i。其中，$\omega = (\omega_1, \cdots, \omega_M)^{\mathrm{T}}$ 为线性函数的拟合参数。一般线性回归是线性回归中最简单的模型，其中最优拟合参数由最小二乘法决定，又称最小二乘法回归模型[21]，记为：

$$\omega = \mathrm{argmin} \sum_{i=1}^{N} |f(x_i) - y_i|^2 = (X^{\mathrm{T}} X)^{-1} X^{\mathrm{T}} y \tag{2.3.1}$$

式中，$y = (y_1, \cdots, y_N)^{\mathrm{T}}$，$X = (x_1, \cdots, x_N)^{\mathrm{T}}$ 为设计矩阵。

在线性回归模型中，当训练的输入矩阵 X 不是列满秩时，或某些列之间的线性相关性比较大时，误差会偏大，传统的最小二乘法缺乏稳定性与可靠性，一般线性回归模型在实际应用中的有效性也会被限制。

岭回归是回归方法的一种，在机器学习中也称作权重衰减，是一种有监督的机器学习算法。岭回归主要解决的问题有两种：一是当预测变量的数量超过观测变量的数量的时候；二是数据集之间具有多重共线性，即预测变量之间具有相关性。相比于一般线性回归，岭回归是改良后的普通最小二乘估计，通过对最小二乘估计进行改进，以达到消除共线性影响的效果。实际上，消除多重共线性的过程是一个自变量选元的过程。

岭回归是一种改良的最小二乘法，是在线性回归的损失函数后加一个 L_2 正则化项[22]。

$$\begin{cases} \min \| y - Xw \|_2^2 \\ \mathrm{s.t.} \ \| w \|_2^2 \leqslant C \end{cases} \tag{2.3.2}$$

式中：X ——输入的特征矩阵；

y ——输出矩阵；

w——模型的参数向量；

C ——大于零的常数。

在式(2.3.2)中加入拉格朗日乘子，将有约束的优化问题转换为式(2.3.3)无约束的罚函数优化问题。

$$\begin{cases}\min \| y - Xw \|_2^2 + \lambda \| w \|_2^2 \\ \text{s.t.} \| w \|_2^2 = \sqrt{\sum_i x_i^2} \\ \lambda > 0\end{cases} \tag{2.3.3}$$

岭回归的解为：

$$\begin{aligned} w &= \operatorname{argmin}(\| y - Xw \|_2^2 + \lambda \| w \|_2^2) \\ &= (X^{\mathrm{T}} X + \lambda I)^{-1} X^{\mathrm{T}} y \end{aligned} \tag{2.3.4}$$

当 $X^{\mathrm{T}}X \approx 0$ 时，设想把一个正的常数矩阵 $\lambda I(\lambda > 0)$ 加到 $X^{\mathrm{T}}X$ 中，则 $X^{\mathrm{T}}X + \lambda I$ 接近奇异的程度小于 $X^{\mathrm{T}}X$ 接近奇异的程度。岭回归的解析表达式在数值计算上表现得更加稳定，有效避免了变量之间多重共线性的情况[23]。

2.3.2 岭回归安全趋势模型的构建

变形作为混凝土坝工作性态最为直观的表征物理量，能综合反映混凝土坝整体与局部结构性态变化特征，因此对变形变化规律的研究十分重要；与此同时，在混凝土坝的监测项目中，变形监测具有始测时间早、稳定性好、准确性高、持续时间长、易于检修维护与监测频次高等优点，为大坝变形性态分析提供了可靠的信息。

为了解与掌握混凝土坝的变形行为，须挖掘影响变形的相关因素，分析各影响因素作用效应，对各变形影响因素进行有效表征，才能更客观地揭示混凝土坝的变形规律。本章从影响因素的挖掘入手，结合坝工理论，研究混凝土坝变形监测资料及影响因素多尺度分解方法，进而构建基于岭回归的大坝安全趋势模型[24]。

2.3.2.1 水压分量的表征

水荷载是影响混凝土坝变形的主要因素之一，与坝前水深关系密切，因此可用坝前水深测值变化来表征混凝土坝变形的水压分量。在水荷载作用下混凝土坝变形 δ_H 由下列三部分组成，即水压作用于坝体产生的变形 δ_{1H}；水荷载作用引起坝基变形而产生的变形 δ_{2H}；水荷载作用引起的库盘变形而产生的大坝变形 δ_{3H}，即 $\delta_H = \delta_{1H} + \delta_{2H} + \delta_{3H}$。

以混凝土重力坝为例，变形计算时可将其简化为悬臂梁，水压力的作用经梁结构传递至地基，混凝土坝上游坝面的水荷载呈线性分布，由工程力学可得到：

δ_{1H} 与坝前水深的 H、H^2、H^3 呈线性关系，δ_{2H} 与坝前水深的 H^2、H^3 呈线性关系。

由库盘变形引起的混凝土坝变形 δ_{3H} 的形成十分复杂，为便于分析，将库盘简化为水平、等宽、水重均匀分布下的无限弹性体，当水库长度足够长，并考虑库区基岩渗流作用，可整理为 δ_{3H} 与坝前水深 H 成正比。

从表征形式可以看出，混凝土坝在水荷载作用下产生的变形表达呈坝前水深的高次多项式形式。

2.3.2.2 温度分量的表征

温度分量是混凝土坝变形的重要组成部分，混凝土坝处于开放的系统中，时刻与外界发生着热量交换，造成混凝土坝坝体及基岩的温度变化，进而引起混凝土坝的变形。

温度变化导致的变形分量是由岩体与混凝土温度变化产生，由力学分析可知，变温 T 作用下，任一点的变形与变温值 T 呈线性关系，当温度计足够多时，可选择各温度计的变温测值来表征。

利用各温度计的测值，虽然能够比较真实地反映温度场的分布规律，但过多的温度计及较长的测值序列会导致数据处理的工作量过大。此外，混凝土坝内埋设的温度计可能因损坏或多种因素的干扰，导致测值并不能真实反映该点的实际温度，同时坝内温度计会随着时间的推移，可靠性逐渐降低。实际上，工程运行多年后，随着混凝土水化热的消散，混凝土坝的温度变化主要取决于边界温度变化，即呈准稳定温度变化。

对于运行多年的混凝土坝形成的准稳定温度场，其温度序列相对稳定，温度变化在长时间内有稳定的周期，近似于平稳信号，对其进行多尺度分解，可以谐波函数形式近似表示温度分量。

2.3.2.3 时效分量的表征

传统分析模型中，混凝土坝变形中除了与易于监测的上游水位、外界温度

关系密切的水压分量、温度分量以外，还有时效变形部分，其中时效变形通常作为与时间相关的变形的统称，主要包含坝体混凝土的徐变以及坝基岩体蠕变导致的变形，表现为随时间的趋势性变化。

而事实上，混凝土坝在荷载作用下除了产生趋势性的时效变形外，部分变形在卸荷后会随时间逐渐恢复，这部分变形仍属于弹性变形范畴，考虑到以水压、温度变化为主的荷载都具有一定的周期性，其也有一定的周期性特征。

2.3.2.4 目标时序特征因子集的构建及建模

综合以上论述，静水位、温度等环境量的变化会导致坝体产生可逆变形，而时效因子则引起坝体材料劣化、力学性能降低，进而对大坝变形造成不可逆影响。常选择水压因子、温度因子、时效因子构建大坝变形静水—温度—时间(Hydrostatic Thermal Time, HTT)模型，其位移公式如式(2.3.5)。

$$\delta = \delta_H + \delta_T + \delta_\theta \tag{2.3.5}$$

式中：δ ——坝体位移；

δ_H 、δ_T 、δ_θ ——位移的水压、温度与时效分量。

通过分析目标大坝库水位与坝体变形特性，如式(2.3.6)，构成水压因子多项式 $[H_i]$ ，其中 H_d 为监测序列数据某日坝前水深，H_0 为监测序列数据起始日坝前水深；环境温度以周期性变化影响大坝的变形，因此采用考虑修正系数的正余弦函数表示温度因子，如式(2.3.6)，构成温度因子多项式 $[T_{sini}, T_{cosi}]$ ，其中 t 为监测点自记录以来该时序数据的累计天数，t_0 为该监测点时序数据起始日的累计天数；大坝自建成以来按照一定的速率发展劣化，如式(2.3.6)，构成时效因子 $[\theta_i]$ ，表示其劣化程度。$[H_i]$ 、$[T_{sini}, T_{cosi}]$ 、$[\theta_i]$ 构建变量特征集合 X[25]。

$$\begin{cases} H_i = (H_d - H_0) \quad (i = 1,2,3,4) \\ T_{sini} = \sin\left(\dfrac{2\pi i t}{365}\right) - \sin\left(\dfrac{2\pi i t_0}{365}\right) \\ T_{cosi} = \cos\left(\dfrac{2\pi i t}{365}\right) - \cos\left(\dfrac{2\pi i t_0}{365}\right) \quad (i = 1,2) \\ \theta - \theta_0, \ln\theta - \ln\theta_0, \left(\theta = \dfrac{t}{100}\right) \end{cases} \tag{2.3.6}$$

为消除变量间的量纲差异，需对时间序列数据归一化，如式(2.3.7)：

$$M_i = \frac{x_i - x_{\min}}{x_{\max} - x_{\min}} \tag{2.3.7}$$

式中：x_i ——输入数据；

M_i ——所得结果；

$x_{\max}$、$x_{\min}$——变量的最小值与最大值。

将归一化后的特征集合 X、目标时序 y 输入岭回归模型，并设置岭回归 α 值进行拟合以完成回归模型的构建。

2.4 工程实例

2.4.1 大坝工作性态混沌特性辨识与挖掘应用案例分析

以本书 1.4 节工程位移测值序列为例，运用 2.1 节所述方法，选取 IP01YL071、IP01ZL361、IP01ZL44、PL01HC093 四个位移测点监测数据，开展非线性混沌特性辨识与提取工作。

2.4.1.1 IP01YL071 测点测值序列相空间重构与混沌特性判别

IP01YL071 测点测值序列如图 2.4.1 所示，采用互信息法确定该监测数据序列的延迟时间，计算所得该测值序列的互信息 $I(\tau)$ 与延迟时间 τ 关系曲线如图 2.4.2 所示。由图 2.4.2 可知，$I(\tau)$ 的第一个最小值为 20，因此相空间重构时选取的最佳延迟时间 $\tau=20$。

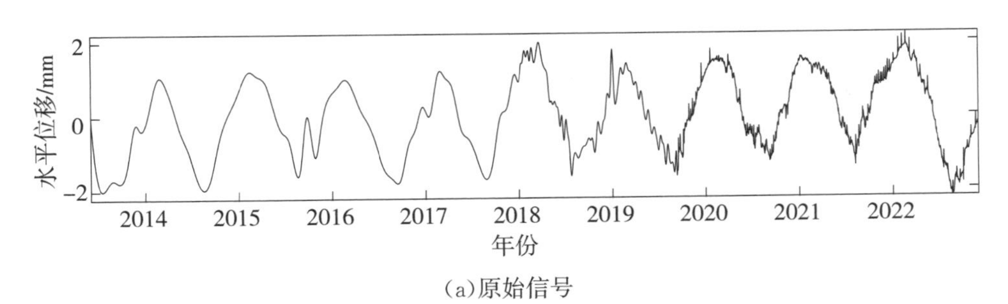

(a)原始信号

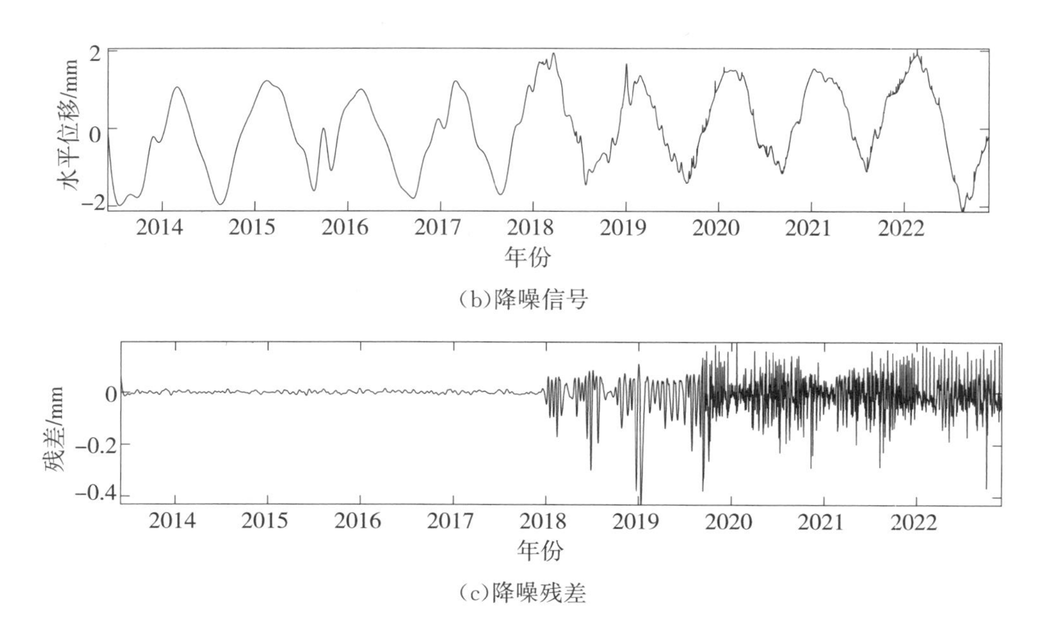

图 2.4.1　IP01YL071 测点测值过程线

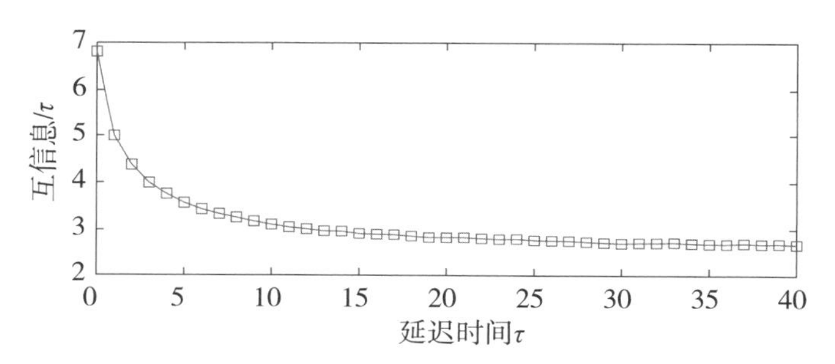

图 2.4.2　IP01YL071 测点互信息 $I(\tau)$ 与延迟时间 τ 关系曲线

根据已计算出的延迟时间，采用 Cao 法确定 IP01YL071 测点测值序列嵌入维数。计算所得序列的 $E_1(m)$、$E_2(m)$ 与嵌入维数 m 关系曲线如图 2.4.3 所示，可知该测点测值序列最小嵌入维数为 $m=7$。

根据上述所确定的 IP01YL071 测点最佳延迟时间与嵌入维数，重构该测点序列的相空间，结果如式(2.4.1)所示。采用 Wolf 算法计算 IP01YL071 测点监测数据序列的最大 Lyapunov 指数为 $\lambda_{max}=0.0062$。$\lambda_{max}>0$，故可判定 IP01YL071 测点监测数据序列具有混沌特性且可预测，其最大可预测时间为 161 天。

$$\begin{bmatrix} y_1 \\ y_2 \\ \vdots \\ y_{3351} \end{bmatrix} = \begin{bmatrix} x_1 & x_{21} & \cdots & x_{121} \\ x_{21} & x_{22} & \cdots & x_{122} \\ \vdots & \vdots & \vdots & \vdots \\ x_{3351} & x_{3371} & \cdots & x_{3471} \end{bmatrix} \tag{2.4.1}$$

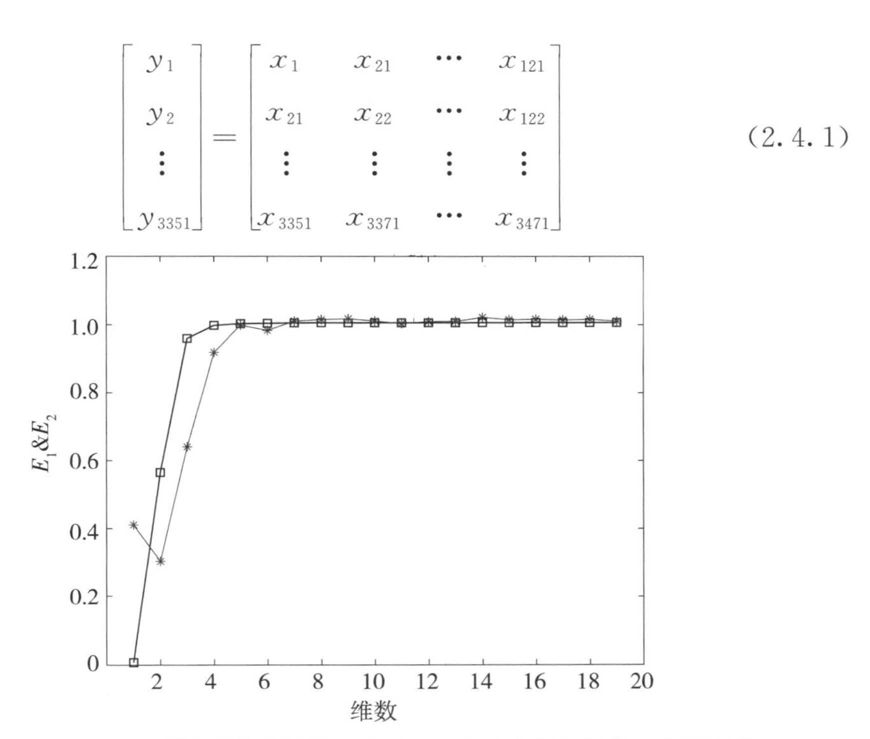

图 2.4.3　IP01YL071 测点测值序列的 $E_1(m)$、$E_2(m)$ 与嵌入维数 m 关系曲线

2.4.1.2　IP01ZL361 测点测值序列相空间重构与混沌特性判别

IP01ZL361 测点测值序列如图 2.4.4 所示，采用互信息法确定该监测数据序列的延迟时间，计算所得该测值序列的互信息 $I(\tau)$ 与延迟时间 τ 关系曲线如图 2.4.5 所示。由图 2.4.5 可知，$I(\tau)$ 的第一个最小值为 17，因此相空间重构时选取的最佳延迟时间 $\tau=17$。

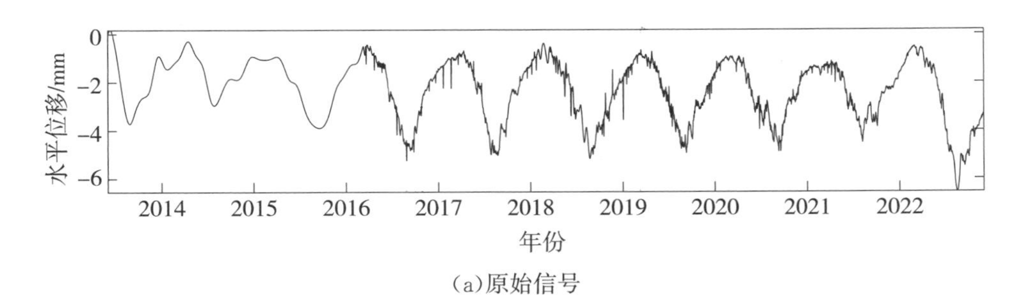

(a)原始信号

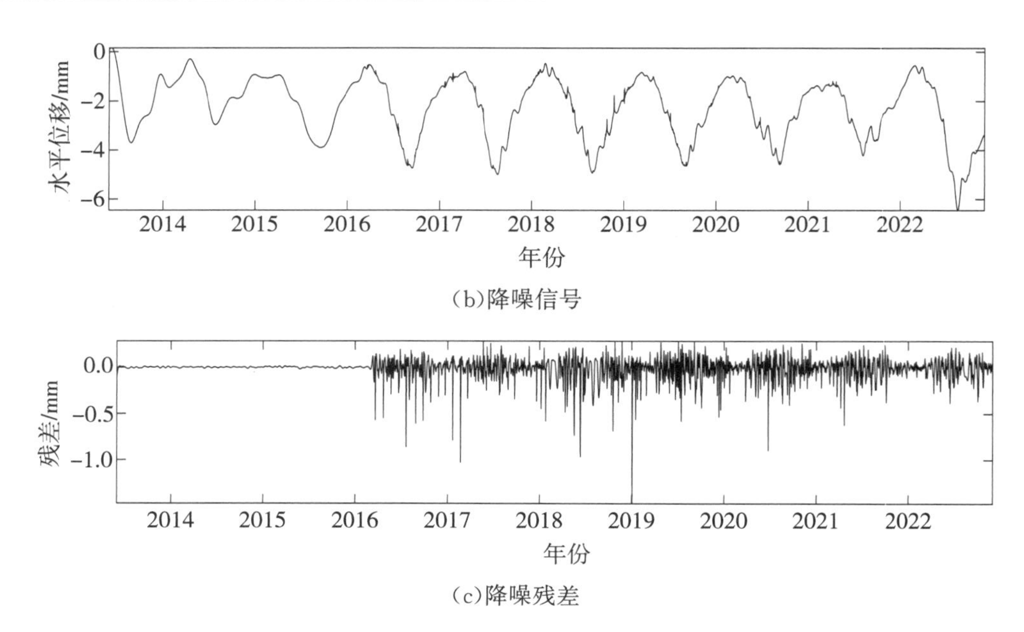

(b)降噪信号

(c)降噪残差

图 2.4.4　IP01ZL361 测点测值过程线

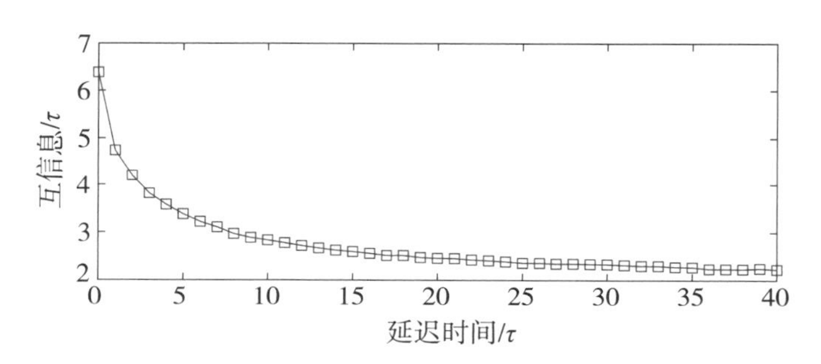

图 2.4.5　IP01ZL361 测点互信息 $I(\tau)$ 与延迟时间 τ 关系曲线

根据已计算出的延迟时间，采用 Cao 法确定 IP01ZL361 测点测值序列嵌入维数。计算所得序列的 $E_1(m)$、$E_2(m)$ 与嵌入维数 m 关系曲线如图 2.4.6 所示，可知该测点测值序列最小嵌入维数为 $m=8$。

根据上述所确定的 IP01ZL361 测点最佳延迟时间与嵌入维数，重构该测点序列的相空间，结果如式(2.4.2)所示。采用 Wolf 算法计算 IP01ZL361 测点监测数据序列的最大 Lyapunov 指数为 $\lambda_{max}=0.0093$。$\lambda_{max}>0$，故可判定 IP01ZL361 测点监测数据序列具有混沌特性且可预测，其最大可预测时间为 108 天。

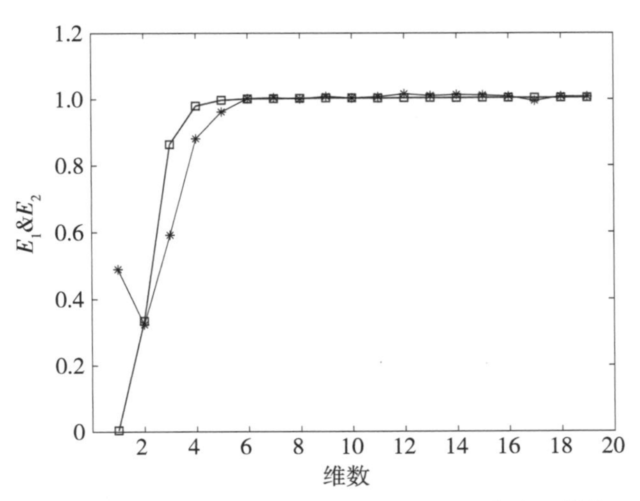

图 2.4.6 IP01ZL361 测点测值序列的 $E_1(m)$、$E_2(m)$ 与嵌入维数 m 关系曲线

$$
\begin{bmatrix} y_1 \\ y_2 \\ \vdots \\ y_{3352} \end{bmatrix} = \begin{bmatrix} x_1 & x_{18} & \cdots & x_{120} \\ x_2 & x_{19} & \cdots & x_{121} \\ \vdots & \vdots & \vdots & \vdots \\ x_{3352} & x_{3369} & \cdots & x_{3471} \end{bmatrix} \tag{2.4.2}
$$

2.4.1.3 IP01ZL44 测点测值序列相空间重构与混沌特性判别

IP01ZL44 测点测值序列如图 2.4.7 所示，采用互信息法确定该监测数据序列的延迟时间，计算所得该测值序列的互信息 $I(\tau)$ 与延迟时间 τ 关系曲线如图 2.4.8 所示。由图 2.4.8 可知，$I(\tau)$ 的第一个最小值为 20，因此相空间重构时选取的最佳延迟时间 $\tau=20$。

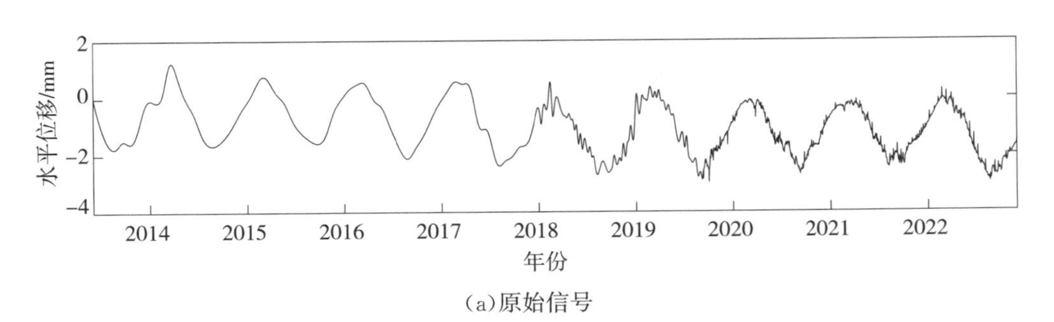

(a)原始信号

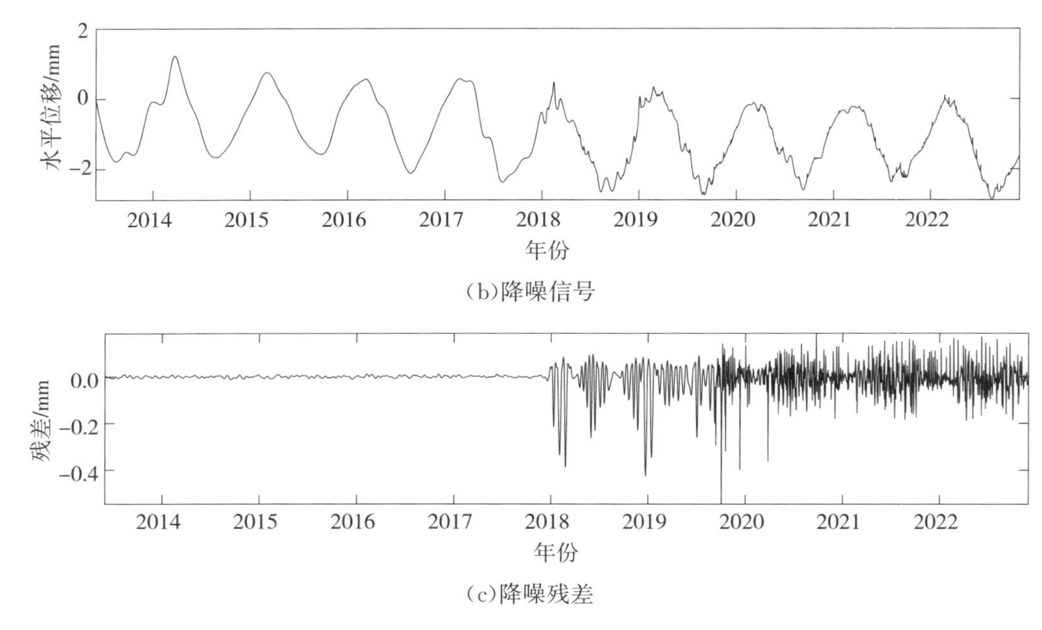

(b)降噪信号

(c)降噪残差

图 2.4.7　IP01ZL44 测点测值过程线

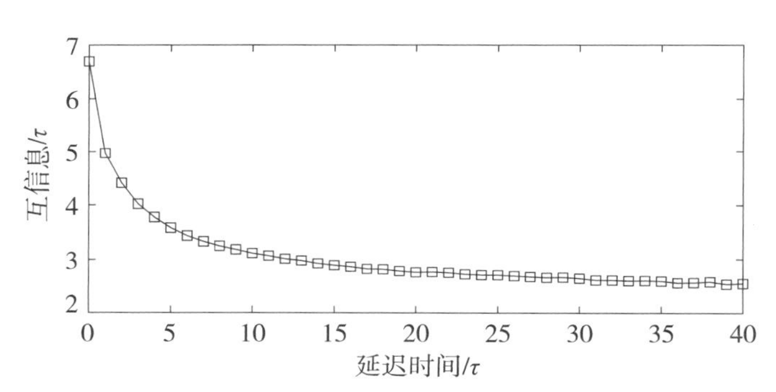

图 2.4.8　IP01ZL44 测点互信息 $I(\tau)$ 与延迟时间 τ 关系曲线

根据已计算出的延迟时间，采用 Cao 法确定 IP01ZL44 测点测值序列嵌入维数。计算所得序列的 $E_1(m)$、$E_2(m)$ 与嵌入维数 m 关系曲线如图 2.4.9 所示，可知该测点测值序列最小嵌入维数为 $m=9$。

根据上述所确定的 IP01ZL44 测点最佳延迟时间与嵌入维数，重构该测点序列的相空间，结果如式(2.4.3)所示。采用 Wolf 算法计算 IP01ZL44 测点监测数据序列的最大 Lyapunov 指数为 $\lambda_{max}=0.0031$。$\lambda_{max}>0$，故可判定 IP01ZL44 测点监测数据序列具有混沌特性且可预测，其最大可预测时间为 326 天。

$$\begin{bmatrix} y_1 \\ y_2 \\ \vdots \\ y_{3311} \end{bmatrix} = \begin{bmatrix} x_1 & x_{21} & \cdots & x_{161} \\ x_2 & x_{22} & \cdots & x_{162} \\ \vdots & \vdots & \vdots & \vdots \\ x_{3311} & x_{3331} & \cdots & x_{3471} \end{bmatrix} \tag{2.4.3}$$

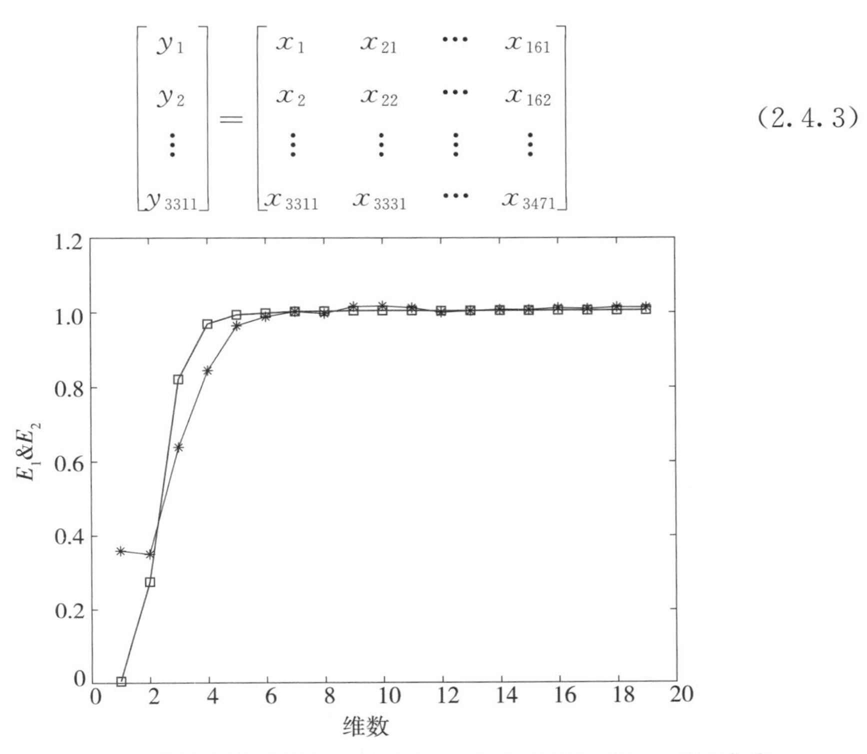

图 2.4.9　IP01ZL44 测点测值序列的 $E_1(m)$ 与 $E_2(m)$ 与嵌入维数 m 关系曲线

2.4.1.4　PL01HC093 测点测值序列相空间重构与混沌特性判别

PL01HC093 测点测值序列如图 2.4.10 所示，采用互信息法确定该监测数据序列的延迟时间，计算所得该测值序列的互信息 $I(\tau)$ 与延迟时间 τ 关系曲线如图 2.4.11 所示。由图 2.4.11 可知，$I(\tau)$ 的第一个最小值为 21，因此相空间重构时选取的最佳延迟时间$\tau=21$。

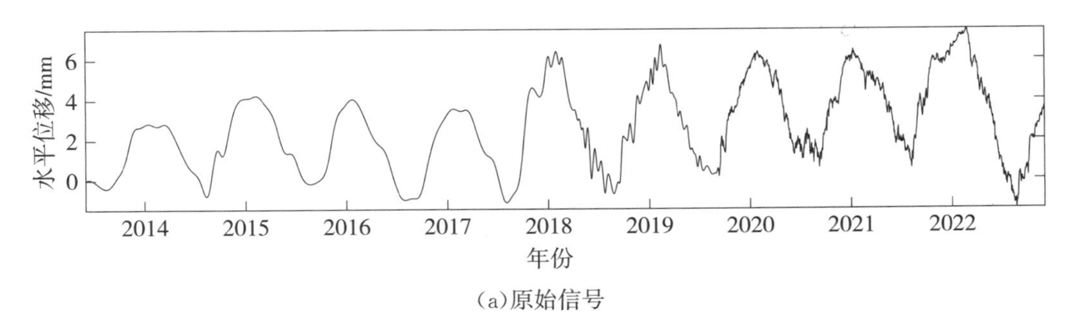

(a)原始信号

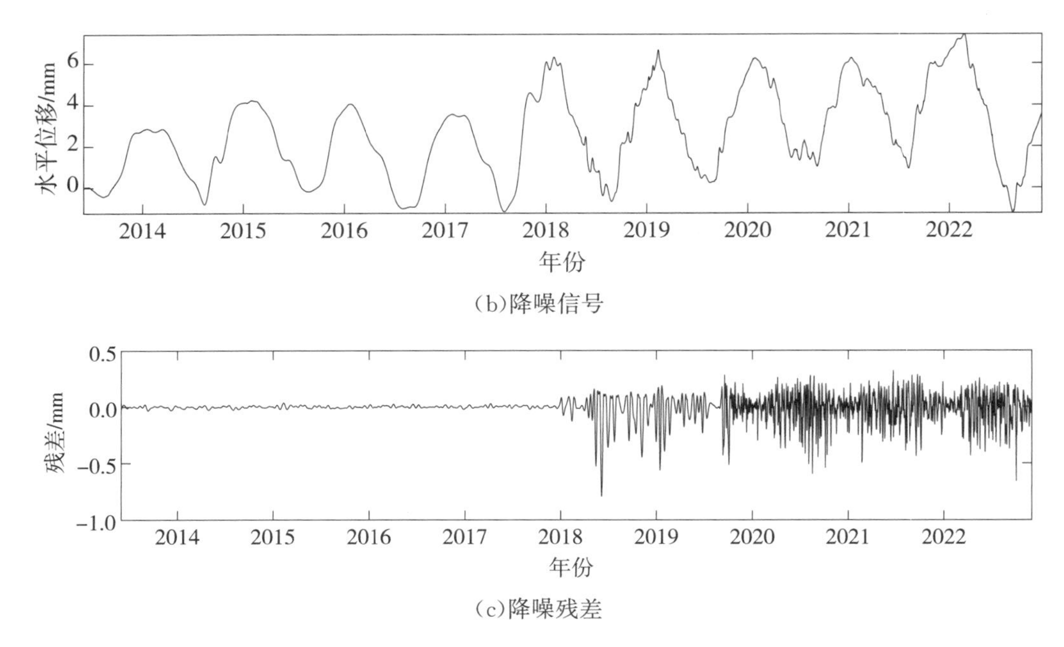

(b)降噪信号

(c)降噪残差

图 2.4.10　PL01HC093 测点测值过程线

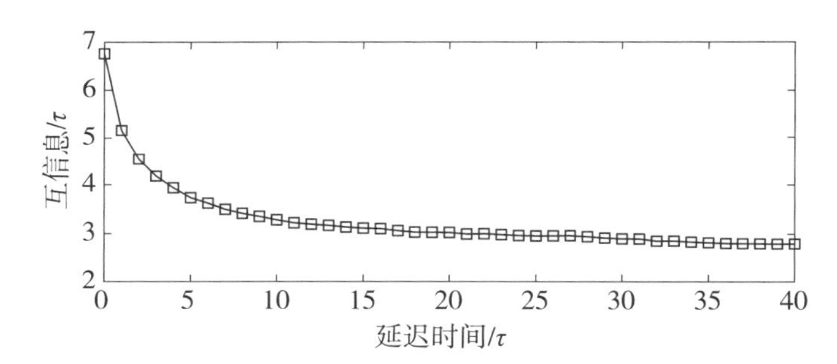

图 2.4.11　PL01HC093 测点互信息 $I(\tau)$ 与延迟时间 τ 关系曲线

根据已计算出的延迟时间，采用 Cao 法确定 PL01HC093 测点测值序列嵌入维数。计算所得序列的 $E_1(m)$、$E_2(m)$ 与嵌入维数 m 关系曲线如图 2.4.12 所示，可知该测点测值序列最小嵌入维数为 $m=9$。

根据上述所确定的 PL01HC093 测点最佳延迟时间与嵌入维数，重构该测点序列的相空间，结果如式(2.4.4)所示。采用 Wolf 算法计算 PL01HC093 测点监测数据序列的最大 Lyapunov 指数为 $\lambda_{max}=0.0042$。$\lambda_{max}>0$，故可判定 PL01HC093 测点监测数据序列具有混沌特性且可预测，其最大可预测时间为 239 天。

$$\begin{bmatrix} y_1 \\ y_2 \\ \vdots \\ y_{3303} \end{bmatrix} = \begin{bmatrix} x_1 & x_{22} & \cdots & x_{169} \\ x_2 & x_{23} & \cdots & x_{170} \\ \vdots & \vdots & \vdots & \vdots \\ x_{3303} & x_{3324} & \cdots & x_{3471} \end{bmatrix} \tag{2.4.4}$$

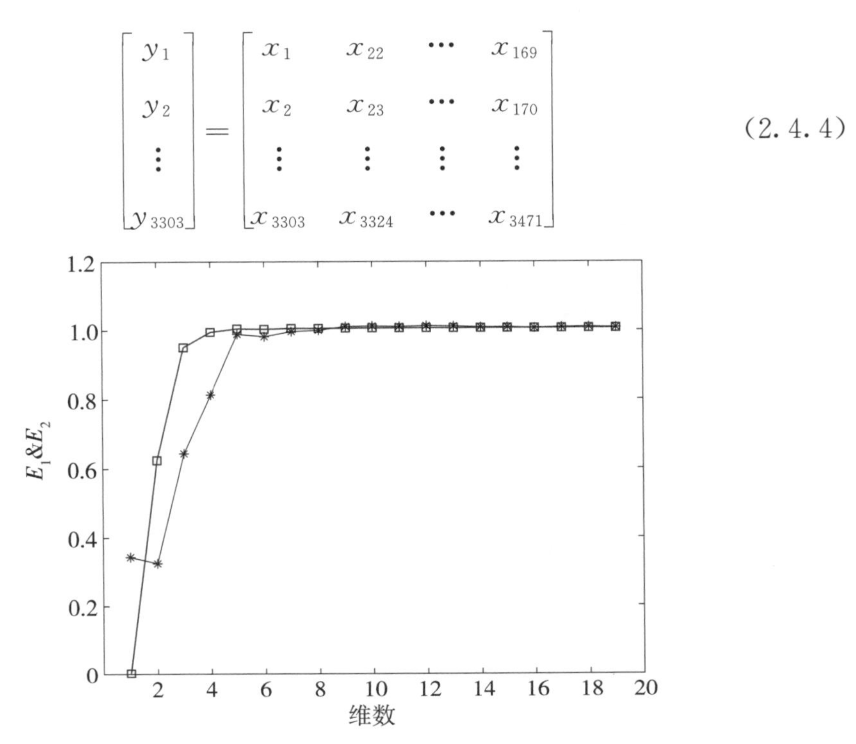

图 2.4.12 PL01HC093 测点测值序列的 $E_1(m)$ 与 $E_2(m)$ 与嵌入维数 m 关系曲线

2.4.2 大坝工作性态滞后特性辨识与提取应用案例分析

利用相似序列来分析滞后特征的方法，是从一系列局部子序列来归纳序列整体的滞后特征，该方法步骤比较烦琐，参数选取较多。利用互相关系数从序列整体的互相关性来分析滞后特征，计算比较简单。基于序列形态相似性与序列互相关系数两种方法均可以实现环境量与效应量间的滞后特征辨识。

以 1.4 节工程为例，选取编号为 P04YL 测点 2021 年 1 月至 2022 年 6 月测得的渗压计实测值，使用互相关系数来辨识该坝扬压力对库水位响应的滞后特征。

坝基扬压力监测孔主要是沿灌浆廊道布置，用于监测扬压力的顺河向、横向分布情况，以及监测帷幕的耐久性及防渗效果。

P04YL 测点测压孔水位与降雨量变化过程线如图 2.4.13 所示，测压孔水位与库水位变化过程线如图 2.4.14 所示。大坝渗流主要与库水位、降雨、温度、时效等因素有关，其中与大坝渗流存在明显滞后效应的是库水位与降雨。

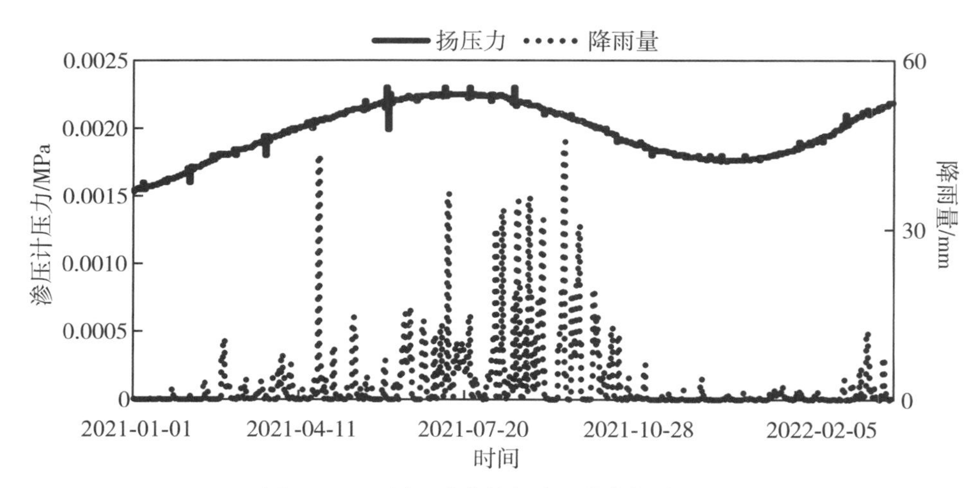

图 2.4.13　测压孔水位与降雨量变化过程线

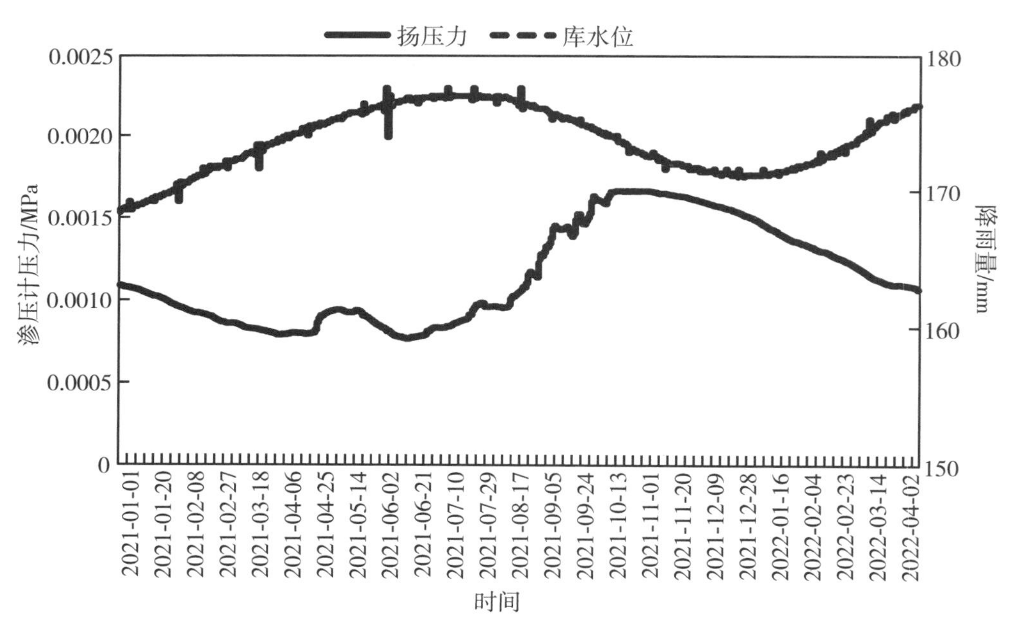

图 2.4.14　测压孔水位与库水位变化过程线

2.4.2.1 基于测值序列形态相似性的滞后特征辨识

该测点处扬压力与库水位的互相关系数计算结果如表 2.4.1 所示，扬压力与降雨量的互相关系数计算结果如表 2.4.2 所示，并分别绘制互相关图，分别如图 2.4.15、图 2.4.16 所示。

从图 2.4.15 可知，互相关系数在时差等于 135 天时取得最大值，故扬压力滞后库水位的时间约为 135 天。

从图 2.4.16 可知，互相关系数在时差等于 31 天时取得最大值，故扬压力滞后降雨量的时间约为 31 天。

表 2.4.1　扬压力与库水位互相关系数计算结果

时差/天	互相关系数	时差/天	互相关系数	时差/天	互相关系数
120	0.62618	130	0.64469	140	0.64363
121	0.62859	131	0.64556	141	0.64223
122	0.63095	132	0.64623	142	0.64056
123	0.63322	133	0.64668	143	0.63863
124	0.63537	134	0.64692	144	0.63642
125	0.63737	135	0.64694	145	0.63393
126	0.63921	136	0.64675	146	0.63116
127	0.64087	137	0.64633	147	0.62809
128	0.64234	138	0.64567	148	0.62474
129	0.64361	139	0.64477	149	0.62109

表 2.4.2　扬压力与降雨互相关系数计算结果

时差/天	互相关系数	时差/天	互相关系数	时差/天	互相关系数
10	0.45395	20	0.47254	30	0.480802
11	0.45644	21	0.47323	31	0.481037
12	0.45891	22	0.47445	32	0.479311
13	0.46115	23	0.47511	33	0.480778
14	0.46333	24	0.47586	34	0.478995
15	0.46508	25	0.47654	35	0.480531
16	0.46694	26	0.4773	36	0.477096
17	0.46886	27	0.47831	37	0.478409
18	0.46955	28	0.47876	38	0.475014
19	0.47075	29	0.48022	39	0.473134

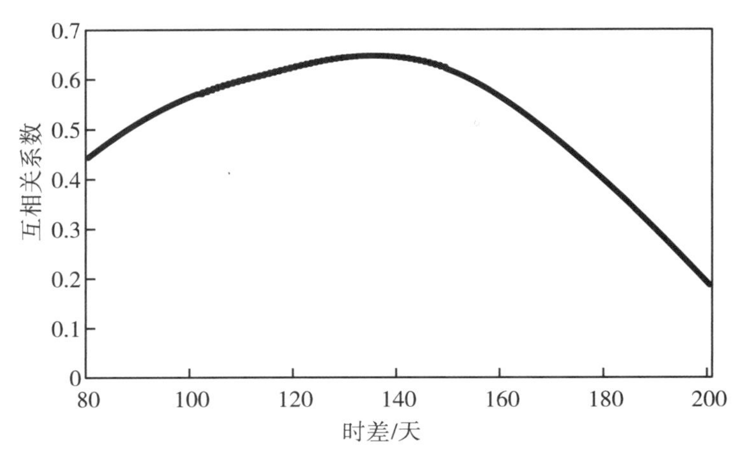

图 2.4.15 扬压力与库水位互相关图

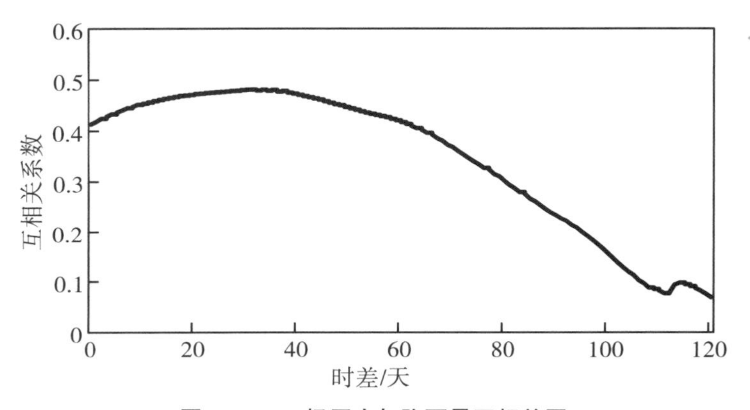

图 2.4.16 扬压力与降雨量互相关图

2.4.2.2 大坝运行安全趋势异常预警模型分析

选取 2013 年 7 月 6 日至 2022 年 11 月 30 日河床坝段 08 # 的引张计 EX01HC082 变形测点共 1216 组径向位移与水位数据，经逐日插值后得到 3435 组数据，经本书提出的 EEMD 降噪后输入岭回归模型开展趋势预警分析。

首先读取时间序列数据，利用三次样条曲线对缺失值与重复值进行插补，构造完整有效的时间序列数据。

以 $[H_i]$ 、$[T_{sini}, T_{cosi}]$ 、$[\theta_i]$ 构建变量特征集合 X ，构建大坝变形映射因子集。为消除变量间的量纲差异，需对时间序列数据归一化。

运用岭回归模型求解大坝变形映射因子的系数及偏置系数，进而完成回归拟合，得出拟合函数。模型需要：①大坝运行安全趋势异常预警模型的输入源为渗压、径向位移的时间序列数据；②趋势项日均变化量阈值、变化率阈值；③岭回归 α 值。经过训练，可输出：①大坝运行变形、渗压趋势过程线；②大坝运行趋势变化量及变化率曲线；③大坝运行趋势综合评定结论。通过 R^2 来对模型进行评价。岭回归评价流程如图 2.4.17 所示。

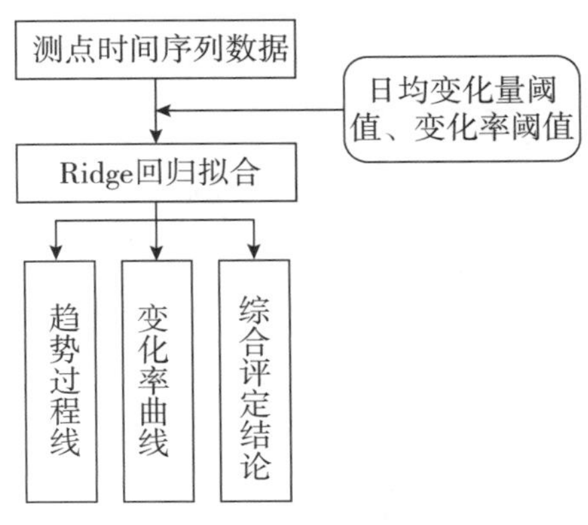

图 2.4.17　岭回归评价流程

大坝运行安全趋势异常预警模型需要输入的参数如表 2.4.3 所示。

表 2.4.3　大坝运行安全趋势异常预警模型输入的参数

参数	数值	备注
变化量阈值	变化量峰值×0.3	依照实际情况输入
变化率阈值	变化率峰值×0.3	依照实际情况输入
岭回归参数	1	范围[0,1]
距离观测首日天数	1000	单位/天
时序插值间隔时间	1D	可选“1D,3D,7D,1M(一个月)”

模型选取 80%时间序列数据进行训练，20%时间序列作为验证集，选取 $\alpha=1$ 开展岭回归建模，模型训练结果如表 2.4.4 所示。EX01HC082 测点预测值与实测值变化曲线如图 2.4.18 所示。

表 2.4.4　岭回归各因子系数及拟合结果

因子	系数	因子	系数
$h-h_0$	5.02×10^{-2}	$T_{\cos1}$	-1.67
$(h-h_0)^2$	-7.46×10^{-3}	$T_{\sin2}$	1.46×10^{-1}

续表

因子	系数	因子	系数
$(h-h_0)^3$	7.71×10^{-4}	T_{cos2}	-6.22×10^{-2}
$(h-h_0)^4$	-1.58×10^{-5}	$\theta-\theta_0$	1.34×10^{-1}
T_{sin1}	1.93	$\ln\theta-\ln\theta_0$	−3.47
偏置系数		0.9012	
R^2		0.9303	

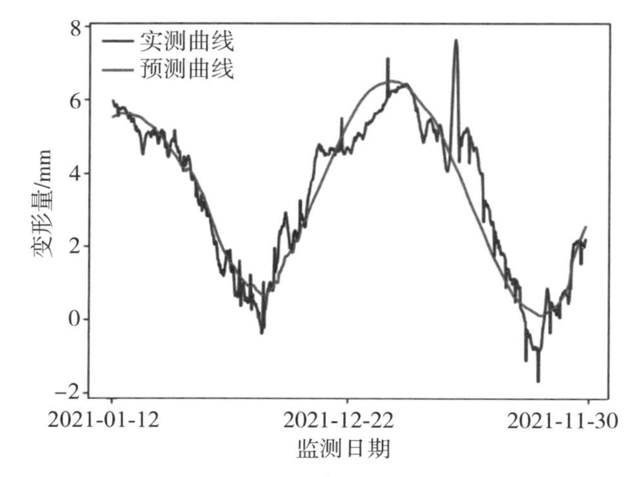

图 2.4.18　EX01HC082 测点预测值与实测值变化曲线

经大坝运行安全趋势异常预警模型处理数据，可得出该测点的时效变形分量曲线，如图 2.4.19 中曲线，反映出该测点的时效趋势。

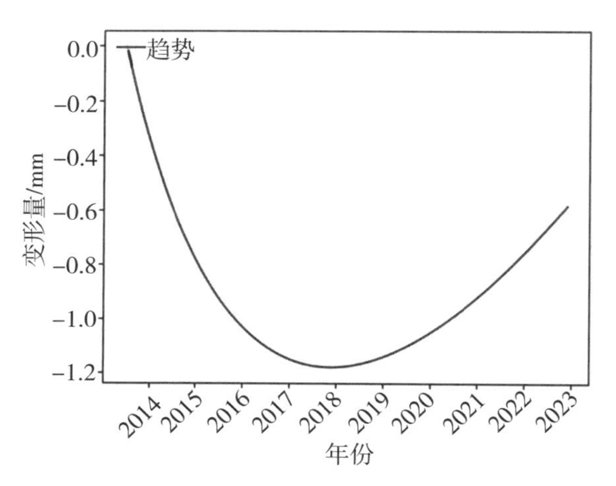

图 2.4.19　EX01HC082 测点时效分量

对时效数据进行进一步处理可得到变形量与变形率，分别对其与设定阈值进行校验。图 2.4.20 是 EX01HC082 测点变形量变化曲线，图中虚线为模型中设定的变化量阈值。

通过 EX01HC082 测点变形量变化曲线整体判断变形量逐步减少，序列在前 758 天的日均变形量超过阈值，后低于阈值，处于安全阈值区间内。可表示出该序列当前及未来变形量逐步减少，趋势渐趋收敛，但无法判断其变形量变化曲线是否将超出安全阈值区间，需对其变化率进行进一步分析。

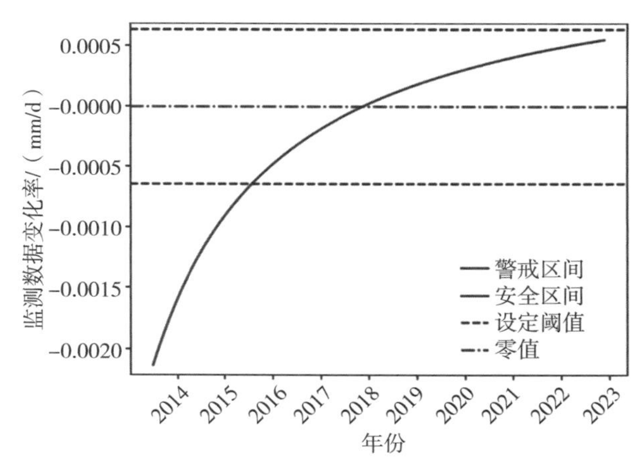

图 2.4.20 EX01HC082 测点变形量变化曲线

通过 EX01HC082 测点变形率变化曲线整体判断变形率逐步减少，图 2.4.21 中虚线为模型中设定的变化率阈值，在第 829 天进入安全阈值区间，减少速率逐步放缓并接近于 0，证明大坝整体位移趋于稳定，未来可继续观测其变化率是否突破 0，若低于 0 则证明变化量处于负增长态势，结合增长量曲线综合判定该测点的趋势是否异常。

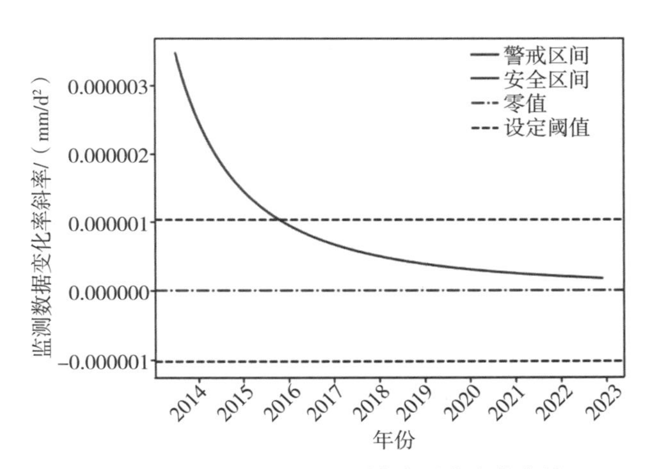

图 2.4.21 EX01HC082 测点变形率变化曲线

参考文献

[1] Packard N H, Crutchfield J P, Farmer J D, et al. Geometry from a time series[J]. Physical Review Letters, 1980, 45(9): 712-716.

[2] Takens F. Detecting strange attractors in turbulence[J]. Lecture Notes in Mathematics, 1981, 898(1): 366-381.

[3] Anastasios Tsonis. Chaos from theory to applications[M]. New York: Plenum Press, 1992.

[4] Rosenstein M T, Collins J J, De L C, et al. Reconstruction expansion as a geometry-based framework for choosing proper delay times[J]. Physica D: Nonlinear Phenomena, 1994, 73(1-2): 82-98.

[5] Fraser A M, Swinney H L. Independent coordinates for strange attractors from mutual information[J]. Physical Review A, 1986, 33(2): 1134-1140.

[6] 杨志安，王光瑞，陈式刚．用等间距分格子法计算互信息函数确定延迟时间[J]. 计算物理，1995，12(4)：442-447.

[7] Kennel M B, Brown R, Abarbanel H D, et al. Determining embedding dimension for phase-space reconstruction using a geometrical construction[J]. Physical Review A, 1992, 45(6): 3403-4311.

[8] Packard N H, Crutchfield J P, Farmer J D, et al. Geometry from a time series[J]. Physical Review Letters, 1980, 45(9): 712-716.

[9] Cao L. Practical method for determining the minimum embedding dimension of a scalartime series[J]. Physica D: Nonlinear Phenomena, 1997, 110(1-2): 43-50.

[10] 陈铿，韩伯棠．混沌时间序列分析中的相空间重构技术综述[J]. 计算机科学，2005，32(4)：67-70.

[11] Grassberger P, Procaccia I. Measuring the strangeness of strange attractors[J]. Physica D: Nonlinear Phenomena, 1983, 9(1-2): 189-208.

[12] Rugh Hans. On the dimensions of conformal repellers. Randomness and parameter dependency[J]. Annals of Mathematics, 2008, 168(3): 695-748.

[13] John G, Proakis & Dimitris G, Manolakis. 数字信号处理——原理、算法与应用[M]. 北京：电子工业出版社，2007.

[14] 吕金虎，陆君安，陈士华．混沌时间序列分析及其应用[M]. 武汉：武汉大学出版社，2002.

[15] Wolf A, Swift J B, Swinney H L, et al. Determining Lyapunov exponents from time series[J]. Physica, 1985, 16(2): 285-371.

[16] Zhou Y, Jiang X, Zhang M, et al. Modal parameters identification of bridge by improved stochastic subspace identification method with Grubbs criterion [J]. Measurement and Control, 2021, 54(3-4): 457-464.

[17] 杨寒雨，赵晓永，王磊．数据归一化方法综述[J]. 计算机工程与应用，2023，59(3)：13-22.

[18] 盛骤，谢式千，潘承毅．概率论与数理统计：第4版[M]. 北京：高等教育出版社，2001.

[19] Dunn, Patrick F. Measurement and Data Analysis for Engineering and Science[M]. New York: McGraw-Hill, 2005.

[20] 鲍长春，樊昌信．基于归一化互相关函数的基音检测算法[J]. 通信学报，1998，19(10)：27-31.

[21] 陈康炯，郭躬德，林崧．基于量子奇异值估计的岭回归算法[J]. 量子电子学报，2023：1-13.

[22] 朱海龙，李萍萍．基于岭回归与LASSO回归的安徽省财政收入影响因素分析[J]. 江西理工大学学报，2022，43(1)：59-65.

[23] 王华佳，曹文君，张岩，等．基于随机森林与内核岭回归的配电网线损在线计算[J]. 南方电网技术，2023：1-8.

[24] 吴敏妍，苏怀智，杨立夫．混凝土坝变形预测模型的PCA-WOA-LSSVM组合建模方法[J]. 水电能源科学，2022，40(9)：111-114.

[25] 漆一宁，苏怀智，姚可夫，等．耦合时序特征分解筛选的大坝变形分析模型[J]. 水力发电学报，2023，42(7)：56-68.

第3章　水库大坝工作性态在线跟踪监控模型和方法

在对变形等大坝原型监测资料分析的基础上，借助数学、力学、人工智能等理论、方法，建立数学监控或预报模型，以评价坝体及坝基的安全状态，并进而预测大坝的发展趋势，是水库大坝安全监控工作的重要内容和环节[1]。经过多年发展，有关监控或预报模型方面的研究取得了较丰富的成果，特别是近年来涌现出了大量的新型模型和建模方法，但普遍存在参数较多、结构过于复杂等不足，且多基于经验风险最小化原则，易出现过拟合现象，影响模型的泛化能力[2]。

鉴于此，充分考虑水库大坝工作性态表现出的强非线性、滞后性等特征，综合应用支持向量机（SVM）、小波理论、粒子群算法（PSO）、相空间重构方法、数据分组处理算法（GMDH）等，开展水库大坝工作性态在线跟踪监控模型和方法研究。

3.1　考虑非线性的大坝工作性态在线跟踪监控模型与方法

支持向量机（Support Vector Machines，SVM）方法基于结构风险最小化准则，具有全局最优性和较好的泛化能力，可较好克服基于经验风险最小化原则的智能方法存在的过学习和维数灾难问题，且通过核函数将非线性问题转换为特征空间的线性问题，具有较强的非线性处理能力[3]。本节借助支持向量机方法，结合小波、粒子群算法等，基于大坝变形、渗流等监测资料，充分考虑大坝工作性态的非线性特性，致力于工作性态在线跟踪监控模型建模原理和方法的探究。

3.1.1　基于小波支持向量机的大坝工作性态监控模型建模原理

支持向量机以统计学习理论为基础，源于模式分类研究，后推广于回归问题的解决，本节重点利用其回归分析能力，实现大坝工作性态监控模型的构建。

3.1.1.1 支持向量机回归分析的基本原理

给定训练数据集 $\{(x_1,y_1),\cdots,(x_l,y_l)\}\subset R^m\times R$，对一个线性问题，支持向量机用函数 $f(x)=w\cdot\varphi(x)+b$ 对数据集进行估计[4]。根据结构风险最小化原则，引入松弛变量 ξ_i、ξ_i^*，若存在 f 在精度 ε 下可以对全部数据集进行估计，则寻找最小 w 的问题就转化为求解凸优化问题：

$$\min\frac{1}{2}\|w\|^2+C\sum_{i=1}^{l}(\xi_i+\xi_i^*) \tag{3.1.1}$$

$$\text{s. t.}\begin{cases}y_i-w\cdot\varphi(x_i)-b\leqslant\varepsilon+\xi_i\\w\cdot\varphi(x_i)+b-y_i\leqslant\varepsilon+\xi_i^*\\\xi_i,\xi_i^*\geqslant0\end{cases} \tag{3.1.2}$$

式中：b ——常量；

$\varphi(x)$ ——非线性映射；

w —— $\varphi(x)$ 的系数；

C ——大于零的一个常数，表示对样本的惩罚程度。

对于上述问题，通常不直接求解，而是应用拉格朗日乘子法求解该二次规划问题，可得到该优化问题的对偶形式[5]：

$$\begin{aligned}L=&\frac{1}{2}\|w\|^2+C\sum_{i=1}^{l}(\xi_i+\xi_i^*)-\sum_{i=1}^{l}\alpha_i(\xi_i+\varepsilon-y_i+w\cdot\varphi(x_i)+b)\\&-\sum_{i=1}^{l}\alpha_i^*(\xi_i^*+\varepsilon+y_i-w\cdot\varphi(x_i)-b)-\sum_{i=1}^{l}(\eta_i\xi_i+\eta_i^*\xi_i^*)\end{aligned} \tag{3.1.3}$$

式中：η_i 、η_i^* 、α_i 、α_i^* ——拉格朗日因子，均大于或等于零。

根据 KKT(Karush Kuhn Tucker)条件[6]：

$$\frac{\partial L}{\partial b}=\sum_{i=1}^{l}(\alpha_i-\alpha_i^*)=0\quad(0\leqslant\alpha_i,\alpha_i^*\leqslant C) \tag{3.1.4}$$

$$\frac{\partial L}{\partial w}=w-\sum_{i=1}^{l}(\alpha_i-\alpha_i^*)\varphi(x_i)=0\Rightarrow w=\sum_{i=1}^{l}(\alpha_i-\alpha_i^*)\varphi(x_i) \tag{3.1.5}$$

$$\frac{\partial L}{\partial\xi_i^*}=C-\alpha_i^*-\eta_i^*=0\Rightarrow C=\alpha_i^*+\eta_i^* \tag{3.1.6}$$

凸优化问题式(3.1.1)和式(3.1.2)可转化为：

$$\begin{aligned}\max_{\alpha_i,\alpha_i^*}-\frac{1}{2}\sum_{i,j=1}^{l}(\alpha_i-\alpha_i^*)(\alpha_j-\alpha_j^*)(\varphi(x_i)\cdot\varphi(x_j))+\sum_{i=1}^{l}(\alpha_i-\alpha_i^*)y_i\\-\sum_{i=1}^{l}(\alpha_i+\alpha_i^*)\varepsilon\end{aligned} \tag{3.1.7}$$

最大化式(3.1.7)求得参数 α_i 、α_i^* ，最后可得回归函数：

$$
\begin{aligned}
f(x) &= \sum_{i=1}^{l}(\alpha_i - \alpha_i^*)(\varphi(x_i)\cdot\varphi(x)) + b \\
&= \sum_{i=1}^{l}(\alpha_i - \alpha_i^*)k(x_i, x) + b
\end{aligned} \tag{3.1.8}
$$

损失函数是评价预测准确程度的一种度量，常见形式[7]有：

(1)ε 不敏感损失函数

$$
L_\varepsilon(y - f(x)) = \begin{cases} 0 & (|y - f(x)| \leqslant \varepsilon) \\ |y - f(x)| - \varepsilon & (\text{其他}) \end{cases} \tag{3.1.9}
$$

(2)二次 ε 不敏感损失函数

$$
L_\varepsilon(y, f(x)) = |y - f(x)|_\varepsilon^2 \tag{3.1.10}
$$

(3)Huber 损失函数

$$
L_\varepsilon(y, f(x)) = \begin{cases} c|y - f(x)| - c^2/2 & (|y - f(x, \alpha)| > c) \\ |y - f(x)|^2/2 & (\text{其他}) \end{cases} \tag{3.1.11}
$$

式中：c ——根据应用情况估计的参数。

在 SVM 中使用最多的是 ε 不敏感损失函数。其中，ε 的大小可实现对支持向量个数的控制。同时，若 ε 过小，可能出现过拟合现象；若 ε 过大，可能出现欠拟合现象。

SVM 的结构如图 3.1.1 所示。

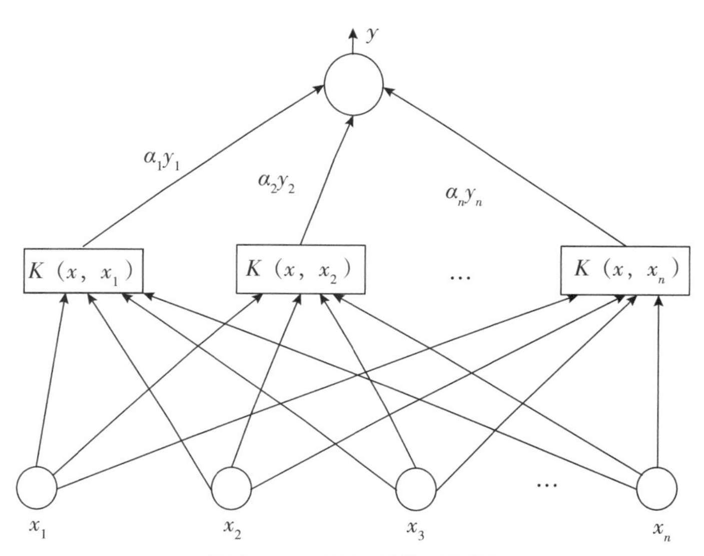

图 3.1.1　SVM 结构示意图

3.1.1.2 支持向量机核函数及常见型式

支持向量机通过非线性变换将输入空间映射到一个高维特征空间,然后在该高维空间中求最优分类面(图 3.1.2),而这种映射的具体实现需要利用核函数 $k(x,x')=\varphi(x)\cdot\varphi(x')$ 。

核函数的定义为:设 χ 是 R^n 的一个子集,若存在 χ 从当前空间到某个 Hilbert 空间 H 的映射 φ ,使 $k(x,x')=\varphi(x)\cdot\varphi(x')$,则称定义在 $\chi\times\chi$ 上的函数 $k(x,x')$ 是核函数。设 χ 是 R^n 上的紧集, k 是 $\chi\times\chi$ 上的连续实值对称函数,积分算子 T_K: $L_2(\chi)\rightarrow L_2(\chi)$, $T_K f(\chi)=\int_\chi k(x,x')f(x')\mathrm{d}x'$ 半正定。设 $\varphi_j\in L_2(\chi)$ 是 T_K 对应特征值 $\lambda_j\neq 0$ 的特征函数,并规范为 $\|\varphi_j\|_{L_2}=1$,那么:① $(\lambda_j(T_K))_j\in l_1$;② $\varphi_j\in L_\infty(\chi)$ 且 $\sup_j\|\varphi_j\|_{L_\infty}<\infty$;③ $k(x,x')=\sum_j\lambda_j\varphi_j(x)$, $\varphi_j(x')$ 对于所有的 (x,x') 成立,且对于所有的 (x,x') ,序列一致收敛。此即 Mercer 定理。

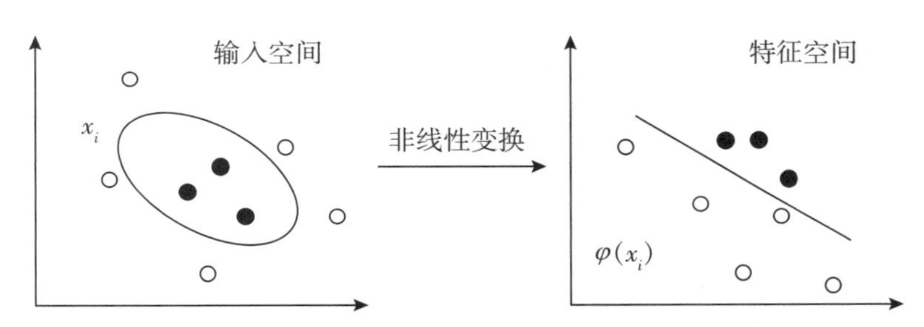

图 3.1.2 SVM 非线性映射示意图

满足 Mercer 定理的核函数用于支持向量机,可避免显式定义特征映射。若函数 k 满足:

$$\int_{\chi\times\chi}k(x,x')f(x)f(x')\mathrm{d}x\mathrm{d}x'\geqslant 0\quad(\forall f\in L_2(\chi))\tag{3.1.12}$$

则 $k(x,x')$ 是一个核函数。其可写成特征空间上 $k(x,x')=\varphi(x)\cdot\varphi(x')$ 的形式。

若 $k_1(x,x')$ 和 $k_2(x,x')$ 是核函数, c_1 和 c_2 为大于零的常数,则 $k(x,x')=c_1k_1(x,x')+c_2k_2(x,x')$ 亦是核函数;若 $k_1(x,x')$ 在 $\chi\times\chi$ 是对称函数,则 $k(x,x')=\int_\chi k_1(x,z')k_1(x,z')\mathrm{d}z$ 也是核函数。

各种 SVM 算法的主要不同之处在于具有不同的内积核函数,常用的核函数有[8]:

(1)多项式核函数

$$k(x,x_i)=[(x\cdot x_i)+1]^q \tag{3.1.13}$$

式中：q——核函数的阶数。

(2)高斯径向基核函数(RBF)

$$k(x,x_i)=\exp\left(-\frac{\|x-x_i\|^2}{2\sigma^2}\right) \tag{3.1.14}$$

式中：σ——核函数的宽度参数。

(3)Sigmoid 核函数

$$k(x,x_i)=\tanh[u(x\cdot x_i)-r] \tag{3.1.15}$$

式中：u——一个常数；

r——位移参数。

多项式核函数和高斯径向基核函数完全满足 Mercer 条件，而 Sigmoid 核函数只在特定的 u、r 情况下才满足。高斯径向基核函数参数较少，目前应用较广泛。

3.1.1.3 小波支持向量机核函数

根据小波理论[9]可知，通过小波基函数的伸缩和平移能构成 L_2 空间的一组完备基，进而可以逼近任意非线性函数。小波基函数构造的小波核函数可以提高支持向量机的逼近精度，为此引入小波基函数作为支持向量机的核函数，并对该核函数参数的优化方法给予研究。

核函数 $k(x,x')$ 可以是点积形式，如 $k(x,x_i)=k(\langle x,x_i\rangle)$，除点积核函数外，还有平移不变核形式，即 $k(x,x_i)=k(x-x_i)$。根据 Mercer 定理，对于点积核，只要该函数满足 Mercer 条件，即可成为一个容许的支持向量机核函数。但对于平移不变核函数，要想成为容许的支持向量机核函数，除了要满足 Mercer 条件外，其傅里叶变换必须满足如下条件：

$$F_k(\omega)=(2\pi)^{-\frac{d}{2}}\int_{R^d}e^{-i(\omega\cdot x)}k(x)\mathrm{d}x\geqslant 0 \tag{3.1.16}$$

式中：d——输入空间的维数；

x——d 维列向量；

$F_k(\omega)$——核函数的傅里叶变换。

Morlet 母小波表达式为 $\Psi(x)=e^{i\omega x}\cdot e^{-x^2/2}$，将虚部去掉，可得实数域的 Morlet 小波函数：

$$\psi(x)=\cos(\omega_0 x)e^{-x^2/2} \tag{3.1.17}$$

故定义 Morlet 小波核函数为：

$$K(x,x_i)=\cos\left(\frac{\omega_0(x_i-x)}{\sigma}\right)\cdot\exp\left[-\frac{\|x_i-x\|^2}{2\sigma^2}\right] \tag{3.1.18}$$

式中：σ ——伸缩因子，$\sigma>0$；

ω_0——调节因子，$\omega_0=1.75$。

Morlet 小波的傅里叶变换为：

$$\begin{aligned}&\int_{R^d}\mathrm{e}^{-i(\omega\cdot x)}k(x)\mathrm{d}x\\&=\int_{R^d}\mathrm{e}^{-x(\omega\cdot x)}\left(\cos\left(\frac{\omega_0\cdot x}{\sigma}\right)\cdot\exp\left(-\frac{\|x\|^2}{2\sigma^2}\right)\right)\mathrm{d}x\\&=\int_{R^d}\mathrm{e}^{-i(\omega\cdot x)}\left(\frac{\mathrm{e}^{i\omega_0x/\sigma}+\mathrm{e}^{-i\omega_0x/\sigma}}{2}\cdot\exp\left(-\frac{\|x\|^2}{2\sigma^2}\right)\right)\mathrm{d}x\\&=\frac{1}{2}\int_{R^d}\left(\exp\left(-\frac{\|x\|^2}{2\sigma^2}+\left(\frac{i\omega_0}{\sigma}-i\omega\sigma\right)x\right)+\exp\left(-\frac{\|x\|^2}{2\sigma^2}-\left(\frac{i\omega_0}{\sigma}-i\omega\sigma\right)x\right)\right)\mathrm{d}x\\&=\frac{\sqrt{2\pi}}{2}\left(\exp\left(\frac{1-(\omega_0-\omega\sigma)^2}{2\sigma^2}\right)+\exp\left(\frac{1-(\omega_0+\omega\sigma)^2}{2\sigma^2}\right)\right)\geqslant 0\end{aligned} \tag{3.1.19}$$

由上式可知其傅里叶变换非负，满足 Mercer 条件，说明 Morlet 小波函数可作为核函数。

3.1.1.4 SVM 训练算法

SVM 训练算法实质上就是求解一个受约束的二次规划问题，牛顿法、内点法等较成熟的最优化算法可以较好地解决小规模的二次优化问题，但由于这些算法需要利用 Hessian 矩阵，当训练集较大时，会出现内存占用过多、训练时间过长等问题。针对此不足，块选算法、分解算法、序列最小化算法(SMO)等被相继提出以节约存储空间和加快训练速度，这些算法共有的特点是：先将大规模的优化问题转化为若干小规模的子问题，再进行迭代求解。

(1)块选算法(Chunking)

块选算法[10]是一种启发式算法。该算法先把样本分成多个子集，并给这些子集命名为块，随意选择其中一个子集为工作集进行迭代优化，得到支持向量；然后把拉格朗日乘子 $\alpha_i=0$ 的非支持向量的训练点去掉，只计算支持向量对应的乘子 α_i；接着利用工作集训练得到的估计器对工作集外的其他样本进行检测，将估计错误的点重新加入工作集中，一直重复这个过程，直到所有的样本满足 KKT 条件。

实际上，块选算法是通过迭代逐步把非支持向量排除，选出支持向量所对应的块的过程。当支持向量的数目较少时，块选算法运算速度较快，能够节约运算时间，但当支持向量的数目较多时，运算就会变得缓慢。

(2)分解算法(Decomposing)

分解算法最早在文献[11]中提出，是目前有效解决大规模问题的主要方法。该算法将训练样本分为工作集 B 和非工作集 N 。这两个集合的个数是不发生变化的，通常每次迭代过程中，先确定集合 B ，接着对该集合的子规划问题进行求解，这个过程保持 N 中样本对应的拉格朗日乘子 α_i 不变。当支持向量的个数比集合所包含样本数大时，不变动工作集的规模，只优化一部分支持向量。

该算法的关键在于选择一种最优工作集选择算法，而在工作集的选取中采用了随机的方法，因此限制了算法的收敛速度。

(3)序列最小化算法(SMO)

当把分解算法中工作集 B 的大小固定为两个样本时，即变成了 SMO(Sequential Minimal Optimization)算法[12]。SMO 算法在每次迭代过程中只需要调整两个样本点的拉格朗日乘子 α_i 和 α_j，将问题转换为求解一个具有两个变量的优化问题。当对 $\sum_{i=1}^{n}\alpha_i y_i=0(n=2)$ 进行约束时，假如变动其中一个乘子 α_i ，为保证这个约束还能成立，必须同时对另外一个乘子进行调整，这时工作集的规模处于最小状态。SMO 算法的主要过程如下：

$$\begin{cases}\bar{\alpha}_i=\alpha_i-\alpha_i^* \\ |\bar{\alpha}_i|=\alpha_i+\alpha_i^*\end{cases} \tag{3.1.20}$$

设两个待优化变量为 $\bar{\alpha}_u$ 、$\bar{\alpha}_v$ ，优化目标函数式(3.1.7)可表示为：

$$\begin{aligned}\min_{\bar{\alpha}_u,\bar{\alpha}_v} L(\bar{\alpha}_u,\bar{\alpha}_v)=&\frac{1}{2}\bar{\alpha}_u^2k_{uu}+\frac{1}{2}\bar{\alpha}_v^2k_{vv}+\bar{\alpha}_u\bar{\alpha}_v k_{uv}+\varepsilon(|\bar{\alpha}_u|+|\bar{\alpha}_v|)\\&-\bar{\alpha}_u y_u-\bar{\alpha}_v y_v+\bar{\alpha}_u z_u^{old}+\bar{\alpha}_v z_v^{old}+M_0\end{aligned} \tag{3.1.21}$$

式中：$k_{ij}=k(x_i,x_j)(i,j=u,v)$ ；$z_i^{old}=f_i^{old}-\bar{\alpha}_u^{old}k_{ui}-\bar{\alpha}_v^{old}k_{vi}-b^{old}(j=u,v)$ ；

$y_i(i=u,v)$ ——所选择的样本点对应的 y 值；

old ——标注的变量代表本次迭代初始值；

M_0——不含 $\bar{\alpha}_u$ 、$\bar{\alpha}_v$ 的常数。

由 SMO 算法原理可知，$\bar{\alpha}_u+\bar{\alpha}_v$ 的值固定不变，即

$$s^{old} = \bar{\alpha}_u^{old} + \bar{\alpha}_v^{old} = \bar{\alpha}_u + \bar{\alpha}_v \tag{3.1.22}$$

记符号函数 $\mathrm{d}|x|/\mathrm{d}x = \mathrm{sgn}x$，将式(3.1.22)代入式(3.1.21)可得关于 $\bar{\alpha}_v$ 的函数，对函数求导得：

$$\begin{aligned}\frac{\partial L(\bar{\alpha}_v)}{\partial \bar{\alpha}_v} &= (\bar{\alpha}_v - s^{old})k_{uu} + \bar{\alpha}_v k_{vv} + (s^{old} - 2\bar{\alpha}_v)k_{uv} \\ &+ \varepsilon(\mathrm{sgn}\bar{\alpha}_v - \mathrm{sgn}(s^{old} - \bar{\alpha}_v)) + y_u - y_v - z_u^{old} + z_v^{old}\end{aligned} \tag{3.1.23}$$

令 $\frac{\partial L(\bar{\alpha}_v)}{\partial \bar{\alpha}_v} = 0$，推出 $\bar{\alpha}_v$ 的更新公式为：

$$\bar{\alpha}_\nu = \bar{\alpha}_\nu^{old} + \frac{y_\nu - y_u + f_u^{old} - f_\nu^{old} + \varepsilon(\mathrm{sgn}\bar{\alpha}_\nu - \mathrm{sgn}(s^{old} - \bar{\alpha}_\nu))}{\eta} \tag{3.1.24}$$

式中：$\eta = k_{uu} - 2k_{uv} + k_{vv}$，若核函数符合 Mercer 条件，则 $\eta \geqslant 0$。

SMO 算法的工作集只有两个样本，不需要采用二次规划的优化算法，可直接利用解析法求出最优解，因此 SMO 算法具有分解算法的优点，同时还可加快训练速度，从而节省计算时间。因此，本节选用 SMO 算法来训练支持向量机。

3.1.2 大坝工作性态监控小波支持向量机模型建模方法

将 3.1.1 节所述具有小波核函数的支持向量机(称为小波支持向量机，WSVM)应用于大坝工作性态监控模型构建时，向量机参数和输入向量的确定与优选，对模型的拟合和预报能力具有重要影响，本节引入粒子群算法(PSO)[13]和相空间重构方法，用于解决上述问题，在此基础上研究具体的建模实现过程。

3.1.2.1 基于粒子群算法的支持向量机参数优化

核参数、惩罚因子的合理选取对支持向量机影响较大。在粒子群算法中，将优化问题的任何一个可能解称为粒子，粒子通过不断的搜索找到自身的最优解和种群当前的最优解来更新自己的位置，迭代搜索直至找到全局最优解。在迭代搜索过程中，每个粒子的优越程度由适应度函数决定，所选择的适应度函数因所研究对象而异。

在 n 维搜索空间中，每个粒子表示为该空间中的一个点，用 $x_i = [x_{i1}, x_{i2}, \cdots, x_{in}]$ 表示，第 i 个粒子最优解表示为 $p_{best_i} = [p_{i1}, p_{i2}, \cdots, p_{in}]$，种群的全局最优解表示为 $g_{best} = [g_1, g_2, \cdots g_n]$，经过 k 次迭代后粒子移动速度表示为 $v_i^k = [v_{i1}^k, v_{i2}^k, \cdots, v_{in}^k]$，其更新公式为：

$$v_{id}^k = wv_{id}^{k-1} + c_1 rand_1(p_{id}^{k-1} - x_{id}^{k-1}) + c_2 rand_2(g_{id}^{k-1} - x_{id}^{k-1}) \tag{3.1.25}$$

$$x_{id}^k = x_{id}^{k-1} + v_{id}^k \tag{3.1.26}$$

式中：$i=1,2,\cdots m$，m 为粒子群中粒子的个数；

$d=1,2,\cdots n$，n 为解的向量维数；

k ——当前迭代次数；

c_1 和 c_2——非负常数的学习因子；

$rand_1$ 和 $rand_2$——两个分布在[0,1]之间的随机数；

w ——惯性权重，其大小代表搜索能力的强弱。

对于两个 SVM 的参数寻优，相当于在二维空间中搜索具有最小适应度的粒子的空间位置，粒子的位置 x 表示为 SVM 参数 C 和参数 σ 的当前取值；粒子的速度 v 决定参数 C 和参数 σ 的更新大小和方向。选取对训练集进行 k-fold 交叉验证意义下的准确率作为适应度函数值，如 CV-MSE（均方根误差）。CV-MSE 越小，表明适应效果越好，拟合准确率越高。

3.1.2.2 基于改进粒子群算法的支持向量机参数优化

粒子群算法的寻优过程相当于整个种群追随 p_{best} 和 g_{best} 进行运动，若某个粒子刚好运动到当前最优的位置，其他粒子就会快速地向该粒子靠拢。若该位置为局部最优点，会使整个种群很难跳出局部最优的状态，最终导致无法进行全局寻优。为避免出现局部最优状态，本节对粒子群算法进行如下改进：

1) w 的大小代表搜索能力的强弱。w 越大，代表算法全局搜索能力较强、局部搜索能力较弱；w 越小，代表算法全局搜索能力较弱、局部搜索能力较强。在算法寻优过程中，前期应加强全局寻优，后期注重局部寻优，故 w 值应随迭代次数的增加而减小，为此对 w 采用动态调整如下：

$$w=\begin{cases} w_{max}-\dfrac{(w_{max}-w_{min})(f-f_{min})}{f_{avg}-f_{min}} & (f\leqslant f_{avg}) \\ w_{max} & (f>f_{avg}) \end{cases} \tag{3.1.27}$$

式中：w_{min} ——惯性权重的最小值；

w_{max} ——惯性权重的最大值；

f ——粒子的适应度值；

f_{avg} ——每代粒子的平均适应度值；

f_{min} ——粒子的最小适应度值。

2) c_1 和 c_2 常被称作加速常数，用于控制粒子在一次迭代过程中的运动距离，通常设 $c_1=c_2=2$。同时学习因子也代表粒子本身的信息和思考，在算法的前期，应加强粒子的探索和思考能力，后期应加强粒子之间的交流。故对学习因子采用线性学习方法。c_1 线性递减，c_2 线性递增，调整公式如下：

$$c_1 = c_{1s} - \frac{iter(c_{1s} - c_{1e})}{iter_{\max}}$$

$$c_2 = c_{2s} + \frac{iter(c_{2e} - c_{2s})}{iter_{\max}} \tag{3.1.28}$$

式中：c_{1s}、c_{2s} —— c_1 和 c_2 的迭代初始值；

c_{1e}、c_{2e} —— c_1 和 c_2 的迭代终值；

$iter$ ——当前迭代次数；

$iter_{\max}$ ——总迭代次数。

3)引入速度因子 v 与位置因子 γ，设 d_{ij} 表示第 i 个粒子的第 j 维与全局最优位置的距离。当粒子进行迭代时，若出现 $d_{ij} < \gamma$ 且 $v_{ij} < v$ 的情况，则认为粒子出现了停滞现象，这时将粒子所处的位置进行初始化，使种群保持多样性，进而防止运算陷入局部最优。

基于上述改进粒子群算法实现支持向量机参数寻优的过程如图 3.1.3 所示，具体步骤如下：

步骤 1：对选取的大坝变形测值序列样本进行归一化处理，并确定输入样本。

步骤 2：粒子群相关参数初始化。设定粒子个数、种群迭代次数、惯性权重、惩罚因子、核参数的范围、数据分组 k、学习因子初始值、速度因子 v 与位置因子 γ 初始值。在规定范围内随机生成初始速度及初始位置。初始位置即对应初始 C 和 σ 的值。

步骤 3：根据当前 C 和 σ 的值，训练 SVM，并计算 CV-MSE，并记忆个体与群体对应最佳适应值的 p_{best} 和 g_{best}。

步骤 4：对粒子的速度进行更新，若出现 $d_{ij} < \gamma$ 且 $v_{ij} < v$ 的情况，则将该粒子的位置重新初始化，否则对粒子的位置进行更新。

步骤 5：将粒子当前位置的 p_{present} 与历史最优解 p_{best} 做比较，若 $p_{\text{present}} > p_{\text{best}}$，则令 $p_{\text{best}} = p_{\text{present}}$，否则 p_{best} 不变。

步骤 6：将粒子当前位置的 p_{present} 与种群最优解 g_{best} 做比较，若 $p_{\text{present}} > g_{\text{best}}$，则令 $g_{\text{best}} = p_{\text{present}}$，否则 g_{best} 不变。

步骤 7：若达到最大迭代次数，则终止迭代，输出最优解，否则重复步骤 3 至步骤 7。

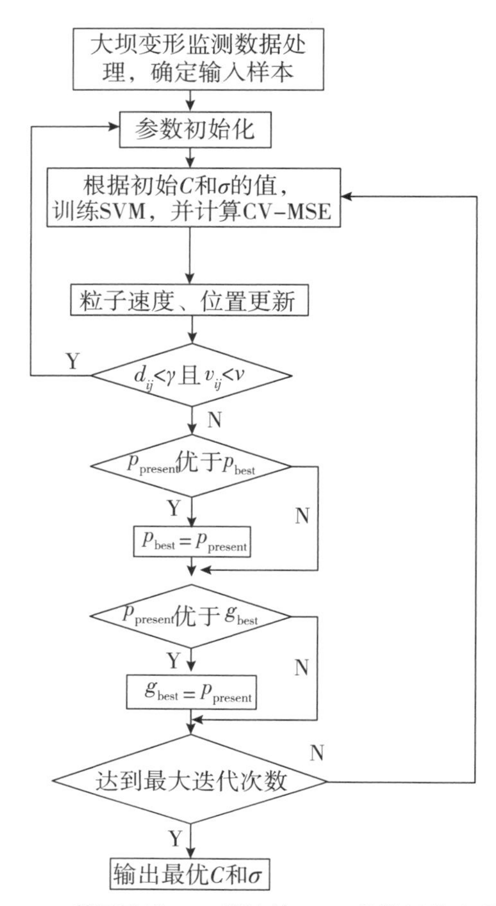

图 3.1.3　基于改进 PSO 算法的 SVM 参数寻优实现流程

3.1.2.3　大坝工作性态监控小波支持向量机模型建模过程

对具有混沌特性的大坝工作性态监测数据时间序列进行相空间重构，重构后的矩阵作为小波支持向量机的输入样本，执行训练操作，从而建立大坝工作性态监控小波支持向量机模型。称为 ReP-WSVM 模型。该模型采用改进的粒子群算法进行寻优，核函数为 Morlet 小波核函数。

大坝变形、渗流等测值混沌序列经过重构后，可得到一个矩阵，将该矩阵作为输入样本，则式(3.1.7)的优化问题变为：

$$\max_{\alpha_t,\alpha_t^*} -\frac{1}{2}\sum_{t,j=1}^{n-(m-1)\tau}(\alpha_t-\alpha_t^*)(\alpha_j-\alpha_j^*)k(y_t\cdot y_j)$$
$$+\sum_{t=1}^{n-(m-1)\tau}(\alpha_t-\alpha_t^*)y_t-\sum_{t=1}^{n-(m-1)\tau}(\alpha_t+\alpha_t^*)\varepsilon \tag{3.1.29}$$

对式(3.1.29)求最优解，可得回归函数：

$$f(y)=\sum_{t=1}^{n-(m-1)\tau}(\alpha_t-\alpha_t^*)k(y_t,y)+b \tag{3.1.30}$$

式中：y_t ——相点，$t=1,2,\cdots,n-(m-1)\tau$；

m ——嵌入维数；

τ ——延迟时间；

n ——变形测值序列个数；

b ——常量。

基于相空间重构技术所构建的预测模型的输入变量 X、输出变量 Y 分别为：

$$X=\begin{bmatrix} x_1 & x_{1+\tau} & \cdots & x_{1+(m-1)\tau} \\ x_2 & x_{2+\tau} & \cdots & x_{2+(m-1)\tau} \\ \vdots & \vdots & \vdots & \vdots \\ x_{n-(m-1)\tau} & x_{n-(m-1)\tau+\tau} & \cdots & x_n \end{bmatrix},Y=\begin{bmatrix} x_{2+(m-1)\tau} \\ x_{3+(m-1)\tau} \\ \vdots \\ x_{n+1} \end{bmatrix} \tag{3.1.31}$$

式中：$x_i(i=1,2,\cdots,n)$ ——时间序列数值；

n ——训练样本的数目。

该模型的建模流程如图 3.1.4 所示，建模步骤如下：

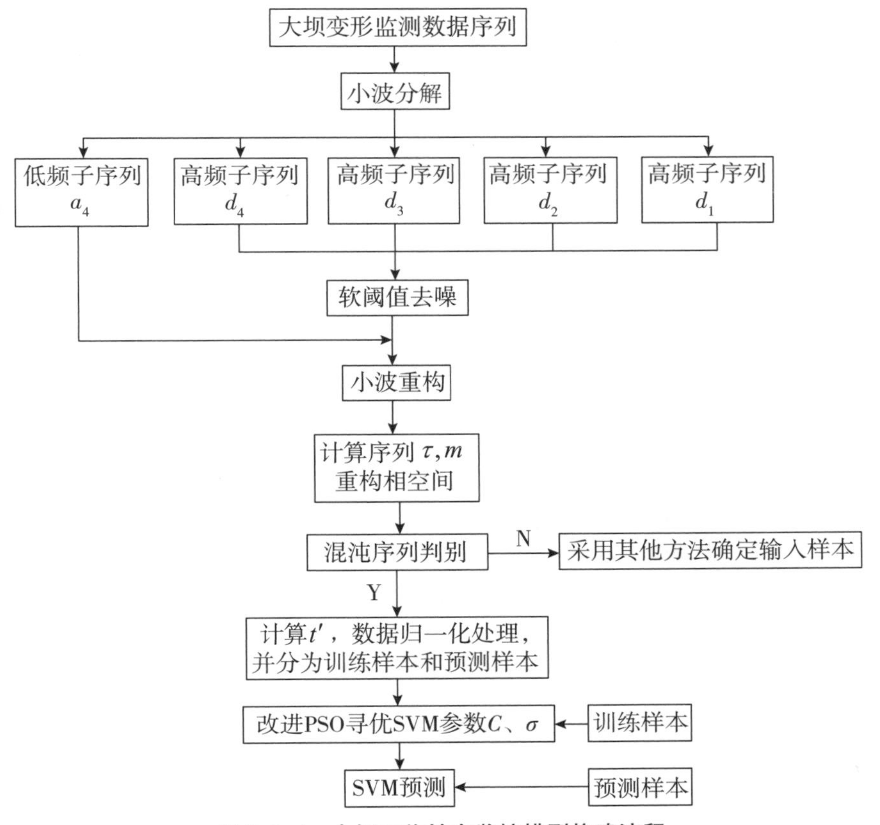

图 3.1.4 大坝工作性态监控模型构建流程

步骤1:采用互信息法及Cao法确定监测数据的延迟时间和嵌入维数,重构相空间。

步骤2:对数据进行归一化处理,将数据分为训练样本和用于验证模型预测效果的测试样本。

步骤3:依据训练样本,采用改进粒子群算法对支持向量机参数进行寻优,寻优结束后输出最优C和σ的值,完成对SVM的训练。

步骤4:依据测试样本,用训练好的模型进行样本预测,评价模型预报效果。

3.1.2.4 模型性能评价指标

为了定量比较各模型的预测精度,引入评价指标均方根误差(MSE)、平均绝对百分比误差(MAPE)和R^2。

(1)均方根误差

$$\mathrm{MSE}=\sqrt{\frac{1}{n}\sum_{i=1}^{n}(y_i-\hat{y}_i)^2} \tag{3.1.32}$$

(2)平均绝对百分比误差

$$\mathrm{MAPE}=\frac{1}{n}\sum_{i=1}^{n}\frac{|y_i-\hat{y}_i|}{|y_i|} \tag{3.1.33}$$

(3)R^2

$$R^2=\frac{\left(\sum_{i=0}^{n}(y_i-\overline{y})(\hat{y}_i-\overline{y}')\right)^2}{\sum_{i=1}^{n}(y_i-\overline{y})^2\sum_{i=1}^{n}(\hat{y}_i-\overline{y}')^2} \tag{3.1.34}$$

式中:n——预测值个数;

y_i——原始测值;

$\hat{y}_i$——预测值;

$\overline{y}$——原始测值序列平均值;

$\overline{y}'$——预测值序列平均值。

3.2 考虑滞后性的大坝工作性态在线跟踪监控模型与方法

大坝变形、渗流等是反映大坝安全状况的重要指标,是多种环境量及荷载共同作用的结果，与环境量之间的作用机理比较复杂，且存在一定的滞后性，该滞后特征可利用前述方法予以辨识。鉴于此，本节以水库大坝渗流为例，引入数据分组处理算法(GMDH)，结合传统统计模型建模方法，开展考虑滞后性的大坝工作性态在线跟踪监控模型构建方法研究，以期得到更简化的模型。

3.2.1 考虑滞后效应的大坝工作性态监控标准模型

在构建大坝安全监控模型时，最常用的是统计模型。该模型将大坝效应量分为各个环境分量的线性叠加，物理意义明确，便于理解。

3.2.1.1 考虑滞后性的统计模型

大坝渗流监测包括扬压力、渗流量等，本节以混凝土坝坝基扬压力为例研究模型构建过程。影响坝基扬压力的因素主要包括库水位、温度、降雨和时效等，扬压力统计模型按成因可表示如下：

$$Q = Q_H + Q_T + Q_P + Q_\theta \tag{3.2.1}$$

式中：Q ——扬压力实测值；

Q_H ——库水位分量；

Q_P ——降雨分量；

Q_T ——温度分量；

Q_θ ——时效分量。

(1)库水位分量

坝基扬压力与库水位的一次方有关，同时还存在滞后效应。采用正态分布模拟滞后影响权重，因此库水位分量可按下式计算：

$$Q_H(t) = b_1 H_d(t) = b_1 \int_{-\infty}^{t_0} \frac{1}{\sqrt{2\pi} x_2} e^{-\frac{(t-x_1)^2}{2x_2^2}} H(t)\,\mathrm{d}t \tag{3.2.2}$$

式中：$Q_H(t)$ ——库水位分量；

b_1——回归系数；

$H(t)$ ——时刻 t 的水位；

x_1——滞后天数；

x_2——影响天数；

H_d ——等效水位；

t_0——等效水位积分上限，即测值当天。

(2)降雨分量

采用正态分布模拟滞后影响权重，因此降雨分量按下式计算：

$$Q_P(t)=b_2R_d(t)=b_2\int_{-\infty}^{t_0}\frac{1}{\sqrt{2\pi x_4}}\mathrm{e}^{\frac{(t-x_3)^2}{2x_4^2}}[R(t)]^{\frac{2}{5}}\mathrm{d}t \tag{3.2.3}$$

式中：$Q_P(t)$ ——降雨分量；

b_2——回归系数；

$R_d(t)$ ——等效降雨量；

$R(t)$ —— t 时刻的降雨量；

x_3——滞后天数；

x_4——影响天数。

(3)温度分量

温度分量按周期函数计算，如下：

$$Q_T=\sum_{i}^{m_3}(b_{2i}\sin\frac{2\pi it}{365}+b_{3i}\cos\frac{2\pi it}{365}) \tag{3.2.4}$$

式中：Q_T ——温度分量；

b_{2i} ，b_{3i} ——回归系数；

t ——监测起始日至测值当天的天数；

i——年周期和半年周期，$i=1,2$；

$m_3=2$。

(4)时效分量

时效分量在蓄水初期影响较大，随着运行时间推移而逐渐稳定，可以采用下式计算：

$$Q_\theta(t)=b_3\theta+b_4\ln\theta \tag{3.2.5}$$

式中：Q_θ ——时效分量；

b_3，b_4——回归系数；

θ——始测日至监测日当天的天数除以100。

经过上述分析，考虑滞后效应的坝基扬压力统计模型表示如下：

$$\begin{aligned}Q&=Q_H+Q_T+Q_P+Q_\theta\\&=b_0+b_1H_d+b_2R_d+\sum_{i}^{2}(b_{2i}\sin\frac{2\pi it}{365}+b_{3i}\cos\frac{2\pi it}{365})+b_3+b_4\ln\theta\end{aligned} \tag{3.2.6}$$

3.2.1.2 回归模型有效性检验

求解回归模型式(3.2.6)时，若自变量存在非平稳序列，则求解的回归模型可能出现伪回归现象，且水位、温度、时效等因素都与时间有关，因此需要对所求模型作有效性检验，主要包括各序列的单整检验及多序列的协整检验。

(1)单整检验

对于时间序列 y_t，若满足如下三个条件，即可认为该序列是平稳的。

均值：

$$E(y_t)=\mu \tag{3.2.7}$$

方差：

$$\mathrm{var}(y_t)=\sigma^2 \tag{3.2.8}$$

协方差：

$$\mathrm{cov}(y_t,y_{t+k})=r_k \tag{3.2.9}$$

式中：μ,σ^2——常数；

r_k——与时间无关的量。

即当时间序列 y_t 的均值和方差均为常数，且协方差与时间无关时认为 y_t 是平稳序列。

对于如下所示的一阶自回归时间序列模型：

$$y_t=ay_{t-1}+\varepsilon_t \tag{3.2.10}$$

式中：a——系数；

$\varepsilon_t \sim N(0,\sigma^2)$——$\varepsilon_t$ 服从正态分布，白噪声序列。

该模型的三个统计值为 $E(y_t)=0$，$\mathrm{var}(y_t)=\sigma^2/(1-a^2)$，$\mathrm{cov}(y_t,y_{t+k})=a^k\sigma^2/(1-a^2)$，根据序列平稳性条件得出：当 $|a|<1$ 时，该序列即为平稳序列。

将上式转化为差分形式，表示如下：

$$\Delta y_t=(a-1)y_{t-1}+\varepsilon_t=\delta y_{t-1}+\varepsilon_t \tag{3.2.11}$$

那么平稳条件就转化为系数 $\delta<0$。

检验时间序列平稳性的方法有多种，如DF检验、ADF检验和ERS检验等，下面介绍较常用的ADF检验。ADF检验是在式(3.2.11)形式下进行的，有三个模型，表示如下：

模型Ⅰ：

$$\Delta y_t=\delta y_{t-1}+\sum_{j}^{p}a_j\Delta y_{t-1}+\varepsilon_t \tag{3.2.12}$$

模型Ⅱ：

$$\Delta y_t = \alpha + \delta y_{t-1} + \sum_{j}^{p} a_j \Delta y_{t-1} + \varepsilon_t \tag{3.2.13}$$

模型Ⅲ：

$$\Delta y_t = \alpha + \beta t + \delta y_{t-1} + \sum_{j}^{p} a_j \Delta y_{t-1} + \varepsilon_t \tag{3.2.14}$$

式中：α ——常数项；

βt ——趋势项；

p ——取使 ε_t 为白噪声的最小值；

a_j，δ ——系数。

序列平稳性条件是 $\delta<0$，三个模型的检验先后顺序依次是：模型Ⅲ、模型Ⅱ、模型Ⅰ，直到满足平稳性条件为止。若时间序列 y_t 满足平稳条件，则称 y_t 为 0 阶单整序列，记为 $I(0)$；若时间序列 y_t 不满足平稳条件，经过 d 阶差分可转化为平稳序列，则称 y_t 为 d 阶单整序列，记为 $I(d)$。

（2）协整检验

大坝监测数据中更常见的是非平稳序列，虽然单个序列是非平稳的，但几个序列的线性组合却有可能是平稳的，称该组合为协整方程。协整检验的目的是判断一组非平稳序列的线性组合是否具有稳定的均衡关系，即检验所构建的回归模型是否具有实际意义。

对于 k 个时间序列 $X_t=\{x_{1t},x_{2t},\cdots,x_{kt}\}$，它们都是 $I(d)$，若存在向量 $a=(a_1,a_2,a_3,\cdots a_k)$，使得式（3.2.15）成立，那么称时间序列 X_t 是 (d,b) 阶协整。

$$z_t = aX_t \sim I(d-b) \quad (d \geqslant b \geqslant 0) \tag{3.2.15}$$

式中：X_t ——时间序列 $x_{1t},x_{2t},\cdots,x_{kt}$ 的集合；

z_t —— X_t 各分量的线性组合；

a——协整向量；

d,b——阶数。

若多个非平稳序列之间存在协整关系，那么仍然可以构建回归模型，并且利用最小二乘法估计的模型参数具有超一致性。常用的协整检验方法有两种：Engle-Granger 检验和 Johansen 检验。

①Engle-Granger 检验

Engle-Granger 检验[14]简称 EG 检验，也称为两步检验法。其思想是：若自变量与因变量之间存在协整关系，就意味着两者之间存在长期稳定关系，那么可以采用自变量的线性组合对因变量进行解释，剩余部分构成的残差序列应该是平稳序列。

若因变量 y 与 k 个时间序列 $x_{1t}, x_{2t}, \cdots, x_{kt}$ 相关，为检验两者之间的协整关系需要两步：

步骤1：利用最小二乘法求解回归方程。

$$y = a_1 x_{1t} + a_2 x_{2t} + a_3 x_{3t} + \cdots + a_k x_{kt} + \mu_t \tag{3.2.16}$$

得到

$$\hat{y} = \hat{a}_1 x_{1t} + \hat{a}_2 x_{2t} + \hat{a}_3 x_{3t} + \cdots + \hat{a}_k x_{kt} \tag{3.2.17}$$

$$\varepsilon_t = y - \hat{y} \tag{3.2.18}$$

式中：ε_t ——回归方程残差；

$a_1, a_2, \cdots, a_k, \hat{a}_1, \hat{a}_2, \cdots, \hat{a}_k$ ——系数；

μ_t ——扰动项；

y——原始值；

$\hat{y}$——拟合值。

步骤2：对残差序列 ε_t 作 ADF 检验，判断其平稳性。若残差序列 ε_t 平稳，则因变量 y 与 k 个时间序列 $x_{1t}, x_{2t}, \cdots, x_{kt}$ 之间存在协整关系，即式(3.2.17)有意义。

②Johansen 检验

Johansen 检验[15]是基于向量自回归(VAR)模型的极大似然估计法进行协整检验。首先，建立一个 p 阶 VAR 模型：

$$Y_t = \Phi_1 Y_{t-1} + \Phi_2 Y_{t-2} + \cdots + \Phi_p Y_{t-p} + HX_t + \varepsilon_t \tag{3.2.19}$$

式中：Y_t——具有 n 个分量，且各分量都是1阶单整序列 $I(1)$，$Y_t = \{y_{1t}, y_{2t}, \cdots, y_{nt}\}$；

$\Phi_1, \Phi_2, \cdots, \Phi_p, H$——系数矩阵；

X_t——d 维外生向量，包括趋势项和常数项等确定性项，$X_t = \{x_{1t}, x_{2t}, \cdots, x_{dt}\}$；

ε_t ——n 维扰动向量，服从白噪声分布；

p ——阶数。

然后对式(3.2.19)作一阶差分，得：

$$\Delta Y_t = \prod Y_{t-1} + \sum_{i=1}^{p} \Gamma_i \Delta Y_{t-i} + HX_t + \varepsilon_t \tag{3.2.20}$$

其中

$$\prod = \sum_{i=1}^{p} \Phi_i - I, \Gamma_i = -\sum_{j=i+1}^{p} \Phi_j \tag{3.2.21}$$

式中：ΔY_t——时间序列集合 $Y_t=\{y_{1t},y_{2t},\cdots,y_{nt}\}$ 的一阶差分；

$\prod,\Gamma_i,\Phi_i,H$ ——系数矩阵；

I——单位向量；

X_t,ε_t,p 意义同上。

对于式(3.2.20)，由 $Y_t=\{y_{1t},y_{2t},\cdots,y_{nt}\}$ 的 n 个分量都是1阶单整变量 $I(1)$，可知 $\Delta Y_t,\Delta Y_{t-i}$ 各分量都是0阶单整序列 $I(0)$，因此检验 $Y_t=\{y_{1t},y_{2t},\cdots,y_{nt}\}$ 变量组合的协整关系转化为求解系数矩阵 $\prod$ 。

相较于Johansen检验，Engle-Granger检验过程简单、计算量小，适用于非平稳序列间协整关系较简单的情况；而Johansen检验适用范围广，但计算过程较复杂。考虑到本研究是在求得回归模型的基础上检验协整关系，因此本研究选用Engle-Granger检验，仅需对模型的残差作平稳性检验来判断自变量间的协整关系。

3.2.2 考虑滞后效应的大坝工作性态监控优化模型

3.2.1节所述考虑滞后效应的大坝工作性态监控优化模型，其系数较多，可能导致系数矩阵蜕化或病态，进而影响模型的健壮性或精度。本节引入数据分组处理算法(GMDH)来优化模型输入量，以期得到最优回归方程。

3.2.2.1 GMDH基本原理

GMDH[16]是在启发式自组织方法的基础上提出的，其将黑箱思想、归纳法、概率论和神经网络等算法相结合，并融合了模式识别理论和自动化理论，减少人为因素干扰，可得到具有客观性和公正性的最优模型。GMDH经多年发展已成为有效而实用的数据挖掘工具，基本思想是：对输入变量进行自由组织得到一系列候选模型，利用实测数据对候选模型的效果进行评价，并根据效果对模型进行淘汰，最终得到复杂度最优的模型。若已知有 n 自变量 $X_1,X_2,\cdots,X_n$，因变量为 Y。GMDH建模的目标是得到一个函数，使得下式成立：

$$Y=f(X_1,X_2,X_3,\cdots X_n) \tag{3.2.22}$$

式中：Y——因变量；

$X_1,X_2,\cdots,X_n$ ——自变量；

f ——目标函数。

一般情况下函数 f 是非线性的，且其形式未知。解决途径之一是使用多项式逼近，即 K-G 多项式：

$$f(X_1, X_2, X_3, \cdots, X_n) = \sum_{i}^{n} a_i X_i + \sum_{i}^{n} \sum_{j}^{n} a_{ij} X_i X_j + \sum_{i}^{n} \sum_{j}^{n} \sum_{k}^{n} a_{ijk} X_i X_j X_k + \cdots \tag{3.2.23}$$

式中：a——系数。

若直接将自变量和因变量代入该多项式求解较为困难：首先该多项式阶数未知，其次当自变量数目较多时，该多项式将相当庞大。求解该多项式需要借助自组织的思想，由简单到复杂，逐步逼近。构建多层筛选结构，其结构可分为输入层、中间层和输出层。输入层存储该算法的输入向量，输出层存储该算法期望的输出。中间层的输入向量是前一层输出向量通过内准则组合得到的新向量，该层的输出向量是利用外准则对输入向量筛选的结果。

以四层 GMDH 网络为例，其结构如图 3.2.1 所示。具体实现步骤如下：

(1)构造候选模型

利用内准则将各输入变量相互组合产生众多候选模型集。内准则是指输入层变量间两两组合的方式，应用中常用二阶多项式。对于任意两个输入变量 v_i 和 v_j，利用二阶多项式构造候选模型 w_k：

$$w_k = a_1 v_i + a_2 v_j + a_5 v_i^2 + a_4 v_j^2 + a_5 v_i v_j + a_6 \tag{3.2.24}$$

式中：$a_1, a_2, \cdots, a_5$——待求系数；

a_6——常数项；

w_k——该层第 k 个候选模型；

v_i, v_j——输入变量。

(2)筛选候选模型

将输入数据分为训练集和验证集，在训练集上对候选模型进行训练，利用最小二乘法求解模型参数，然后利用外准则淘汰质量较差的候选模型。

将验证数据代入候选模型，计算相应的结果，并求得标准差，将中间模型标准差按从小到大排序，保留最优的几个模型，用于构造新一层网络。本研究采用临界值的方法对候选模型按照标准差进行筛选：首先给定一个比例值 α_g（$0 < \alpha_g < 1$），根据当前层中间模型的标准差最小值 $R_{\min}$ 和最大值 $R_{\max}$ 按式(3.2.25)求得一个临界值 R_{ct}，而该层的标准差临界值 R_c 可按式(3.2.26)求得。

$$R_{ct} = \alpha_g R_{\min} + (1 - \alpha_g) R_{\max} \tag{3.2.25}$$

$$R_c = \max\{R_{\min}, R_{ct}\} \tag{3.2.26}$$

式中：R_{ct}——计算临界值；

R_c ——实际临界值；

α_g ——比例参数。

(3)输出最优模型

重复上述两个步骤，直到满足终止法则。终止法则包括：当前层仅剩下一个候选模型；当前层并没有得到比上一层更好的效果；所有输入变量均已纳入模型。满足以上三种情况之一，得到的模型即为最优复杂度模型。

从 GMDH 建模方法的实现过程可以看出，该方法的关键问题在于构建内准则、外准则及终止法则。三者的作用很明确：内准则建立模型，外准则检验模型，终止法则决定模型是否达到预期效果。

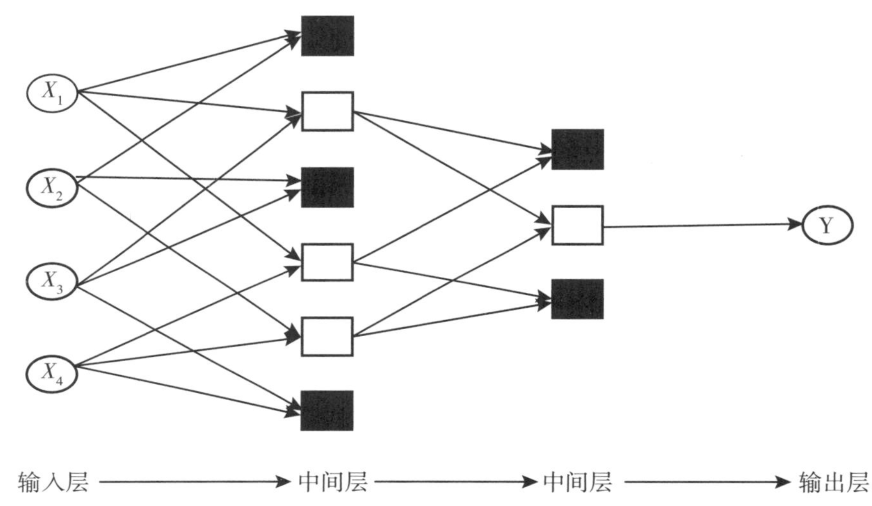

图 3.2.1　GMDH 算法结构(中间层实心方块是外准则剔除的候选模型)

3.2.2.2　考虑滞后性的大坝工作性态监控模型构建

基于数据分组处理算法基本原理，结合 3.2.1 节所述大坝工作性态监控标准模型及其构建方法，以渗流监控为例，构建考虑滞后性的大坝运行性态监控优化模型，其实现过程如图 3.2.2 所示，具体步骤如下：

(1)选择变量

结合大坝安全监控统计模型基本理论，坝基扬压力与库水位、降雨、温度、时效等四个环境量关系较大，因此构建模型需要坝基扬压力实测值、库水位、降雨、温度实测值和时间。为考虑滞后效应，对库水位和降雨分别换算为等效库水位和等效降雨。

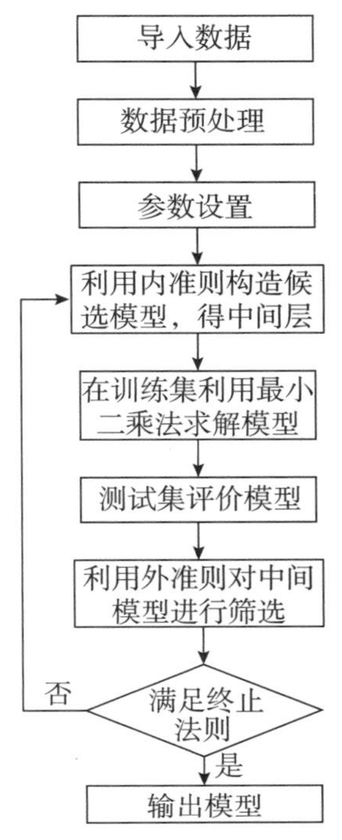

图 3.2.2　大坝工作性态监控优化模型构建流程

(2)数据预处理

由于在 GMDH 算法中利用最小二乘法训练中间模型，需消除量纲的影响，对各个变量分别进行归一化，并将归一化数据分为训练集和验证集。

(3)参数设置

为构造 GMDH 网络，需要设置以下参数：网络最大层数 $L_{\max}$ 、每层最大节点数目 $N_{\max}$ 、内准则中比例参数 α_g 、训练数据比例 β_g 。

(4)构造 GMDH 网络输入层

GMDH 模型输入层包括库水位 H_d，降雨量 P_d，温度 $\sin\frac{2\pi t}{365}$、$\cos\frac{2\pi t}{365}$、$\sin\frac{4\pi t}{365}$、$\cos\frac{4\pi t}{365}$(t 为天数)，时效 θ、$\ln\theta$。

(5)构造 GMDH 网络中间层

假定 GMDH 输入层的各个变量间为线性关系，故内准则取线性函数，即输入层的变量两两以线性关系结合，构造候选模型。对于任意两个输入变量 v_i 和 v_j ，构造候选模型 w_k 的表达式如下：

$$w_k = a_i v_i + a_j v_j + b_k \tag{3.2.27}$$

式中：a_i，a_j ——待求系数；

b_k ——常数项；

w_k ——该层第 k 个候选模型；

v_i，v_j ——输入变量。

在训练集上利用最小二乘法求解该候选模型，并利用验证集计算均方差，外准则仍采用 3.2.2.1 节所述准则。

(6)输出最优复杂度模型

循环执行步骤(5)，直至满足 3.2.2.1 节所述终止法则。此时 GMDH 网络最后一层所得到的模型即为求得的最优复杂度模型。

3.3 工程实例

将 3.1 节和 3.2 节所述方法应用于实际大坝工程监测资料建模分析中，构建大坝工作性态的监控模型。

3.3.1 大坝工作性态监控小波支持向量机模型实例分析

以某混凝土重力坝变形测点 PP3 为例，选取自 2008 年 1 月 1 日至 7 月 20 日共 200 个数据点。分析可知，PP3 测点变形监测数据序列为混沌序列，延迟时间 $\tau=2$，嵌入维数为 $m=4$，最大可预测时间为 20.53 天。因此选用前 180 个数据作为训练样本，后 20 个数据作为检验样本。

重构去噪后序列的相空间，相应相点个数为 $M=n-(m-1)\tau=194$。其中，训练样本的输入输出变量、预测样本的输入变量分别为：

$$X_t=\begin{bmatrix} x_1 & x_3 & \cdots & x_7 \\ x_2 & x_4 & \cdots & x_8 \\ \vdots & \vdots & \vdots & \vdots \\ x_{173} & x_{175} & \cdots & x_{179} \end{bmatrix},Y_t=\begin{bmatrix} x_8 \\ x_{13} \\ \vdots \\ x_{180} \end{bmatrix};X_P=\begin{bmatrix} x_{174} & x_{176} & \cdots & x_{180} \\ x_{175} & x_{177} & \cdots & x_{181} \\ \vdots & \vdots & \vdots & \vdots \\ x_{193} & x_{195} & \cdots & x_{199} \end{bmatrix}$$

3.3.1.1 数据预处理

为了加快训练速度以及避免数值较大的因子控制整个训练过程，在建模之前，将所有因子数据进行归一化处理。

$$x'_i=\frac{x_i-x_{\min}}{x_{\max}-x_{\min}} \tag{3.3.1}$$

式中：x_i ——样本数据；

x_{min} ——样本数据中最小值；

x_{max} ——样本数据中最大值；

x'_i ——归一化后的数据。

当模型训练结束后，需要对模型的输出数据进行反归一化处理，还原计算数据。反归一化公式为：

$$x_i = x'_i (x_{max} - x_{min}) + x_{min} \tag{3.3.2}$$

将所选择的监测数据归一化到[0,1]区间内，如图3.3.1所示。

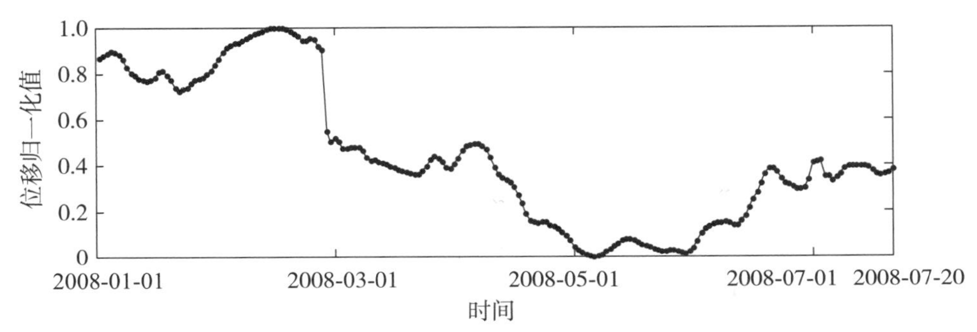

图3.3.1 归一化后的位移过程线

3.3.1.2 PSO算法改进前后寻优能力对比

为了验证改进PSO算法的优越性，分别利用改进前后算法进行试算，比较二者的收敛效果。这里选用的是小波核函数。种群初始化参数设置如下：粒子个数选为30，种群迭代次数选为200，ε 为0.01，惩罚因子 C 的范围为[0.01,100]，核参数 σ 的范围为[0.01,1000]。对于PSO算法：c_1，c_2 均定为2，惯性权重 w 为1；对于改进PSO算法：c_1，c_2 的取值范围分别为[1.5，2.5]和[1.5，2.75]，惯性权重 w 的范围为[0.8，1.2]，惩罚因子 C 和核参数 σ 的位置因子分别为 $\gamma=4$ 和 $\gamma=0.1$，速度因子分别为 $v=0.05$ 和 $v=0.001$。

PSO算法改进前后收敛效果比较如图3.3.2所示。从图3.3.2中可以看出，改进PSO算法的最优适应度优于原算法的最优适应度。此时改进PSO算法寻优出来的 $C=69.143$，$\sigma=3.184$；原算法寻优出来的 $C=8.257$，$\sigma=23.803$。用改进前后PSO算法分别重复寻优10次，这10次的平均运算时间、平均收敛迭代次数和陷入局部最优的次数如表3.3.1所示。由表3.3.1可知，改进PSO算法比原算法收敛速度更快，这主要是因为改进PSO算法提高了种群的多样性和粒子搜索的遍历性，进而提高了粒子群的全局搜索能力。

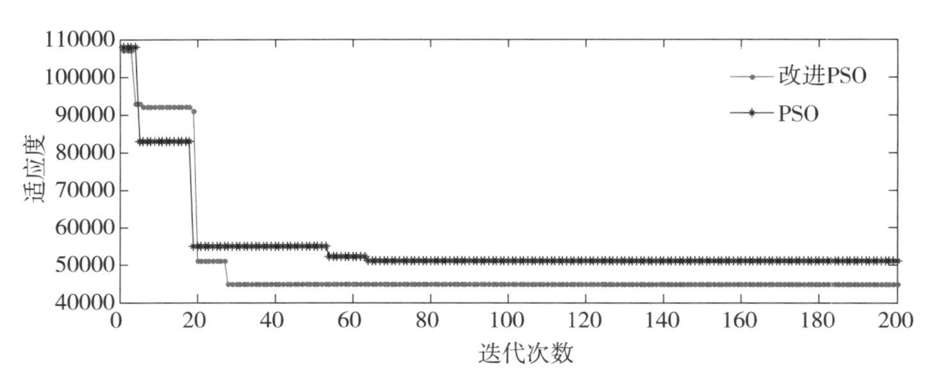

图 3.3.2 PSO 算法改进前后收敛效果比较

表 3.3.1 PSO 算法改进前后性能比较

寻优算法	平均运算时间	平均收敛迭代次数	局部最优次数
改进 PSO	225s	38	2
PSO	269s	59	4

3.3.1.3 模型预测结果分析

为了验证 3.1.2 节所述大坝变形监控 ReP-WSVM 模型的预测能力，将该模型与如下模型的预测结果进行对比分析，即基于相空间重构和 PSO 算法的普通支持向量机模型(简称 ReP-SVM 模型，采用高斯径向基核函数)和基于相空间重构的神经网络模型(简称 Re-BP 模型)；为了验证采用相空间重构技术后对模型预测精度的提升效果，将 ReP-WSVM 模型与基于水位、温度和时效等影响因子为输入变量的小波支持向量机模型(简称 P-WSVM 模型)的预测结果进行对比；为了验证小波核函数对模型预测精度的影响，将 P-WSVM 模型与普通支持向量机模型(简称 P-SVM 模型，采用高斯径向基核函数)的预测结果作对比。均采用改进粒子群算法进行了 SVM 参数的寻优。

(1)ReP-WSVM 模型与 ReP-SVM 模型对比分析

将 ReP-WSVM 模型与 ReP-SVM 模型的预测结果进行比较，结果如图 3.3.3 和表 3.3.2 所示。由图 3.3.3 和表 3.3.2 可以看出：ReP-WSVM 模型的 R^2 达到 0.96195，ReP-SVM 模型的 R^2 达到 0.92552，虽然两种模型的 R^2 都较好，但 ReP-WSVM 模型的 R^2 更高。ReP-WSVM 模型的均方根误差(MSE)和平均绝对百分比误差(MAPE)均比 ReP-SVM 模型小。

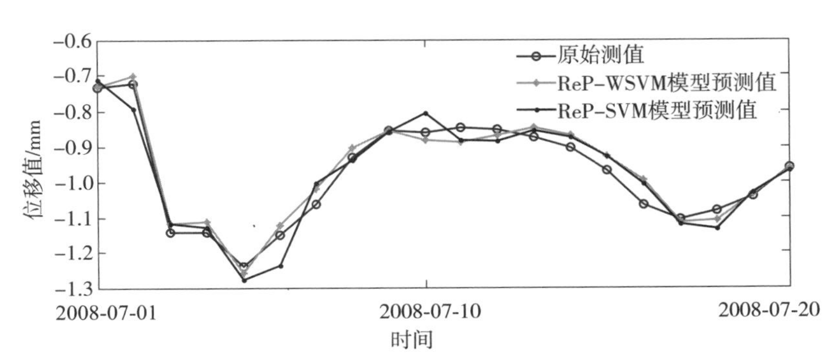

图 3.3.3 ReP-WSVM 模型与 ReP-SVM 模型预测效果对比

表 3.3.2 ReP-WSVM 模型与 ReP-SVM 模型预测效果分析

指标	MSE/mm	MAPE	R^2
ReP-WSVM	0.02970	0.01265	0.96195
ReP-SVM	0.04063	0.03517	0.92552

(2)ReP-WSVM 与 Re-BP 模型对比分析

BP 神经网络属于多层前馈神经网络，通过调整网络权值的训练算法实现误差反向传播学习，以此不断提高模型的学习能力和预测性能。BP 神经网络具有结构简单和非线性逼近能力强的特点。经试算，当隐含层节点数为 22 时，BP 神经网络模型的学习误差最小，此时其他参数设置为：输入层神经节点数为 10；输出层神经节点数为 1；两层隐含层；迭代次数为 5000；学习误差目标值设定为 1e-5，学习速度为 0.05。

将 ReP-WSVM 模型的预测结果与 Re-BP 模型的预测结果进行对比，结果如图 3.3.4 和表 3.3.3 所示。由图 3.3.4 和表 3.3.3 可以看出，ReP-WSVM 模型的 R^2 为 0.96195，Re-BP 模型的预测精度为 0.88642。ReP-WSVM 模型的 R^2 更高。ReP-WSVM 模型的 MSE 和 MAPE 均比 Re-BP 模型的小。

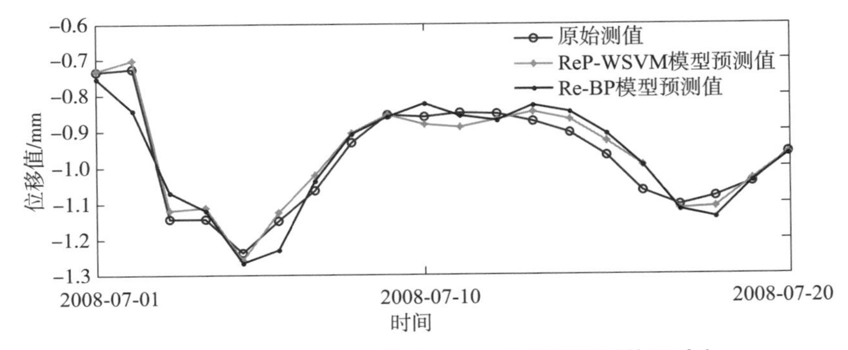

图 3.3.4 ReP-WSVM 模型与 Re-BP 模型预测效果对比

表 3.3.3　　ReP-WSVM 模型与 Re-BP 模型预测效果分析

指标	MSE(mm)	MAPE	R^2
ReP-WSVM	0.02970	0.01265	0.96195
Re-BP	0.04890	0.04072	0.88642

(3)ReP-WSVM 与 P-WSVM 模型对比分析

对于 P-WSVM 模型，选取 $H\text{-}H_0$、$(H\text{-}H_0)^2$、$(H\text{-}H_0)^3$、$(H\text{-}H_0)^4$ 水压因子，选取 $\sin\frac{2\pi it}{365}-\sin\frac{2\pi it_0}{365}$、$\cos\frac{2\pi it}{365}-\cos\frac{2\pi it_0}{365}$、$\sin\frac{4\pi it}{365}-\sin\frac{4\pi it_0}{365}$、$\cos\frac{4\pi it}{365}-\cos\frac{4\pi it_0}{365}$ 温度因子，选取 $\theta-\theta_0$、$\ln\theta-\ln\theta_0$ 时效因子，共 10 个变量作为模型输入变量进行训练和预测。其中，H 代表监测日当天的上游水位；H_0 为始测日当天的上游水位；t 代表监测日到始测日的累计天数；t_0 为建模所选数据序列的起始监测日到始测日的累计天数；$\theta=t/100$，$\theta_0=t_0/100$。

为了验证相空间重构对模型预测精度的影响，将 ReP-WSVM 模型的预测结果与 P-WSVM 模型进行对比，结果如图 3.3.5 和表 3.3.4 所示。由图 3.3.5 和表 3.3.4 可以看出，ReP-WSVM 模型的 R^2 为 0.96195，P-WSVM 模型的预测精度只有 0.89256。ReP-WSVM 模型的 R^2 更高。ReP-WSVM 模型的 MSE 和 MAPE 均比 P-WSVM 模型的小。

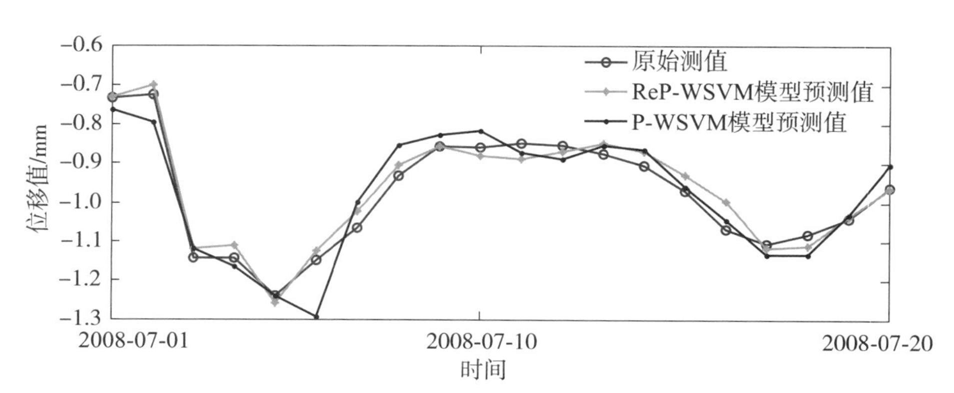

图 3.3.5　ReP-WSVM 模型与 P-WSVM 模型预测效果对比

表 3.3.4　　ReP-WSVM 模型与 P-WSVM 模型预测效果分析

指标	MSE/mm	MAPE	R^2
ReP-WSVM	0.02970	0.01265	0.96195
P-WSVM	0.05084	0.04199	0.89256

(4)P-WSVM 与 P-SVM 模型对比分析

为验证小波核函数对支持向量机模型性能的影响，将 P-WSVM 模型的预测结果与 P-SVM 模型进行对比，结果如图 3.3.6 和表 3.3.5 所示。由图 3.3.6 和表 3.3.5 可以看出，P-WSVM 模型的预测精度为 0.89256，P-SVM 模型的预测精度为 0.78247，P-WSVM 模型的 R^2 更高。P-WSVM 模型的 MSE 和 MAPE 均比 P-SVM 模型的大。

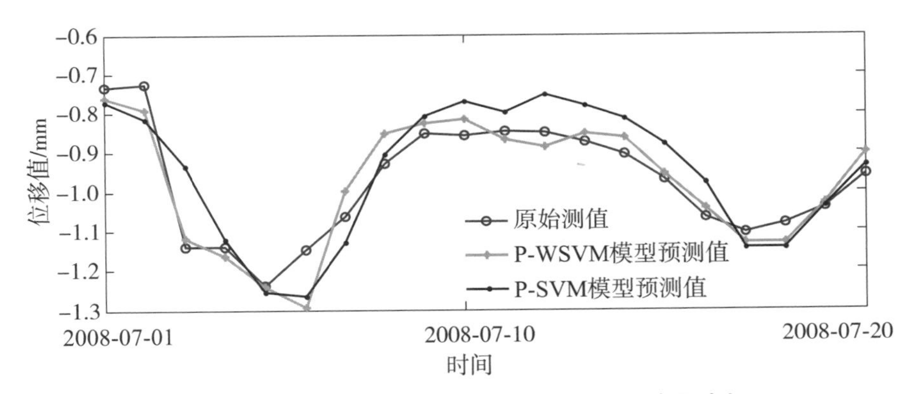

图 3.3.6　P-WSVM 模型与 P-SVM 模型预测效果对比

表 3.3.5　　P-WSVM 模型与 P-SVM 模型预测效果分析

指标	MSE/mm	MAPE	R^2
P-WSVM	0.05084	0.04199	0.89256
P-SVM	0.08166	0.10109	0.78274

通过上述对比可知，基于相空间重构的小波支持向量机模型的预测精度相对较高，预测效果相对较好。同时也证明了小波核函数和相空间重构方法可以提高支持向量机的预测精度。

3.3.2　考虑滞后性的大坝工作性态监控模型实例分析

以某混凝土重力坝编号为 17-M 扬压力测点实测数据为例，利用 3.2 节所述方法构建该扬压力测点的安全监控模型。为验证滞后效应对大坝渗流监控模型的影响，以及 GMDH 模型在优化模型结构方面的优势，构建未考虑滞后效应的扬压力统计模型、考虑滞后效应的扬压力统计模型和考虑滞后效应的 GMDH 模型。考虑到建模因子数目较多，采用逐步回归的方法以尽可能简化模型结构。

3.3.2.1 大坝渗流安全监控模型构建

(1)数据准备

对实测数据进行归一化处理，在此基础上，为考虑滞后效应，需首先求出大坝渗流对环境量变化响应滞后影响天数。由于该测点渗流对降雨量滞后效应不明显，因此等效降雨量等于降雨量实测值($R_d=R$)。假定渗流对库水位滞后影响天数的取值范围为[1, 10]，以复相关系数为标准，试算结果如图 3.3.7 所示。从图 3.3.7 中可见，在第 4 天复相关系数取得最大值，因此大坝渗流对库水位滞后影响天数为 4 天，等效库水位按下式计算：

$$H_d(t_0)=\int_{-\infty}^{t_0}\frac{1}{4\sqrt{2\pi}}\mathrm{e}^{-\frac{(t-3)^2}{32}}H(t)\,\mathrm{d}t \tag{3.3.3}$$

式中：t_0——测值当天累计时间；

H_d——等效库水位；

H——库水位实测值。

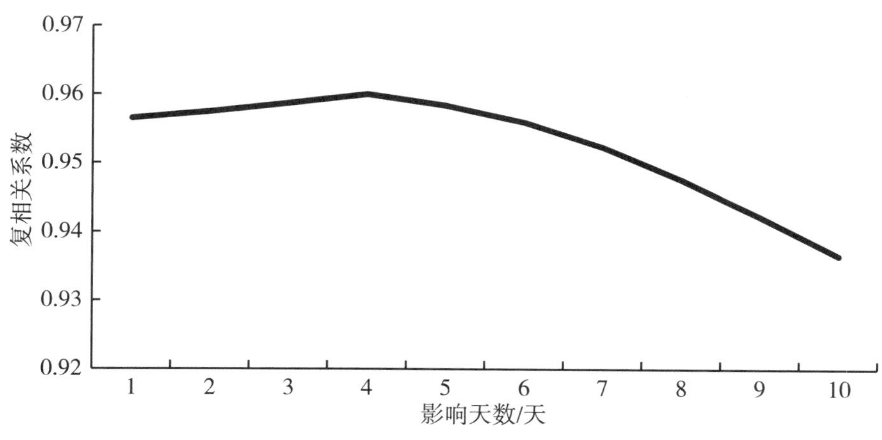

图 3.3.7 影响天数试算过程

未考虑滞后效应的大坝渗流安全监控模型输入变量为 H 、R 、$\sin\frac{2\pi t}{365}$ 、$\cos\frac{2\pi t}{365}$ 、$\sin\frac{4\pi t}{365}$、$\cos\frac{4\pi t}{365}$ 、θ 、$\ln\theta$,考虑滞后效应的大坝渗流安全监控模型输入变量为 H_d 、R_d 、$\sin\frac{2\pi t}{365}$ 、$\cos\frac{2\pi t}{365}$ 、$\sin\frac{4\pi t}{365}$ 、$\cos\frac{4\pi t}{365}$ 、θ 、$\ln\theta$ 。

(2)模型求解

将实测数据代入模型,利用最小二乘法求得模型结果。

未考虑滞后效应的渗流监控模型:

$$Q = 0.814 + 7.188H - 0.023R + 0.073\sin\frac{2\pi t}{365} + 0.049\cos\frac{2\pi t}{365} - 0.080\sin\frac{4\pi t}{365} + 0.378\ln\theta \tag{3.3.4}$$

式中:Q ——扬压力;

H ——库水位实测值;

R ——降雨量实测值;

t ——天数;

θ ——时效,$\theta = t/100$。

所有因子均经过归一化处理。

考虑滞后效应的渗流监控模型:

$$Q = 0.757 + 8.292H_d - 0.025R_d + 0.099\sin\frac{2\pi t}{365} + 0.112\cos\frac{2\pi t}{365} - 0.089\sin\frac{4\pi t}{365} + 0.278\ln\theta \tag{3.3.5}$$

式中:Q ——扬压力;

H_d ——等效库水位;

P_d ——等效降雨量;

t ——天数;

θ ——时效,$\theta = t/100$。

所有因子均经过归一化处理。

3.3.2.2 大坝渗流安全监控优化模型构建

(1)数据准备

GMDH算法的输入变量同统计模型的输入参数，其中库水位和降雨量使用等效量，即输入变量为 H_d 、R_d 、$\sin\dfrac{2\pi t}{365}$、$\cos\dfrac{2\pi t}{365}$、$\sin\dfrac{4\pi t}{365}$、$\cos\dfrac{4\pi t}{365}$、θ 、$\ln\theta$。

(2)参数设置

考虑到GMDH网络输入层有8个变量，GMDH网络参数设置如下：最大层数 $L_{\max}$ 为15，单层最大节点数 $N_{\max}$ 为20，内准则中比例参数 α_g 为0.6，训练数据比例 β_g 为0.85。

(3)模型求解

GMDH算法在第四层网络即终止，得到的模型为：

$$Q = 6.865H_d - 0.125\sin\frac{2\pi t}{365} - 0.066\sin\frac{4\pi t}{365} + 0.056\cos\frac{4\pi t}{365} \tag{3.3.6}$$

式中：Q ——扬压力；

H_d ——等效库水位；

t ——天数；

θ ——时效，$\theta = t/100$。

3.3.2.3 模型合理性与精度分析

对上述得到的模型，首先要检验模型的合理性，在此基础上分析模型的拟合和预测效果。

(1)单整检验

首先对各变量进行0阶平稳性检验，结果见表3.3.6，然后对非平稳序列进行1阶平稳性检验，见表3.3.7。从表3.3.6中可以看出，只有降雨量 R 和时效 $\ln\theta$ 两项因子是平稳序列，显著性水平为0.01；其余的非平稳序列从表3.3.7可知单整阶数都是1，符合Engle-Granger协整检验的前提条件。

表 3.3.6　　0 阶平稳性检验

平稳性检验方法类别		ADF 检验			平稳性判断	单整判断
		模型Ⅲ	模型Ⅱ	模型Ⅰ		
因变量	Q	−2.55916	−0.65593	−0.03442	非平稳	
自变量	H	−1.46166	−0.59675	0.144289	非平稳	
	R	−9.91112			平稳	$I(0)$
	$\sin\frac{2\pi t}{365}$	2.800796	0.20501	0.22594	非平稳	
	$\cos\frac{2\pi t}{365}$	−3.16408	−0.54278	−0.5642	非平稳	
	$\sin\frac{4\pi t}{365}$	1.116928	0.308608	0.346157	非平稳	
	$\cos\frac{4\pi t}{365}$	−1.79457	−0.98408	−1.0226	非平稳	
	θ	−3.2068	−2.52485	−0.07345	非平稳	
	$\ln\theta$	−27.4494			平稳	$I(0)$
显著性水平临界值	1%	−3.9849	−3.4502	−2.5734		
	5%	−3.4231	−2.8696	−1.9414		
	10%	−3.1344	−2.5713	−1.6163		

表 3.3.7　　1 阶平稳性检验

平稳性检验方法类别		ADF 检验			平稳性判断	单整判断
		模型Ⅲ	模型Ⅱ	模型Ⅰ		
因变量	Q	−4.89523			平稳	$I(1)$
自变量	H	−3.27097	−2.85203		平稳	$I(1)$
	$\sin\frac{2\pi t}{365}$	−4.6E+12			平稳	$I(1)$
	$\cos\frac{2\pi t}{365}$	−7E+12			平稳	$I(1)$
	$\sin\frac{4\pi t}{365}$	−1.3E+13			平稳	$I(1)$
	$\cos\frac{4\pi t}{365}$	−1.8E+13			平稳	$I(1)$
	θ	−66.7399			平稳	$I(1)$
显著性水平临界值	1%	−3.9849	−3.4502	−2.5734		
	5%	−3.4231	−2.8696	−1.9414		
	10%	−3.1344	−2.5713	−1.6163		

(2)协整检验

下面对非平稳序列进行协整检验,从而评价模型有效性。首先求出各模型拟合的残差,然后利用 Engle-Granger 检验法对残差进行检验,从而判断这些非平稳序列是否存在协整关系,判断结果见表 3.3.8。

表 3.3.8　　协整检验

平稳性检验方法类别	ADF 检验			平稳性判断	
	模型Ⅲ	模型Ⅱ	模型Ⅰ		
残差	e_1	−3.6657	−3.5258		平稳
	e_2	−3.5751	−3.1067	−3.1606	平稳
	e_3	−3.6553	−3.5276		平稳
显著性水平临界值	1%	−3.9849	−3.4502	−2.5734	
	5%	−3.4231	−2.8696	−1.9414	
	10%	−3.1345	−2.5714	−1.6163	

从表 3.3.8 中可以看出,这三个模型的残差序列都是平稳的,进而可以得出结论:非平稳序列之间存在协整关系,式(3.3.4)至式(3.3.6)均有意义。

(3)拟合效果分析

各模型训练效果对比见表 3.3.9。从表 3.3.9 可以看出:三个模型的复相关系数 R 均大于 0.80,剩余标准差 S 均小于 0.01,精度较高;考虑滞后效应的模型 R^2 优于未考虑滞后效应的监控模型;GMDH 算法得到的模型结构输入项数目更少,验证了 GMDH 算法在简化模型结构方面具有优势。

表 3.3.9　　模型训练效果对比

统计模型类别	未考虑滞后效应的统计模型	考虑滞后效应的统计模型	考虑滞后效应的 GMDH 模型
复相关系数 R	0.898	0.934	0.928
显著性检验 F	942.809	1073.100	977.200
剩余标准差 S	0.009	0.005	0.004

(4)预测效果分析

为了对比三个模型的预测效果,下面取 2012 年 10 月 1—31 日实测数据,代入前述三个模型,对比扬压力预测效果(图 3.3.8)。从图 3.3.8 中可以看出,考虑滞后效应的模型预测精度略高于未考虑滞后效应的模型;GMDH 模型在减少输入因子的条件下,预测精度并未降低。

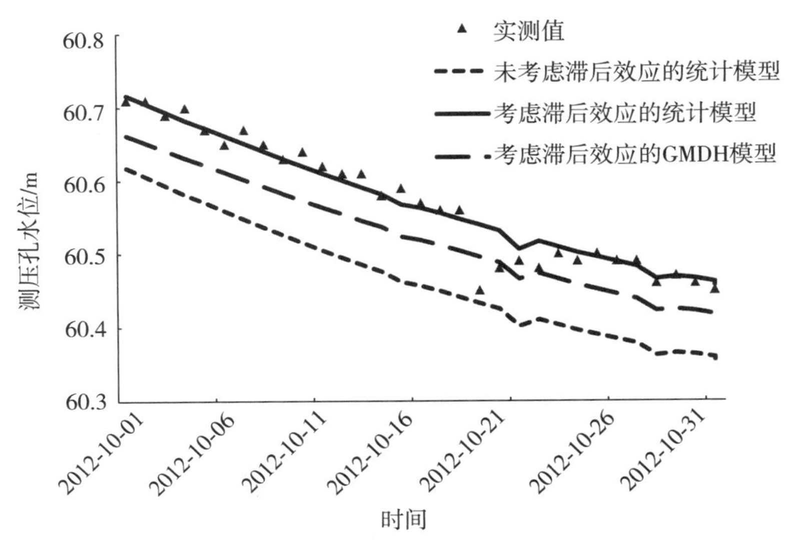

图 3.3.8 扬压力预测效果

参考文献

[1] Wh Cao, Zp Wen, Hz Su. Spatiotemporal clustering analysis and zonal prediction model for deformation behavior of super-high arch dams[J]. Expert Systems With Applications, 2023, 216.

[2] Kf Yao, Zp Wen, Lf Yang, et al. A multipoint prediction model for nonlinear displacement of concrete dam[J]. Computer-Aided Civil and Infrastructure Engineering, 2022, 37(14): 1932-1952.

[3] Hz Su, Zx Chen, Zp Wen. Performance improvement method of support vector machine-based model monitoring dam safety[J]. Structural Control and Health Monitoring, 2016, 23(2): 252-266.

[4] Cortes C, Vapnik V. Support-vector networks. Machine Learning[J]. 1995, 20(3): 273-297.

[5] Mangasarian O L, Musicant D R. Lagrangian support vector machines[J].

Journal of Machine Learning Research，2001，1(9)：161-177.

[6] Kuhn H W，Tucker A W. Nonlinear programming[J]. Proceedings of the Second Berkeley Symposium on Mathematical Statistics and Probability，1951，1(2)：481-492.

[7] 邓建国，张素兰，张继福，等．监督学习中的损失函数及应用研究[J]. 大数据，2020，6(1)：60-80.

[8] 梁礼明，钟震，陈召阳．支持向量机核函数选择研究与仿真[J]. 计算机工程与学，2015，37(6)：1135-1141.

[9] 崔艳，程跃华．小波支持向量机在交通流量预测中的应用[J]. 计算机仿真，2011，28(7)：353-356.

[10] Boser B E，Guyon I M，Vapnik V N. A training algorithm for optimal margin classifiers[C]//Proceedings of The Fifth Annual Workshop on Computational Learning Theory. New York：ACM Press，1992：144-152.

[11] Osuna E，Frenud R，Girosi F. An improved training algorithm for support vector machines[C]//Proceedings of IEEE Workshop on Neural Networks for Signal Processing. New York，USA，1997：276-285

[12] Platt J C. 12 fast training of support vector machines using sequential minimal optimization[J]. Advances in kernel methods，1999：185-208.

[13] Kennedy J，Eberhart R. Particle swarm optimization[C]//Proceedings of IEEE International Conference on Neural Networks，1995.

[14] Gonzalo J，Granger C W. Estimation of common long-memory components in cointegrated systems[J]. Journal of Business & Economic Statistics，2012，13(1)：27-35.

[15] Banerjee A，Dolado J J，Mestre R. Error-correction mechanism tests for cointegration in a single-equation framework[J]. Journal of time series analysis，2019，19(3)：267-283.

[16] Ivakhnenko A G，Lapa V G. Cybernetic prediction of the economic activity of industrial enterprises[J]. Cybernetics and Systems Analysis，2020，11(5)：704-712.

第4章 水库大坝运行安全警戒值拟定方法

依据大坝运行实测数据序列，综合应用数学、力学等理论和方法，准确估计各种荷载组合下大坝变形、渗流、应力等的警戒值[1-4]，是实现大坝安全预警的重要手段，对于及时发现大坝服役过程中的潜在隐患，进而采取合适的工程与非工程调控措施，有效降低大坝灾变风险具有重要意义[5]。传统大坝安全预警多通过拟定单属性警戒值实现，小概率法、置信区间法、结构分析法等传统警戒值拟定方法存在要求监测序列长、概率分布模型选择困难、物理概念不明确、工作量大和计算耗时长等问题[6]；另外，单属性警戒值的拟定往往人为割裂了属性间的联系，导致大坝安全预警准确度降低，因此需进一步贴合工程实际研究大坝多属性联合预警。

本章致力于传统单属性警戒值拟定方法改进和基于多属性监测数据融合的大坝安全警戒域拟定方法探研，以期实现大坝工作性态转异的快速预警，进而完善水库大坝运行安全多维度预警技术。

4.1 大坝运行安全单属性警戒值拟定方法

基于小概率警戒值拟定方法，利用极值理论的超阈值(Peaks Over Threshold，POT)模型确定实测数据的阈值，选取数据序列中超过阈值的数据作为研究对象进行警戒值拟定[7]。

4.1.1 基于POT模型的大坝工作性态单属性警戒值拟定基本思想

小概率法拟定警戒值的基本思路为：从大坝效应量实测数据序列中，选取历年不同不利荷载组合作用时的大坝效应量测值 x_{mi}（通常为年极值序列），构成样本空间 $X_m=\{x_{mi}\}$，假定其符合某种概率分布 $F(x_m)$（如正态（对数正态）分布、伽玛分布、威布尔分布等），基于拟定的失事概率，在满足统计合理性检验（如K-S检验）的前提下，通过求解分布函数反函数 $F^{-1}(x_m)$ 完成警戒值拟定[8]。以正态分布为例，阐述小概率警戒值拟定方法的原理如图 4.1.1 所示，图中 α 为大坝失事概率；$f(x_m)$ 为年极值序列概率分布密度函数；$F(x_m)$ 为年极值序列概率分布函数；$\overline{x}_m$ 为拟定的预警指标警戒值。

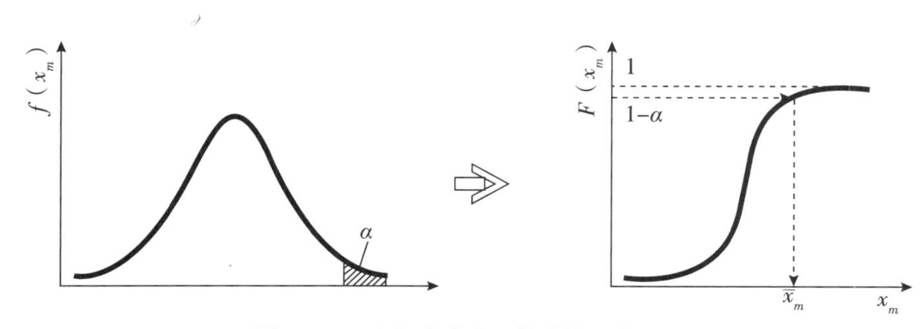

图 4.1.1　小概率法实现警戒值拟定原理

POT 模型本质上与小概率法一致，不同之处在于样本空间的选取。针对大坝效应量实测数据序列，POT 模型首先确定一个合理的阈值，然后选取超过该阈值的数据组合成子样本序列，利用广义帕累托分布(Generalized Pareto Distribution, GPD)拟合子样本序列，得到其分布函数，再根据统计学条件概率公式得到母样本的分布函数，最后得到某失事概率下的大坝安全警戒值[7]。

相较于小概率法，POT 模型拟定大坝工作性态单属性警戒值具有以下优点：扩大和提高了子样本的容量和质量，可更准确地描述序列分布的尾部特征。在样本数据较少的情况下，是一种较为准确的分位数分析和预测手段[9]。

4.1.2　广义帕累托分布及其参数估计

GPD 分布亦称阈值模型，可对超阈值序列进行拟合分析，渐进刻画序列分布的尾部特征[10]。设大坝效应量实测数据序列为 $x=\{x_i,i=1,\cdots,n\}$，则 GPD 分布表达式为：

$$G_{\varepsilon,u,\sigma}(x)\begin{cases}1-\left(1+\varepsilon\dfrac{x-u}{\sigma}\right)^{-1/\varepsilon} & (\varepsilon\neq 0)\\ 1-\exp\left(-\dfrac{x-u}{\sigma}\right) & (\varepsilon=0)\end{cases} \tag{4.1.1}$$

式中：ε ——形状参数；

u ——位置参数；

σ ——尺度参数。

当 $\varepsilon\geqslant 0$ 时，$x\geqslant 0$；当 $\varepsilon<0$ 时，$u<x<-\sigma/\varepsilon$；$\varepsilon=0$ 的情况可由 $\varepsilon\rightarrow 0$ 得到，

故通常只研究 $\varepsilon \neq 0$ 的情况即可。

GPD 分布参数估计的方法有极大似然估计法、概率权矩法以及 L 矩估计法等[11]。本节采用极大似然估计法估计 GPD 分布参数[12]。

令 $y = x - u$，GPD 分布的概率密度函数为：

$$g_{\varepsilon,\sigma}(y)\begin{cases}\dfrac{1}{\sigma}\left(1+\varepsilon\dfrac{y}{\sigma}\right)^{-\left(1+\frac{1}{\varepsilon}\right)} & (\varepsilon \neq 0)\\ \dfrac{1}{\sigma}\exp\left(-\dfrac{y}{\sigma}\right) & (\varepsilon = 0)\end{cases} \tag{4.1.2}$$

似然函数 L 表达式为：

$$L = L(y_1,\cdots,y_{n_u};\varepsilon,\sigma) = \prod_{i=1}^{n_u} g_{\varepsilon,\sigma}(y_i) = \begin{cases}\prod\limits_{i=1}^{n_u}\dfrac{1}{\sigma}\left(1+\varepsilon\dfrac{y_i}{\sigma}\right)^{-\left(1+\frac{1}{\varepsilon}\right)} & (\varepsilon \neq 0)\\ \prod\limits_{i=1}^{n_u}\dfrac{1}{\sigma}\exp\left(-\dfrac{y_i}{\sigma}\right) & (\varepsilon = 0)\end{cases} \tag{4.1.3}$$

极大似然估计法要求满足：

$$L = L(y_1,\cdots,y_{n_u};\hat{\varepsilon},\hat{\sigma}) = \sup_{\varepsilon,\sigma} L(y_1,\cdots,y_{n_u};\varepsilon,\sigma) \tag{4.1.4}$$

由对数函数为单调函数可知，L 和 $\log L$ 应同时达到极大值，因此计算得到的 $(\hat{\varepsilon},\hat{\sigma})$ 应同时使得式(4.1.5)和式(4.1.3)成立，即

$$\log L(y_1,\cdots,y_{n_u};\varepsilon,\sigma) = \sup_{\varepsilon,\sigma}\log L(y_1,\cdots,y_{n_u};\varepsilon,\sigma) \tag{4.1.5}$$

由微分理论可知，对式(4.1.5)中的 ε 和 σ 分别求偏导，并令等式等于零，即可求得当对数似然函数 $\log L$ 和 L 达到极值时的 ε 和 σ：

$$\begin{cases}\dfrac{\partial \log L}{\partial \varepsilon} = \dfrac{\partial}{\partial \varepsilon}\left[-n_u\log\sigma - \left(1+\dfrac{1}{\varepsilon}\right)\sum\limits_{i=1}^{n_u}\log\left(1+\varepsilon\dfrac{y_i}{\sigma}\right)\right] = 0\\ \dfrac{\partial \log L}{\partial \sigma} = \dfrac{\partial}{\partial \sigma}\left[-n_u\log\sigma - \left(1+\dfrac{1}{\varepsilon}\right)\sum\limits_{i=1}^{n_u}\log\left(1+\varepsilon\dfrac{y_i}{\sigma}\right)\right] = 0\end{cases} \tag{4.1.6}$$

4.1.3 超阈值分布函数与总体分布函数

对于大坝效应量实测数据序列 $\{x_i, i=1,\cdots,n\}$，总体分布函数为 $F(x)$，设阈值为 u，超过阈值数据个数为 n_u，超阈值数据序列为 $\{y_i \mid y_i = x_i - u, y_i \geqslant 0, i=1,\cdots,n_u\}$，定义 $F_u(y)$ 为超阈值分布函数，表达式为：

$$F_u(y) = P(x - u \leqslant y \mid x > u) \quad (y \geqslant 0) \tag{4.1.7}$$

式中：$0 \leqslant y \leqslant x_F - u$；

$x_F \leqslant \infty - F$ 的右边界。

由 PBDH 定理可知，随着阈值 u 的不断增大，当 u 值足够大时，超阈值序列的分布函数近似于 GPD 分布，即 $F_u(y) \approx G_{\varepsilon,u,\sigma}(x) = G_{\varepsilon,\sigma}(y)$ 。

根据条件概率公式可得：

$$F(x) = F(u) + [1 + F(u)]F_u(y) \tag{4.1.8}$$

利用经验分布函数代替 $F(u)$ ，即 $F(u) = 1 - n_u/n$ ，则 $F(x)$ 表达式为：

$$F(x) = 1 - \frac{n_u}{n}\left(1 + \varepsilon\,\frac{y}{\sigma}\right)^{-1/\varepsilon} \quad (\varepsilon \neq 0) \tag{4.1.9}$$

最后，利用总体分布函数的反函数计算出某失事概率下的大坝工作性态单属性警戒值的估计值。

4.1.4 基于 Hill 图的阈值确定方法

阈值 u 的选取是 POT 模型中重要的问题，阈值选择的准确性，对于参数 ε 和 σ 的估计起到关键作用。若阈值 u 取值过大，超阈值序列样本容量少，使得参数估计的方差过大，尺度参数 σ 偏高；若阈值 u 取值过小，则不能保证超限分布的收敛性，导致超阈值序列样本分布与 GPD 分布差异较大。阈值确定方法分为作图法与数值计算法两类[13]，本节采用 Hill 图确定阈值 u 。针对大坝效应量实测数据序列 $\{x_i, i = 1,2,\cdots,n\}$ ，其独立同分布的顺序统计量为 $x_{1,n} \leqslant \cdots \leqslant x_{i,n} \cdots \leqslant x_{n,n}$ ，$H_{k,n}$ 为样本序列的 Hill 估计量，表达式为：

$$H_{k,n} = \frac{1}{k}\sum_{i=1}^{k}(\ln x_{n-i+1,n} - \ln x_{n-k,n}) \quad (1 \leqslant k \leqslant n-1) \tag{4.1.10}$$

点集合 $\{(k, H_{k,n}^{-1}); 1 \leqslant k \leqslant n-1\}$ 构成的曲线为 Hill 图，可选取曲线中尾部指数稳定区域起始点横坐标对应的数值作为阈值。

4.1.5 基于 POT 模型的大坝工作性态单属性警戒值拟定实现过程

基于 POT 模型拟定大坝工作性态单属性警戒值的实现流程如图 4.1.2 所示，具体步骤如下：

步骤 1：整理大坝效应量实测数据序列，利用 Hill 图确定序列阈值 u ；

步骤 2：利用 GPD 分布拟合超过阈值 u 的数据序列；

步骤 3：利用极大似然法估计 GPD 分布参数，得到超阈值分布函数；

步骤 4：根据概率分布转换公式，将超阈值分布函数转换成总体分布函数；

步骤 5：依据总体分布函数的反函数，计算出某失事概率下的大坝工作性态单属性警戒值的估计值。

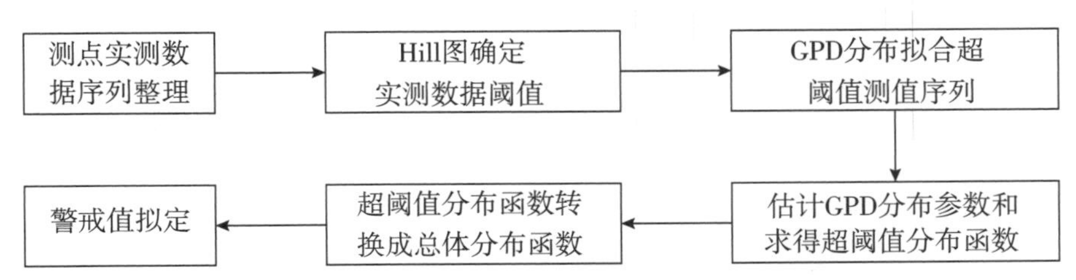

图 4.1.2 基于 POT 模型的大坝工作性态单属性警戒值拟定实现流程

4.2 大坝工作性态多属性联合警戒域拟定方法

分析单一属性实测数据序列时忽略了属性间的相关关系，可能影响预警评判结果。为此，本节引入流形学习的核主成分分析方法(Kernel Principal Component Analysis, KPCA)，在实现多个属性数据资料约简、精确提取内在特征的基础上，通过构建大坝运行性态多属性转异判别警戒域模型，实现大坝运行性态转异从单属性预警到多属性联合预警的目标。

4.2.1 大坝工作性态特征提取的主成分分析法

从统计意义上看，主成分分析法(Principal Component Analysis, PCA)[14]是利用少数综合变量替代原先繁多变量，使得少数综合变量能够保留大部分原始变量所含信息，降低变量间的相关性，从而实现特征提取和变量精准约简。假设大坝服役系统存在 m 个监测效应量，每个效应量序列有 n 个测值 $\{x_{ij}\}(i=1,2,\cdots,n;j=1,2,\cdots,m)$，构成 $n\times m$ 监测数据矩阵 X：

$$X=\begin{bmatrix} x_{11} & x_{12} & \cdots & x_{1m} \\ x_{21} & x_{22} & \cdots & x_{2m} \\ \vdots & \vdots & \ddots & \vdots \\ x_{n1} & x_{n1} & \cdots & x_{nm} \end{bmatrix}=[x_{ij}] \tag{4.2.1}$$

式中：矩阵 X 亦可表示为 $[x_j](j=1,2,\cdots,m)$ 或 $[x_i]^{\mathrm{T}}(i=1,2,\cdots,n)$。

假设多个原始效应量约简后得到综合特征变量 $\{z_1,z_2,\cdots,z_p\}(p\leqslant m)$，而综合特征变量由原始效应量线性组合而成，表达式为：

$$\begin{cases} z_1 = l_{11}x_1 + l_{12}x_2 + \cdots + l_{1m}x_m = \sum_{j=1}^{m} l_{1j}x_j \\ z_2 = l_{21}x_1 + l_{22}x_2 + \cdots + l_{2m}x_m = \sum_{j=1}^{m} l_{2j}x_j \\ \vdots \\ z_p = l_{p1}x_1 + l_{p2}x_2 + \cdots + l_{pm}x_m = \sum_{j=1}^{m} l_{pj}x_j \\ \vdots \\ z_m = l_{m1}x_1 + l_{m2}x_2 + \cdots + l_{mm}x_m = \sum_{j=1}^{m} l_{mj}x_j \end{cases} \Leftrightarrow [z_j]^{\mathrm{T}} = [x_j]^{\mathrm{T}} \quad (4.2.2)$$

式中：矩阵 L 亦可表示为 $[l_j](j=1,2,\cdots,m)$ 或 $[l_i]^{\mathrm{T}}(i=1,2,\cdots,m)$ 。

为便于分析综合特征变量的性质，假定 $\{x_j\}(j=1,2,\cdots,m)$ 的所有线性组合中方差最大值为 z_1，即 $\mathrm{var}(z_1)$ 最大，则 z_1 称为第一主成分；$(l_{21},l_{22},\cdots,l_{2m})$ 垂直于 $(l_{11},l_{12},\cdots,l_{1m})$，且使 $\mathrm{var}(z_2)$ 最大，则 z_2 称为第二主成分；以此类推，z_p 为第 p 主成分。$\{z_1,z_2,\cdots,z_p\}$ 表示对大坝服役性态内在特征的提取结果。

PCA 法的性质如下：

1)主成分间互不相关，即对任意 $i,j(i \neq j)$，主成分 z_i 与 z_j 互不相关，相关系数为 0，$\mathrm{corr}(z_i,z_j)=0$；

2)组合系数 $\{l_i\}$ 构成的向量为单位向量，表达对应主成分在空间中的方向；

3)各主成分方差依次递减，但方差总和保持不变，即存在 $\mathrm{var}(z_1) \geqslant \mathrm{var}(z_2) \geqslant \cdots \geqslant \mathrm{var}(z_p)$ 和 $\sum_{j=1}^{m}\mathrm{var}(z_j) = \sum_{j=1}^{m}\mathrm{var}(x_j) = \mathrm{const}$ 。

4)组合系数 $\{l_{ij}\}(i=1,2,\cdots,p;j=1,2,\cdots,m)$ 是原始效应量 $\{x_j\}(j=1,2,\cdots,m)$ 协方差矩阵的前 p 个较大特征根对应的特征向量，主成分 z_i 的 $\mathrm{var}(z_i)(i=1,2,\cdots,p)$ 是前 p 个较大特征根 λ_i，可得：$\mathrm{var}(z_1) \geqslant \mathrm{var}(z_2) \geqslant \cdots \geqslant \mathrm{var}(z_p) \Leftrightarrow \lambda_1 \geqslant \lambda_2 \geqslant \cdots \geqslant \lambda_p$ 。

由于主成分自身特性，因此可用 PCA 法求出主成分。针对大坝监测数据矩阵 $X_{n\times m}$，对每一效应量监测数据进行标准化处理以消除量纲差异或避免出现“大数吃小数”，标准化处理结果 $\overline{X} = [\tilde{x}_{ij}]_{n\times m}$ 为：

$$\tilde{x}_{ij} = \frac{x_{ij} - A_j}{S_j} \quad (4.2.3a)$$

$$A_j = \frac{1}{n}\sum_{i=1}^{n} x_{ij} \tag{4.2.3b}$$

$$S_j = \sqrt{\frac{1}{n-1}\sum_{i=1}^{n}(x_{ij} - A_j)^2} \tag{4.2.3c}$$

式中：A_j ——效应量实测数据均值；

S_j ——效应量实测数据标准差。

假设矩阵 $L_{m\times m}$ 实现原始效应量到综合变量转变，表达式为：

$$[z_j]^{\mathrm{T}} = L_{m\times m}[x_j]^{\mathrm{T}} \tag{4.2.4}$$

矩阵 $\mathrm{L}_{\mathrm{m\times m}}$ 的第 i 行是样本协方差矩阵 $\mathrm{C}_{\mathrm{m\times m}}$ 的第 i 个特征向量，即

$$C = \mathrm{cov}(\widetilde{[x_{ij}]}) = [c_{ij}] = \frac{1}{n}\overline{X}^{\mathrm{T}}\overline{X} \tag{4.2.5}$$

此时，PCA 法的关键在于求解协方差矩阵的特征值，即

$$\lambda_i l_i = C l_i \quad (i = 1, 2, \cdots, m) \tag{4.2.6}$$

式中：λ_i ——协方差矩阵 C 的特征根；

l_i —— λ_i 对应的特征向量。

在确定主成分个数后，将标准化后的数据矩阵投影到选择的特征向量上，获得综合变量，完成大坝服役性态内在特征提取。

4.2.2 大坝工作性态特征提取的核主成分分析法

4.2.2.1 KPCA 法实现原理

KPCA 法基于 PCA 法发展而来，通过非线性映射将输入空间的大坝效应量实测数据序列投射到高维特征空间中，使数据序列变得线性可分或接近线性可分，便于对数据序列进行主成分分析，其基本原理与实现流程如图 4.2.1 所示。

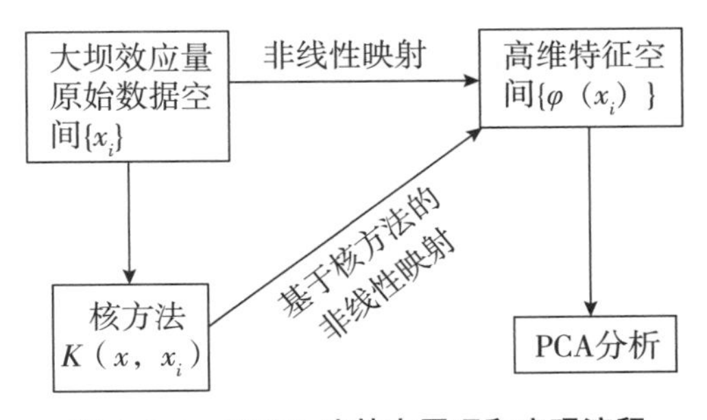

图 4.2.1 KPCA 法基本原理和实现流程

KPCA法在分析过程中存在两个关键点：

1)为更好地处理非线性数据，需引入非线性映射函数，将大坝效应量数据序列从低维空间映射到高维特征空间。

2)空间中的任一向量都可由该空间中的所有样本线性表示。

在 m 维空间 R^m 输入 n 个点 $\{x_i\}(i=1,2,\cdots,n)$ 构成大坝效应量原始数据矩阵 $X_{n\times m}$。定义非线性映射函数 $\varphi(\cdot)$，将这些点由低维空间映射到高维特征空间 $\psi(\varphi:R^m\to\psi)$，与之相对应的原始效应量点集可由 $\Phi=\{\varphi(x_i)\}(i=1,2,\cdots,n)$ 表示。依据式(4.2.3)进行标准化处理得到 $\overline{\Phi}$，即 $\sum_{i=1}^{n}\varphi(x_i)=0$，在高维特征空间中进行主成分分析得到矩阵 $\overline{\Phi}$ 的协方差矩阵 $\widetilde{C}$：

$$\widetilde{C}=\frac{1}{n}\sum_{1}^{n}\varphi(x_i)^{\mathrm{T}}\varphi(x_i)=\frac{1}{n}\overline{\Phi}^{\mathrm{T}}\overline{\Phi} \tag{4.2.7}$$

进而求解出协方差矩阵 $\widetilde{C}$ 的特征值和特征向量：

$$\lambda v=\widetilde{C}v \tag{4.2.8}$$

由于非线性映射函数 $\varphi(\cdot)$ 具有隐性，$\varphi(x_i)$ 不能直接得到，因而不能用传统的特征值分解法或奇异值求解法求得上式特征值 λ 和特征向量 v。

将式(4.2.7)代入式(4.2.8)中得：

$$v=\frac{\widetilde{C}v}{\lambda}=\frac{1}{n\lambda}\sum_{i=1}^{n}\varphi(x_i)^{\mathrm{T}}\varphi(x_i)v=\frac{\sum_{i=1}^{n}\varphi(x_i)v}{n\lambda}\varphi(x_i) \tag{4.2.9}$$

从式(4.2.9)可以看出，特征向量 v 可由样本 $\varphi(x_i)$ 线性组合表示，得到：

$$v=\overline{\Phi}^{\mathrm{T}}\alpha \tag{4.2.10}$$

式中：α——线性系数张量，$\alpha=[\alpha_1,\alpha_2,\cdots,\alpha_n]^{\mathrm{T}}$。

将式(4.2.7)、式(4.2.10)带入式(4.2.8)中，等式两边同乘矩阵 $\overline{\Phi}$，得：

$$\frac{1}{n}\overline{\Phi\Phi^{\mathrm{T}}}\,\overline{\Phi\Phi^{\mathrm{T}}}\alpha=\lambda\overline{\Phi\Phi^{\mathrm{T}}}\alpha \tag{4.2.11}$$

引入 $n\times n$ 核矩阵 $K=\overline{\Phi\Phi^{\mathrm{T}}}$，则式(4.2.11)可转化为：

$$\frac{1}{n}K^2\alpha=\lambda K\alpha \tag{4.2.12}$$

令 $\lambda^K=n\lambda$，可得：

$$K\alpha=\lambda^K\alpha \tag{4.2.13}$$

最后，计算系数张量矩阵 α 及特征向量 v 。由于特征向量为单位向量，具有 $vv^{\mathrm{T}}=1$ 的性质，根据式(4.2.10)推导得：

$$(\overline{\Phi}^{\mathrm{T}}\alpha)^{\mathrm{T}}(\overline{\Phi}^{\mathrm{T}}\alpha)=1 \Leftrightarrow \alpha K\alpha^{\mathrm{T}}=1 \tag{4.2.14}$$

代入式(4.2.13)中得：

$$\alpha K\alpha^{\mathrm{T}}=1 \Leftrightarrow \alpha\alpha^{\mathrm{T}}=\frac{1}{\lambda^{K}} \tag{4.2.15}$$

求出核矩阵 K 的特征向量 λ^{K} 和特征矩阵 u 后，系数张量矩阵 α 计算式为：

$$\alpha=\frac{u}{\sqrt{\lambda^{K}}} \tag{4.2.16}$$

根据 $\lambda^{K}=n\lambda$ 求得协方差矩阵 $\widetilde{C}$ 的特征根 λ ，由 $v=\overline{\Phi}^{\mathrm{T}}\alpha$ 获得特征向量。

4.2.2.2 主成分个数确定方法

求解协方差矩阵特征根后，对特征根进行排序 $\lambda_1 \geqslant \lambda_2 \geqslant \cdots \geqslant \lambda_m$ ，并保持特征根与特征向量间的一一对应关系，第 k 个以及前 k 个主成分所包含的信息占信息总量的百分数（贡献率 g_k 与累计贡献率 G_k ）可由下式计算：

$$g_k=\frac{\lambda_k}{\sum_{i=1}^{m}\lambda_i}\times 100\% \tag{4.2.17a}$$

$$G_k=\frac{\sum_{i=1}^{k}\lambda_i}{\sum_{i=1}^{m}\lambda_i}\times 100\% \tag{4.2.17b}$$

依据下列方法确定主成分个数[15]：

(1)累计贡献率法

先将特征根进行降序排列，再根据式(4.2.17b)计算累计贡献率。一般认为当累计贡献率高于85%时，所选的主成分能够较好地反映原始数据的内在特征。

(2)平均特征根法

该方法以所有特征根的平均值为分界线，取高于平均特征根值的特征根为优选对象。研究发现，原始变量个数小于30且变量间相关性较高时，该方法筛选出来的主成分准确度较高[16]。

(3)碎石图法

绘制特征根碎石图，曲线拐点视为主成分与次要成分分界点。

(4)信号噪声法

该方法视主成分为信号，次要成分为噪声，利用信号与噪声比值大于信号之间、噪声之间比值的特点来分离信号与噪声，表达式为：

$$\gamma_k = \frac{\lambda_k}{\lambda_{k+1}} \quad (k=1,2,\cdots,p-1) \tag{4.2.18}$$

式中：γ_k ——最小主成分(信号) λ_k 与最大次要成分(噪声) λ_{k+1} 的比值。

选取主成分时，需先对特征值进行降序排序，并维持特征根与特征向量间的一一对应关系；当特征空间中点集不满足 $\sum_{i=1}^{n}\varphi(x_i)=0$ 时，核矩阵需按下式进行修正：

$$K \leftarrow K - \frac{\mathrm{ones}(n)}{n}K - K\frac{\mathrm{ones}(n)}{n} + \frac{\mathrm{ones}(n)}{n}K\frac{\mathrm{ones}(n)}{n} \tag{4.2.19}$$

式中：$\mathrm{ones}(n) = \begin{bmatrix} 1 & \cdots & 1 \\ \vdots & \ddots & \vdots \\ 1 & \cdots & 1 \end{bmatrix}_{n\times n}$。

由 KPCA 法实现原理可知，由于非线性映射函数 $\varphi(\cdot)$ 的隐性特征，需引入满足 Mercer 条件[17]的核函数 $K(x_j,x_i)$ 使得效应量原始数据序列从低维空间映射到高维特征空间。常用的核函数有：

多项式核函数：

$$K(x_j,x_i) = [(x_j \cdot x_i)+1]^p \quad (p=1,2,\cdots) \tag{4.2.20}$$

高斯径向基核函数：

$$K(x_j,x_i) = \exp\left(-\frac{\| x_j - x_i \|^2}{2\sigma^2}\right) \tag{4.2.21}$$

多层感知器核函数：

$$K(x_j,x_i) = \tanh[v(x_j \cdot x_i)+c] \tag{4.2.22}$$

式中，x_i、x_j ——第 i 个和第 j 个效应量实测数据序列，为向量；

$(\cdot)$ ——向量内积；

$\| \cdot \|^2$——向量 2 范数；

σ、v、c ——核参数。

4.2.3 大坝工作性态多属性联合警戒域的拟定

4.2.3.1 统计距离基本思想

警戒域的“域”建立在“统计距离”的基础上，当“距离”超过警戒“域”时，发生转异；当“距离”在警戒“域”内时，未发生转异。数理统计中“距离”通常分为欧氏距离和统计距离。设平面内存在点 $P(x_1,x_2,\cdots x_p)$，其距原点 $O(0,0)$ 的欧式距离 $OP=\sqrt{x_1^2+x_2^2}$。由此推断出在高维特征空间中，点 $P(x_1,x_2,\cdots x_p)$ 到原点 $O(0,0,\cdots,0)$ 的欧氏距离为：

$$OP=\sqrt{x_1^2+x_2^2+\cdots+x_p^2} \tag{4.2.23}$$

到点 $Q(y_1,y_2,\cdots y_p)$ 的欧式距离为：

$$PQ=\sqrt{(x_1-y_1)^2+(x_2-y_2)^2+\cdots+(x_p-y_p)^2} \tag{4.2.24}$$

为阐明欧氏距离的不足，以图 4.2.2 二维平面坐标为例。假定 x_1 坐标为质量(单位：kg)，x_2 坐标为长度(单位：cm)，则 AB 与 CD 的欧式距离分别可为：$AB=\sqrt{1^2+10^2}=\sqrt{101}$、$CD=\sqrt{10^2+5^2}=\sqrt{125}$，欧式距离 CD 大于 AB。若将 x_2 坐标的单位改为 mm 时，AB 与 CD 的欧式距离分别为：$AB=\sqrt{100^2+1^2}=\sqrt{10001}$、$CD=\sqrt{10^2+50^2}=\sqrt{2600}$，欧式距离 AB 大于 CD。上述两次 AB 与 CD 欧式距离的计算中，AB 与 CD 位置未发生移动，仅改变了坐标单位就出现了截然相反的结论，表明欧氏距离不能度量各变量在变差大小上的差异和可能存在的相关性。

为解决上述问题和保证新距离的度量与坐标单位无关，在欧式距离计算中引入样本方差与协方差，建立统计距离。

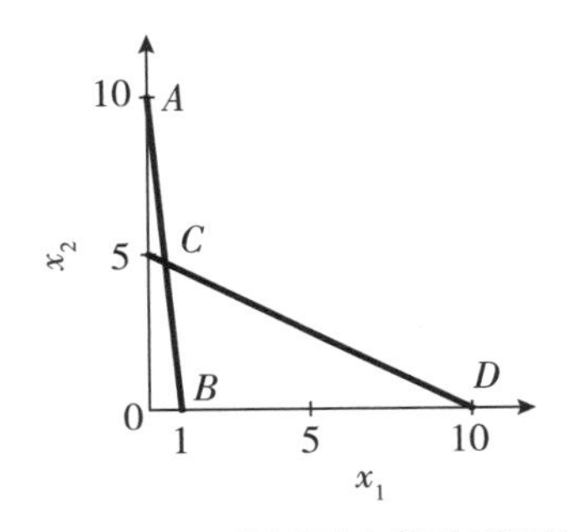

图 4.2.2　二维平面内的欧氏距离

以一维距离度量为例，从概率的角度阐述统计距离与欧氏距离间的区别。设两个一维正态总体 $G_1: N(\mu_1, \sigma_1^2)$ 和 $G_2: N(\mu_2, \sigma_2^2)$，如图 4.2.3 所示。现分别度量点 A 到 μ_1、点 B 到 μ_2 的距离。

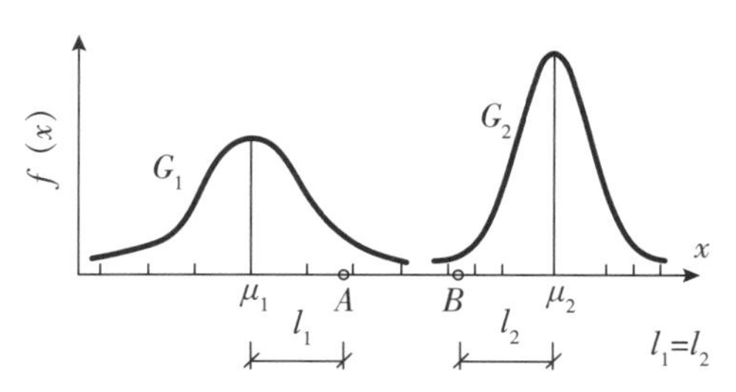

图 4.2.3　概率角度下统计距离与欧氏距离

首先用欧式距离进行度量，因为 $l_1 = l_2$，所以点 A 到 μ_1 与点 B 到 μ_2 的距离相等。但从概率统计的角度出发，由于点 A 在 μ_1 右侧 $2\sigma_1$ 内，而点 B 在 μ_2 左侧 $3\sigma_2$ 内、$2\sigma_2$ 外，因此点 A 到 μ_1 的距离小于点 B 到 μ_2 的距离。

设移动点 $P(x_1, x_2, \cdots x_p)$ 和固定点 $Q(y_1, y_2, \cdots y_p)$，令 $\{S_{ii}\}(i=1,2,\cdots,p)$ 为 $\{x_i\}(i=1,2,\cdots,p)$ 的 n 次观测的样本方差，则统计距离 PQ：

$$d(P,Q) = \sqrt{\frac{(x_1 - y_1)^2}{S_{11}} + \frac{(x_2 - y_2)^2}{S_{22}} + \cdots + \frac{(x_p - y_p)^2}{S_{pp}}} \quad (4.2.25)$$

可以看出，统计距离 PQ 的平方构成一个 p 维椭球面。设坐标原点为 $O(0,0,\cdots,0)$，利用旋转变换法分别计算统计距离 PO、统计距离 PQ：

$$\begin{aligned} d(P,O) &= (a_{11}x_1^2 + a_{22}x_2^2 + \cdots + a_{pp}x_p^2 + 2a_{12}x_1x_2 + \cdots + 2a_{p-1,p}x_{p-1}x_p)^{1/2} \\ &= (X^{\mathrm{T}}AX)^{1/2} \end{aligned} \quad (4.2.26)$$

$$\begin{aligned} d(P,Q) &= \begin{pmatrix} a_{11}(x_1 - y_1)2 + a_{22}(x_2 - y_2)2 + \cdots + a_{pp}(x_p - y_p)2 + \\ 2a_{12}(x_1 - y_1)(x_2 - y_2) + \cdots + 2a_{p-1,p}(x_{p-1} - y_{p-1})(x_p - y_p) \end{pmatrix}^{1/2} \\ &= ((X - Y)^{\mathrm{T}}A(X - Y))^{1/2} \end{aligned} \quad (4.2.27)$$

式中：$A = \begin{bmatrix} a_{11} & \cdots & a_{1p} \\ \vdots & \ddots & \vdots \\ a_{p1} & \cdots & a_{pp} \end{bmatrix}_{n\times n}$，$X = \begin{bmatrix} x_1 \\ \vdots \\ x_p \end{bmatrix}$，$Y = \begin{bmatrix} y_1 \\ \vdots \\ y_p \end{bmatrix}$，且 A 为对称矩阵。

设 X、Y 为服从均值向量 μ、协方差矩阵 $\sum$ 的总体 G 中的两个样本，定

义统计距离 XY 为 $d(X,Y)=\sqrt{(X-Y)^{T}\sum^{-1}(X-Y)}$，定义统计距离 XG 为 $d(X,G)=\sqrt{(X-\mu)^{T}\sum^{-1}(X-\mu)}$。设 E 表示一个点集，d 表示距离，统计距离具有如下性质：

$d(x,y)\geqslant 0,\ \forall x,y\in E$；

$d(x,y)=0$，当且仅当 $x=y$ 时；

$d(x,y)=d(y,x),\ \forall x,y\in E$；

$d(x,y)\leqslant d(x,z)+d(z,y),\ \forall x,y,z\in E$。

4.2.3.2 基于 T^2 统计量的警戒域构建

利用 KPCA 法提取大坝效应量实测数据序列 $\{x_i\}(i=1,2,\cdots,n)$ 的主成分 $\{z_i\}(i=1,2,\cdots,p)$，确定大坝服役性态转异警戒域，若大坝服役性态未发生转异，则可将其视为服从独立同分布。设主成分 $\{z_i\}(i=1,2,\cdots,p)$ 为独立同分布，服从 $N_p(\mu,\sum)$，Z 为来自同分布的未来观测值，则 T^2 统计量表达式为：

$$T^2=n(Z-\overline{Z})^{T}S^{-1}(Z-\overline{Z}) \tag{4.2.28}$$

式中

$$S=\begin{bmatrix} S_{11} & S_{12} & \cdots & S_{1p} \\ S_{21} & S_{22} & \cdots & S_{2p} \\ \vdots & \vdots & \ddots & \vdots \\ S_{p1} & S_{p2} & \cdots & S_{pp} \end{bmatrix}=\left[S_{ik}=\frac{1}{n-1}\sum_{j=1}^{n}(z_{ji}-\overline{z_i})(z_{jk}-\overline{z_k})\right]$$

上式服从 $\frac{(n-1)p}{n-p}F(p,n-p)$ 分布，且其置信域为 $(1-\alpha)$ 的 p 维椭球由满足下列不等式的 z 构成：

$$n(Z-\overline{Z})^{T}S^{-1}(Z-\overline{Z})\leqslant\frac{(n-1)p}{n-p}F_{\alpha}(p,n-p) \tag{4.2.29}$$

由于矩阵 S 对称且正定，设其特征根为 $\lambda_1\geqslant\lambda_2\geqslant\cdots\lambda_p\geqslant 0$，特征根对应的单位正交特征向量为 $\{u\}(i=1,2,\cdots,p)$，记为 $U=[u_1,u_2,\cdots,u_p]^{T}$。

可知，U 为正交矩阵，$UU^{T}=U^{T}U=I$，故：

$$S^{-1}=U\Lambda U^{T}=\sum_{i=1}^{p}\frac{u_i u_i^{T}}{\lambda_i}\quad if\quad (\Lambda=\mathrm{diag}(\lambda_1,\lambda_2,\cdots\lambda_p)) \tag{4.2.30}$$

式(4.2.30)可转换为：

$$\sum_{i=1}^{p}\frac{(Z-\overline{Z})^{\mathrm{T}}u_i u_i^{\mathrm{T}}(Z-\overline{Z})}{\lambda_i}\leqslant\frac{(n-1)p}{n(n-p)}F_{\alpha}(p,n-p) \quad (4.2.31)$$

置信域为 $(1-\alpha)$ 的 p 维椭球以样本均值 $\overline{Z}$ 为中心，半轴长为：

$$\sqrt{\lambda_i\frac{(n-1)p}{n(n-p)}F_{\alpha}(p,n-p)} \quad (i=1,2,\cdots,p) \quad (4.2.32)$$

利用置信域构建大坝工作性态多属性警戒域，若观测值 Z 落在警戒域外，则大坝工作性态发生转异；反之，则未发生转异。

4.2.4 大坝工作性态多属性联合警戒域拟定实现过程

利用PCA法、KPCA法和警戒域拟定方法，进行大坝工作性态特征提取和安全警戒域构建，实现大坝工作性态多属性实测数据序列联合预警，其实现流程如图4.2.4所示，具体步骤如下：

步骤1：根据大坝效应量实测数据序列，构建原始监测数据矩阵 X ；

步骤2：对原始监测数据矩阵 X 进行标准化处理；

步骤3：选择合适的核函数，将数据矩阵从低维数据空间映射到高维特征空间；

步骤4：在高维特征空间中，获得数据矩阵的协方差矩阵 $\widetilde{C}$ ，计算其特征根与特征向量；

步骤5：对特征根降序排序，并调整相应特征向量；

步骤6：确定主成分个数并提取特征向量；

步骤7：计算标准化后的数据矩阵在特征向量上的投影，完成大坝工作性态主成分提取工作；

步骤8：借助 T^2 统计量实现大坝工作性态多属性联合警戒域拟定。

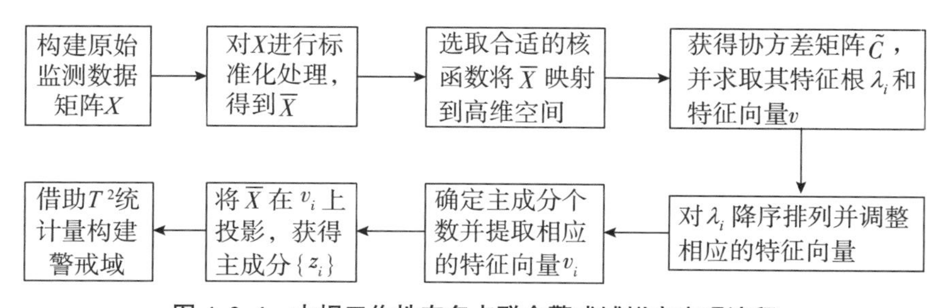

图4.2.4 大坝工作性态多点联合警戒域拟定实现流程

4.3 工程实例

仍选取1.4节所述的某实际大坝工程，依据该坝1#、2#、6#和7#四个坝段的变形和渗流监测数据，利用本章所述POT模型拟定单属性安全警戒值，利用KPCA方法和统计距离拟定多属性安全警戒域。

4.3.1 基于POT模型拟定单属性安全警戒值

选取1#坝段测点IP01YL011横河向位移、2#坝段测点PL02YLY21顺河向位移和7#坝段测点PL02YL072顺河向位移监测数据，利用极值理论中的POT模型分别拟定三个测点的属性警戒值。

为确定各属性实测数据序列阈值，分别画出了各属性的Hill图，如图4.3.1所示，横坐标为排序数k，纵坐标为$H_{k,n}^{-1}$。选取曲线中尾部指数稳定区域起始点排序数k对应的x_k作为阈值。GPD分布参数如表4.3.1所示，拟定的各属性警戒值如表4.3.2所示。

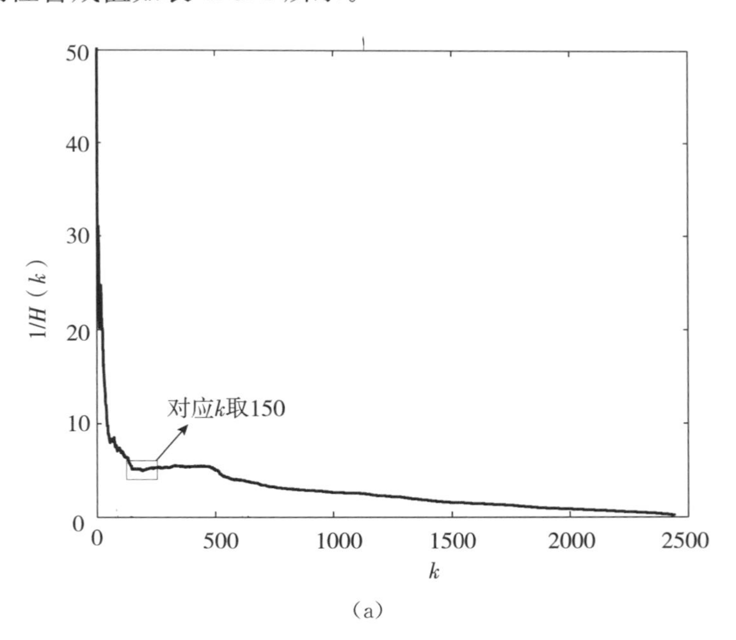

(a)

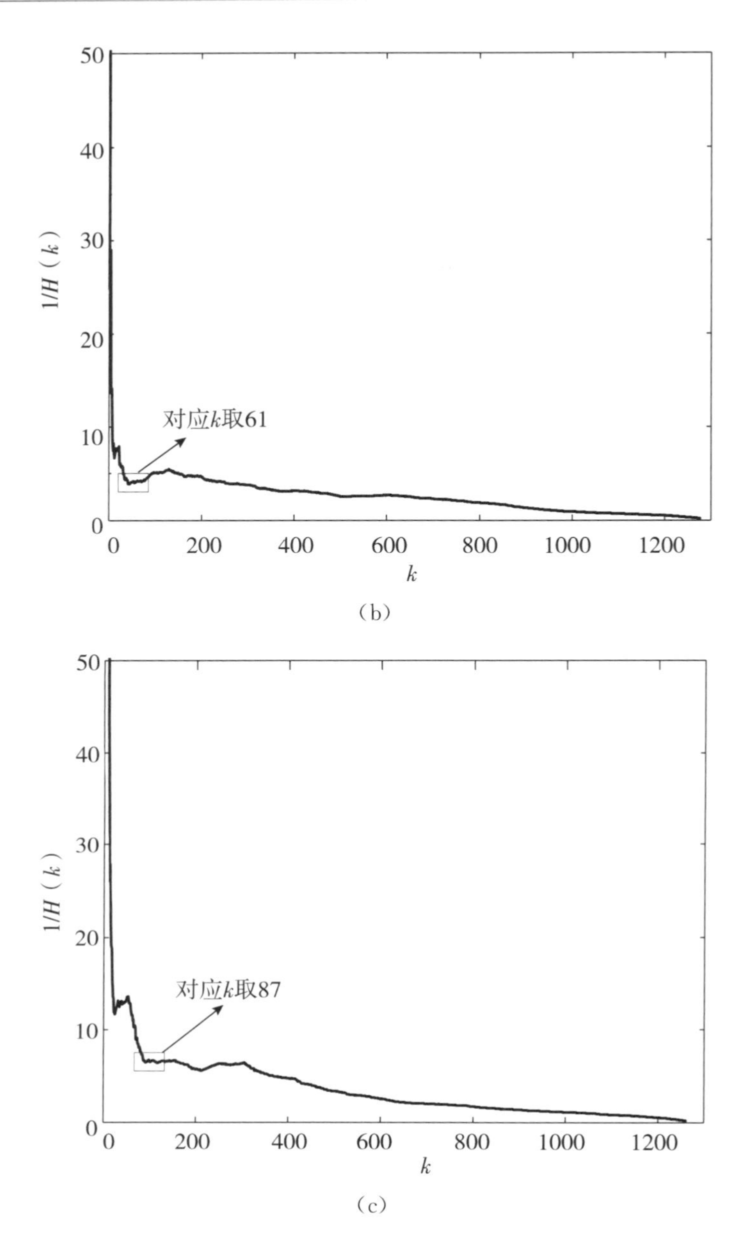

(b)

(c)

图 4.3.1 Hill 图

表 4.3.1 各属性的 POT 模型参数及阈值

参数及阈值	测点 IP01YL011 横河向位移	测点 PL02YLY21 顺河向位移	测点 PL02YL072 顺河向位移
k	150	61	87
ε	−0.4888	−0.3211	−0.9465

续表

参数及阈值	测点 IP01YL011 横河向位移	测点 PL02YLY21 顺河向位移	测点 PL02YL072 顺河向位移
σ	0.2812	0.3435	1.1131
x_k/mm	0.8531	0.8725	3.2888

表 4.3.2　　各测点的属性警戒值

失事概率	测点 IP01YL011 横河向位移(mm)	测点 PL02YLY21 顺河向位移(mm)	测点 PL02YL072 顺河向位移/mm
5%	0.9079	0.8559	3.5958
1%	1.1914	1.2943	4.2754

4.3.2　基于 KPCA 法拟定多属性安全警戒域

4.3.2.1　坝段变形安全警戒域拟定与分析

选取 1# 坝段测点 IP01YL011、2# 坝段测点 PL02YLY21 和 7# 坝段测点 PL02YL072 的顺河向位移和横河向位移监测数据，综合考虑测点属性间的相关性，利用 4.2 节所述 KPCA 法，分别拟定 3 个测点的变形安全警戒域，如图 4.3.2 至图 4.3.4 所示。由图可知：

1)测点 IP01YL011 实测数据经过 KPCA 分析后，部分测值落在“域”外，说明 1# 坝段变形性态发生显著转异。分析 T^2 统计量验证图和对比实测数据过程线可知，该坝段变形性态转异发生时间为 2016 年 12 月、2017 年 5—8 月，该时段内坝段发生较大变形，达到了数据分析时段的极大值。

2)测点 PL02YLY21 实测数据经过 KPCA 分析后，部分测值落在“域”外，说明 2# 坝段变形性态发生显著转异。分析 T^2 统计量验证图和对比实测数据过程线可知，该坝段变形性态转异发生时间为 2020 年 6—10 月，该时段内坝段发生较大变形，达到了数据分析时段的极大值。

3) 测点 PL02YL072 实测数据经过 KPCA 分析后，部分测值落在“域”外，说明 7# 坝段变形性态发生显著转异。分析 T^2 统计量验证图和对比实测数据过程线可知，该坝段变形性态转异发生时间约为 2020 年 2 月、2020 年 8 月，该时段内坝段发生较大变形，达到了数据分析时段的极大值。

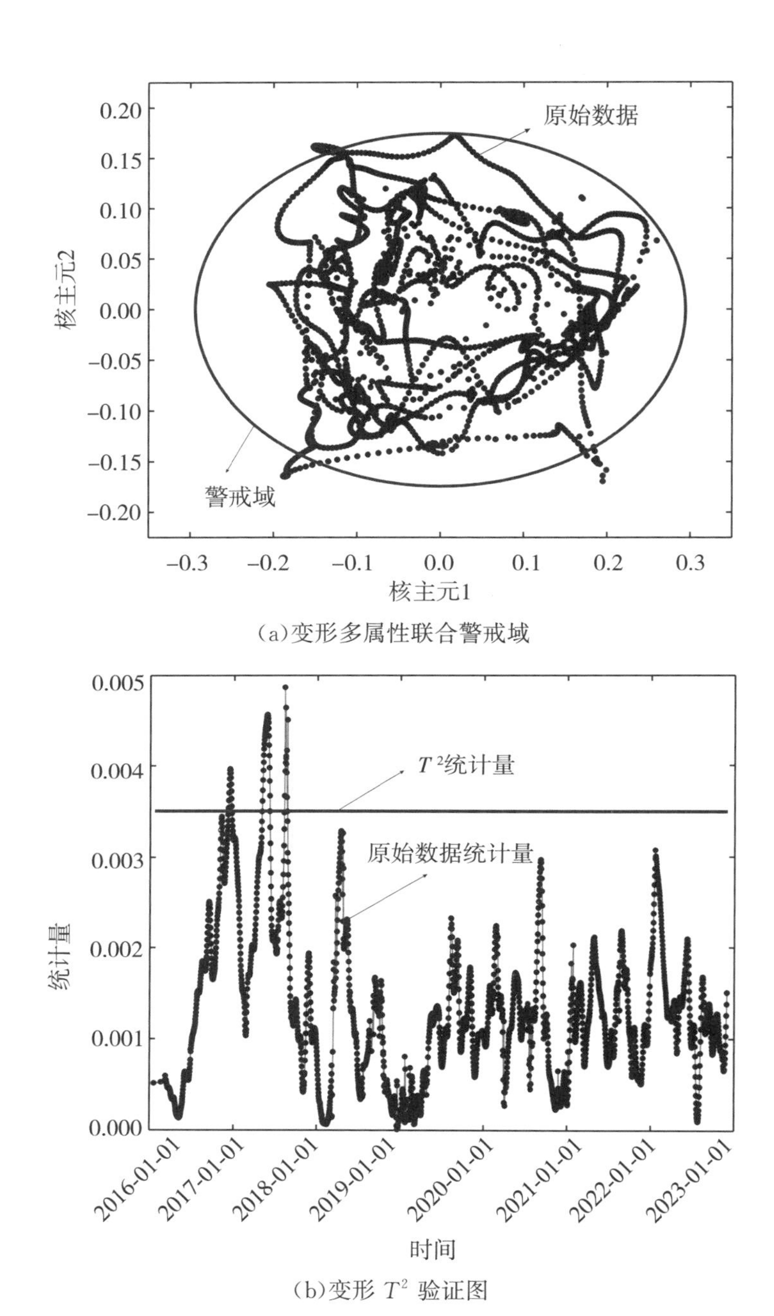

(a)变形多属性联合警戒域

(b)变形 T^2 验证图

图 4.3.2 测点 IP01YL011 变形安全警戒域

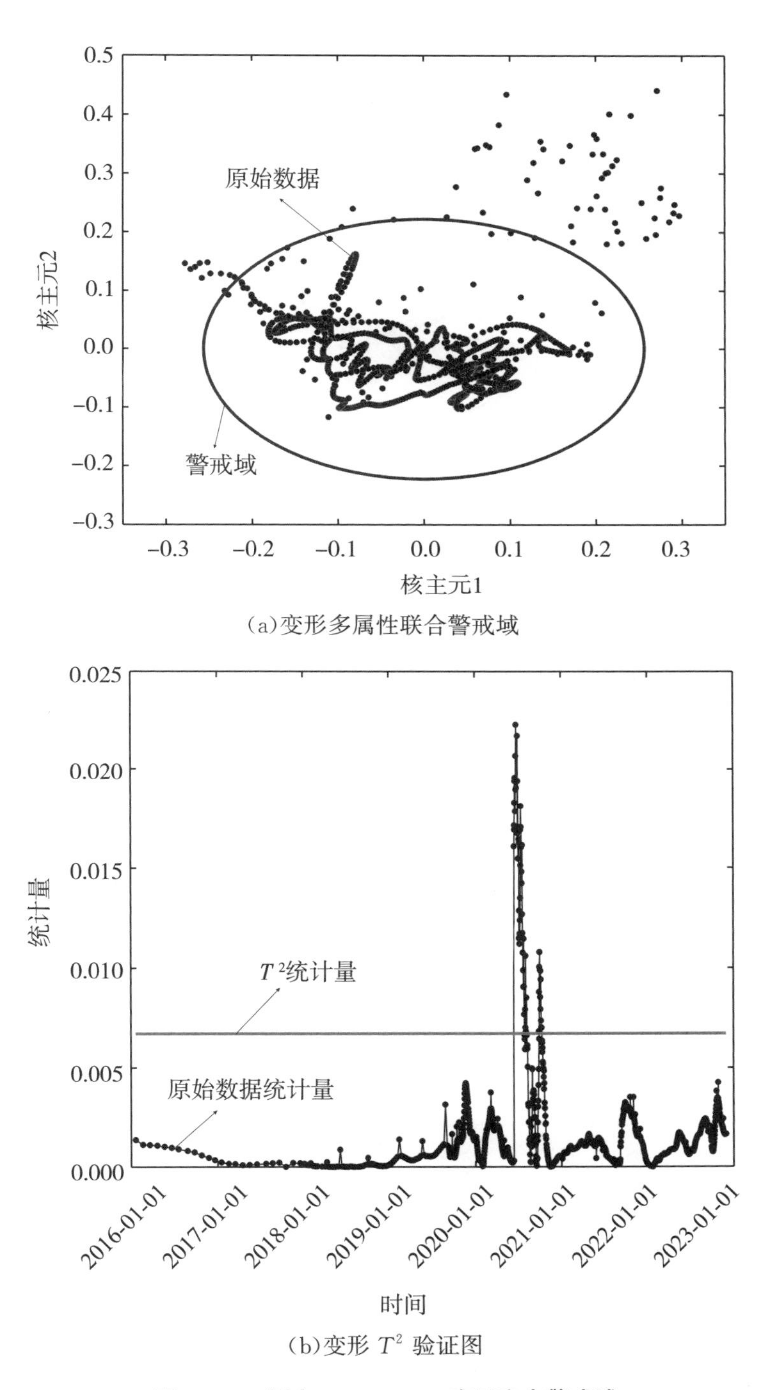

(a)变形多属性联合警戒域

(b)变形 T^2 验证图

图 4.3.3 测点 PL02YLY21 变形安全警戒域

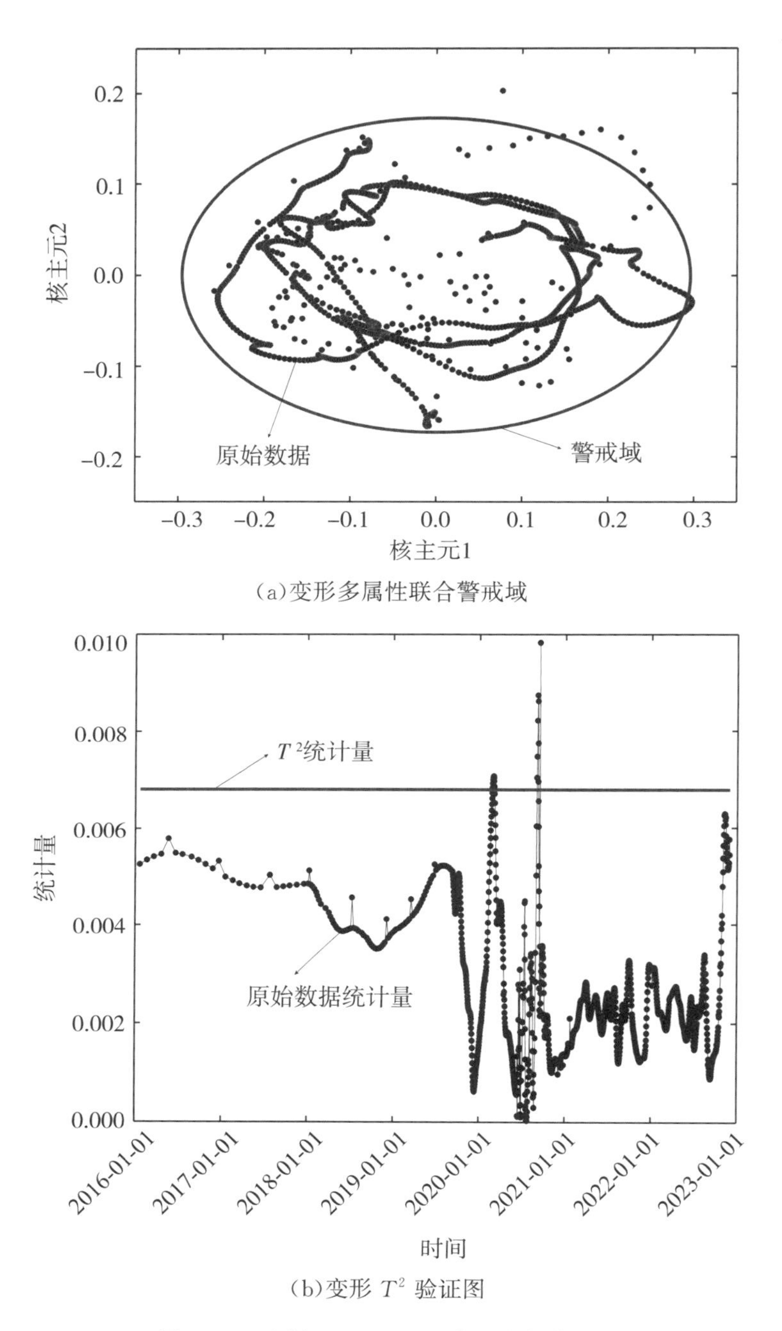

(a)变形多属性联合警戒域

(b)变形 T^2 验证图

图 4.3.4　测点 PL02YL072 变形安全警戒域

4.3.2.2 坝段渗流安全警戒域拟定与分析

选取1#、2#和6#三个坝段的渗流监测数据，综合考虑测点属性间的相关性，利用4.2节所述KPCA法，分别拟定三个坝段渗流安全警戒域，如图4.3.5至图4.3.7所示。由图可知：

1)1#坝段渗流实测数据经过KPCA分析后，部分测值落在“域”外，说明该坝段渗流性态发生显著转异。分析渗流 T^2 验证图和对比实测数据过程线可知，该坝段渗流性态转异发生时间为2020年8—9月。2021年1月，该时段内坝体温度、压力和水位均达到了数据分析时段的极大值。

2)2#坝段渗流实测数据经过KPCA分析后，对比分析联合警戒域图、T^2 验证图和实测数据过程线可知，极少数测值落在“域”外，说明该坝段渗流性态未发生显著转异，安全性较高。

3)6#坝段渗流实测数据经过KPCA分析后，部分测值落在“域”外，说明该坝段渗流性态发生显著转异。分析渗流 T^2 验证图和对比实测数据过程线可知，该坝段渗流性态转异发生时间约为2020年7、8月和2021年1月，该时段内坝段温度达到了数据分析时段的极大值。

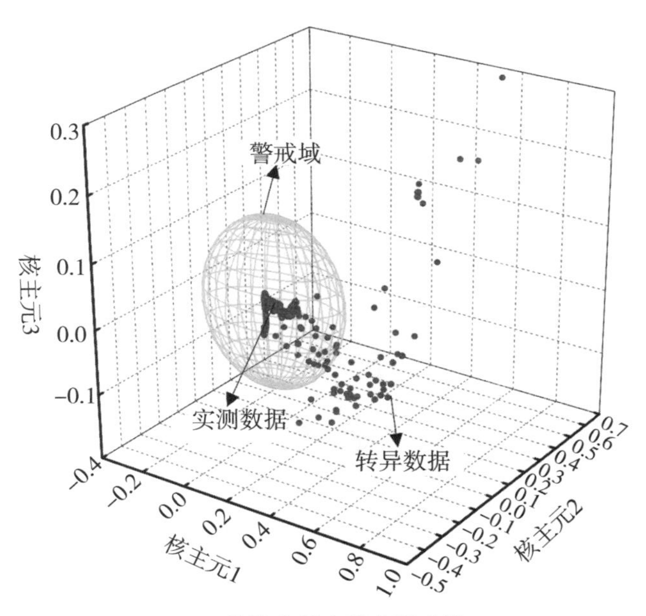

(a)渗流多测点联合警戒域

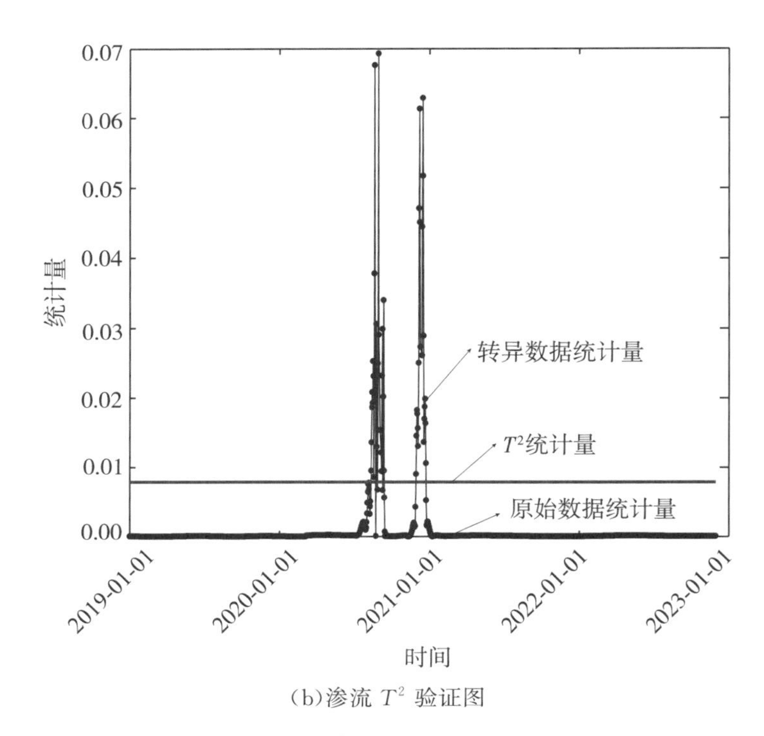

(b)渗流 T^2 验证图

图 4.3.5　1# 坝段渗流安全警戒域

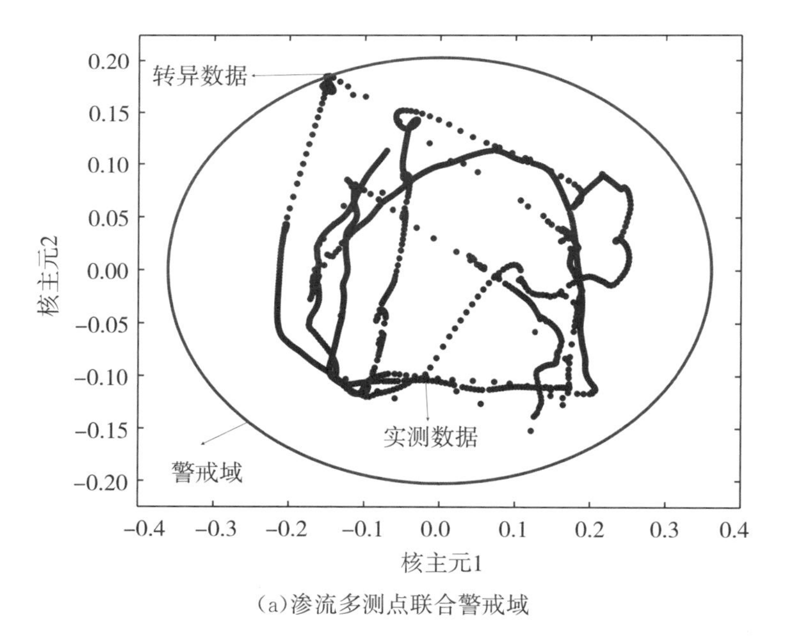

(a)渗流多测点联合警戒域

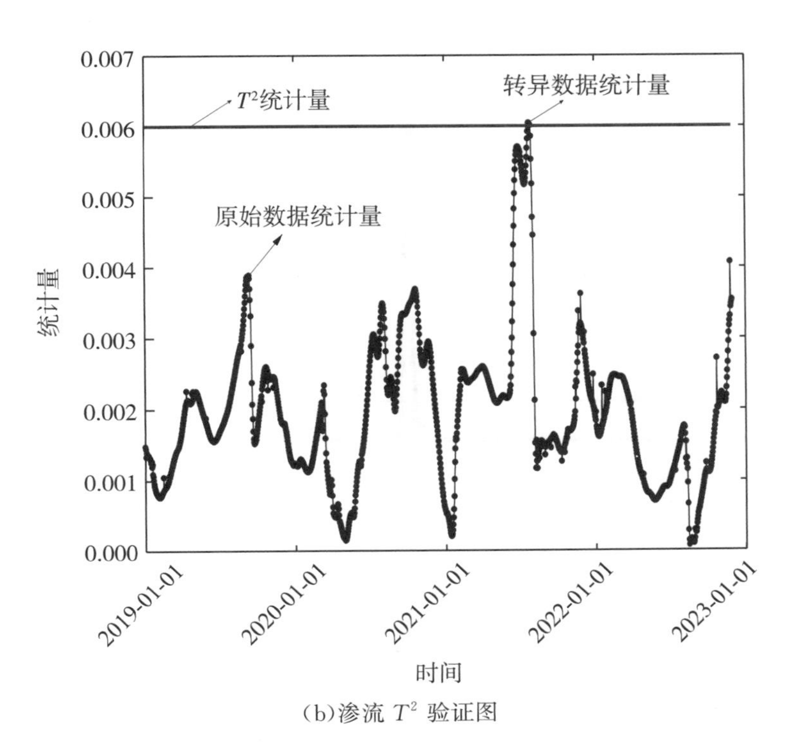

(b)渗流 T^2 验证图

图 4.3.6　2# 坝段渗流安全警戒域

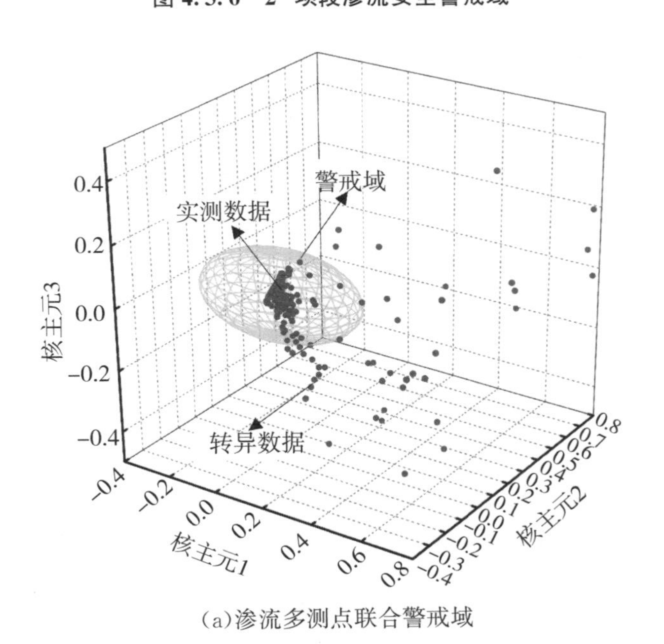

(a)渗流多测点联合警戒域

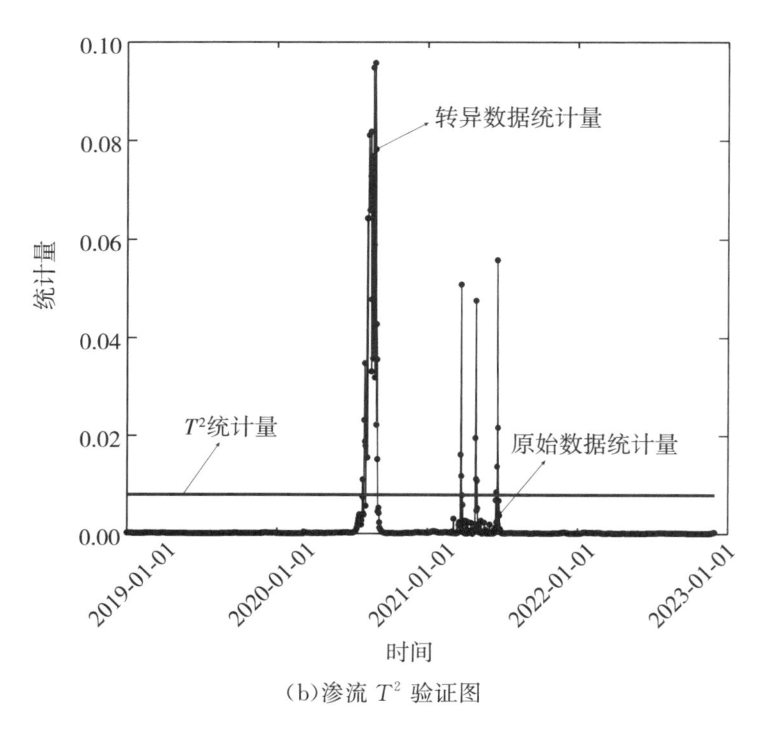

(b)渗流 T^2 验证图

图 4.3.7　6# 坝段渗流安全警戒域

参考文献

[1] 吴中如．水工建筑物安全监控理论及其应用[M]．北京：高等教育出版社，2003.

[2] Huaizhi Su，Zhiping Wen，Zhongru Wu．Study on an intelligent inference engine in early-warning system od dam health[J]．Water Resources Management，2011，25(6)：1545-1563.

[3] 谷艳昌，王士军．水库大坝结构失稳突发事件预警阈值研究[J]．水利学报，2009，40(12)：1467-1472.

[4] 李明超，刘菲，陈卫国．多因素作用下大坝安全相应结构图仿真与分析[J]．水力发电，2011，42(11)：1355-1360.

[5] 何金平，程丽．大坝安全预警系统与应急预案研究基本思路[J]．水电自动化与大坝监测，2006，30(1)：1-4.

[6] 任杰，基于实测数据的大坝安全状况综合诊断与预警方法[D]．南京：河海大学，2017.

[7] 任杰，苏怀智，陈兰，等．基于POT模型的大坝位移预警指标实时估计[J]

. 水力发电，2016，42(4)：45-48.

［8］ 刘波，季成旭．典型监测效应量小概率法安全评价模型在深基坑工程中的应用研究[J]. 四川建筑，2006(4)：78-79.

［9］ 钱小仕，王福昌，盛书中．基于广义帕累托分布的地震震级分布尾部特征分析[J]. 国际地震动态，2013，35(3)：121.

［10］ 苏怀智，王锋，刘红萍．基于 POT 模型建立大坝服役性态预警指标[J]. 水利学报，2012，43(8)：974-978+986.

［11］ 王芳，门慧．三参数广义帕累托分布的似然矩估计[J]. 数学年刊 A 辑(中文版)，2013，34A(3)：299-312.

［12］ 任杰，苏怀智，杨孟，等．边坡位移预警指标的实时估计与诊断[J]. 水利水运工程学报．2016(1)：30-36.

［13］ Hill B M. A Simple General Approach to Inference About the Tail of a Distribution[J]. Annals of Statistics,1975，3(5)：1163-1174.

［14］ Pearson K. On lines and planes of closest fit to systems of points in space [J]. Philosophical Magazine Series 6,1901，2(11)：559-572.

［15］ 虞鸿，吴中如，包腾飞，等．基于主成分的大坝观测数据多效应量统计分析研究[J]. 中国科学：技术科学,2010，40(7)：830-839.

［16］ Martens H，Næs T. Multivariate Calibration[M]. Springer Netherlands，1984：61-93.

［17］ Mercer J. Functions of Positive and Negative Type，and their Connection with the Theory of Integral Equations[J]. Philosophical Transactions of the Royal Society of London,1909，209：415-446.

第5章　水库大坝运行安全状况综合诊断方法

受多种因素影响，大坝系统是一个涉及多维度因素的非线性复杂巨系统，包含自然环境、筑坝材料特性及人为干扰等诸多因素，共同构成影响其运行安全状况的集合，该集合展现出模糊性、随机性和不确定性。为诊断大坝运行安全状况，在工程中常采取多种形式获取安全信息，但其中既包含有效信息，也包含噪声等冗余信息，将为诊断运行安全状况造成困难。

鉴于此，本章从大坝运行安全状况多源信息出发，着眼于数据集剪枝理论与基于关联规则的聚类融合理论实现数据级和特征级融合分析；进一步基于D-S证据理论与集对分析理论实现决策级融合分析；最后基于上述方法建立大坝运行安全状况多源信息融合诊断模型。

5.1　大坝运行安全状况多源信息融合评估基本原理

从信息融合的角度来讲，与大坝安全信息相关的每一个对象均可看作是一个信息源。信息与信息源共同构成大坝安全信息系统（图5.1.1）。大坝安全信息主要由确定性定量信息和不确定性模糊信息组成。确定性信息主要包括仪器所采集的大坝效应量和环境量资料，如变形、渗流、应力、水文及水力学、地震等常规监测信息和专项监测信息。不确定性模糊信息主要包括人工巡视信息、专家经验判断等。

大坝安全信息系统具有多层次、多传感器、多元性等特征。从整体结构上看，大坝包括坝基、坝体、近坝库区等部位，每个部位均可看作一个子系统，而每个子系统又可层层递进分为不同监测类别（如渗流、变形、应力应变）、不同监测项目（如变形的垂直位移、水平位移、裂缝、挠度等）、不同监测仪器（如测水平位移的引张线、激光准直、视准线等仪器）、不同监测点等，因此形成不同的监测层次（多层次），大坝及坝基中的大量监测仪器体现了多传感器特征，材料流变、弹性参数时变、非线性结构行为等共同表征了多元性，从而实现对大坝运行安全状况的全方位、多角度刻画。

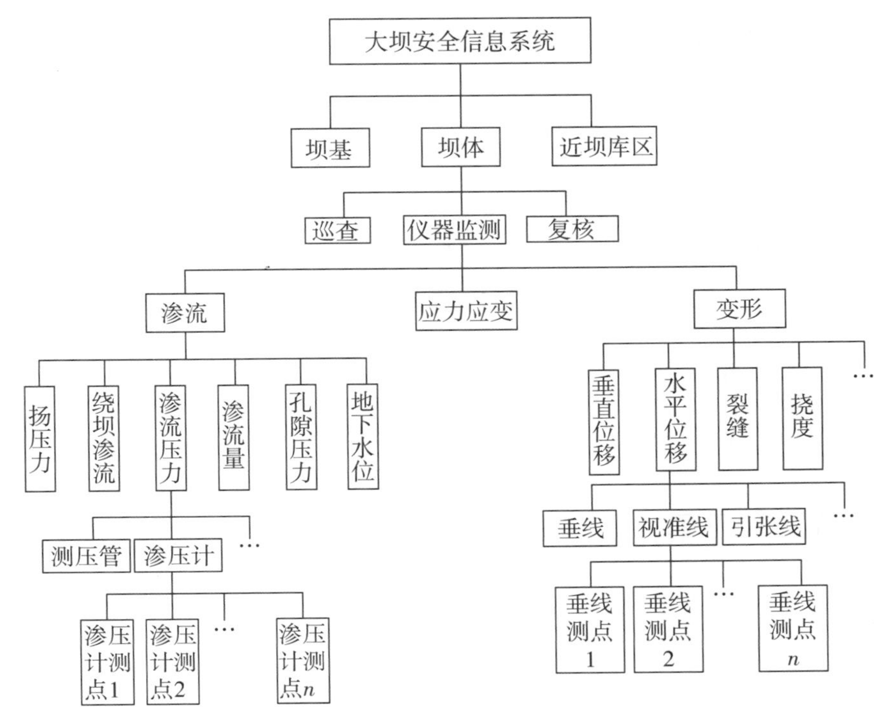

图 5.1.1　大坝安全信息系统

大坝工程多场耦合的复杂服役环境易导致仅依据单一信息的数学模型和理论分析难以准确反映大坝的实际运行状况，因此常需要综合运用大坝安全信息系统进行多方面、多层次的互补集成，改善不确定环境中的决策过程，实现对大坝运行安全状况的合理评估和预测。考虑到大坝安全信息系统的复杂性，本章应用信息融合理论建立大坝运行安全状况多源信息融合模型，如图 5.1.2 所示。

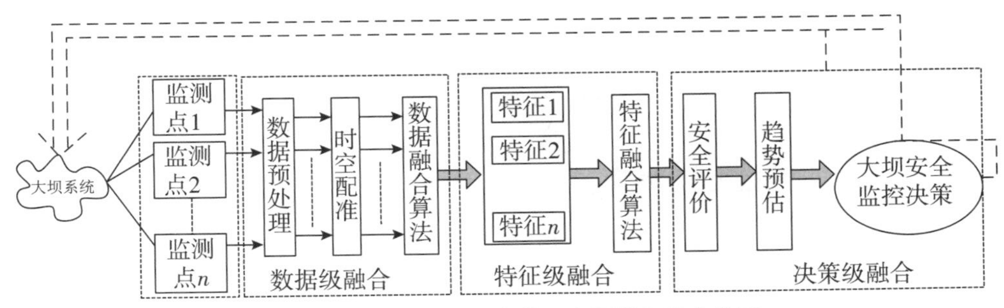

图 5.1.2　大坝运行安全状况多源信息融合体系

大坝安全多源信息融合[1-5]主要包括信息获取、信息融合及信息存储三个单元。信息获取单元主要包括大坝原型监测信息、模型信息和专家知识。其中，模型信息子单元主要指通过不同的融合准则提取大坝信息；专家知识子单元主要指融合专家知

识、相关理论和经验等。按照融合系统中数据抽象的层次，信息融合单元可以划分为数据层融合、特征层融合及决策层融合三个层次，如图 5.1.3 和图 5.1.4 所示。

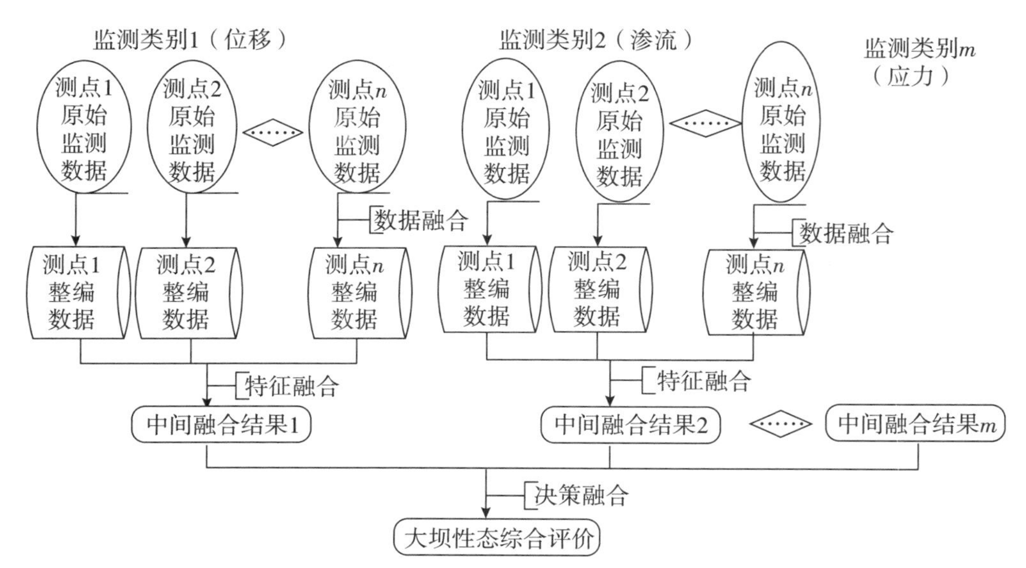

图 5.1.3　大坝运行安全状况多源信息融合层次

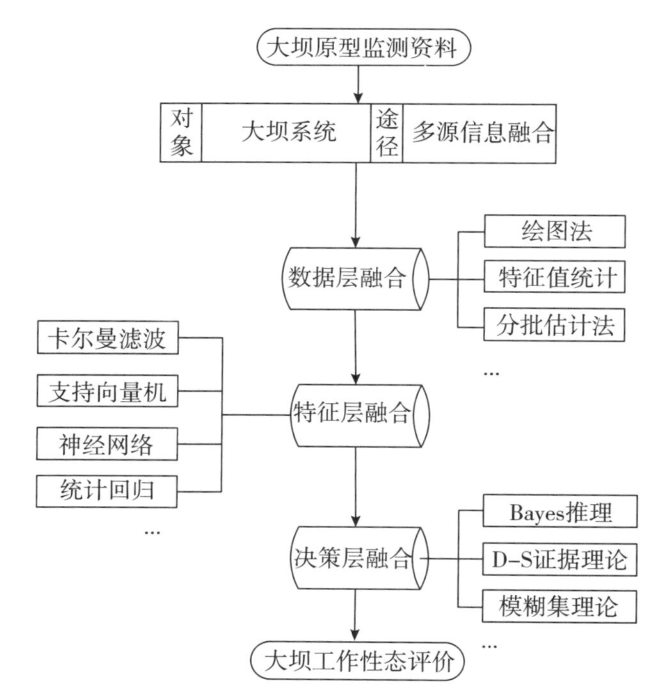

图 5.1.4　大坝运行安全状况多源信息融合分析流程

数据层融合是直接对大坝原始监测数据进行的分析处理，主要包括实时判断并处理上传时出现的非法、错误或不合理数据，以及监测数据粗差初步识别等，尽可能多地保持监测原始信息，提供细微信息，其数据处理量较大。由于在最基础层次进行融合，对原始信息的不确定性、不完全性和不稳定性缺少较为全面的认识，在融合过程中对由复杂原因引起的数据变化难以把握，纠错处理能力较弱，仅能处理一些单一粗大误差数据。常用方法有绘图法、特征值统计法、算术平均值法、分批估计算法等。

特征层融合是借助特征值分析、相关性分析等方法对同类型测点进行的融合分析。在大坝运行安全状况多源信息融合中，一般先对单测点数据进行特征值统计和建模分析(如卡尔曼滤波法、支持向量机、人工神经网络法等)，并融合同类测点信息，构建空间模型，从时空角度量化大坝工作性态。

决策层融合是对整个信息系统的综合调用，为最高级别的融合分析。依据对不同监测类型数据的特征融合结果，应用模糊评判、模式识别等方法，综合推求所有监测信息对大坝运行安全综合决策的支持程度，将定性分析和定量分析相结合，实现大坝信息的集成互补。常用的方法有 Bayes 推理、D-S 证据推理、模糊集理论、专家系统等。

5.2 大坝运行安全状况数据和特征级融合分析方法

5.2.1 数据集剪枝

最大频繁项集[6]的挖掘可以看作一个搜索问题，以枚举树作为其搜索空间。根据枚举树定义，如果数据库中有 m 个项，那么枚举树将会有 2^m 个待搜索节点，为尽可能减少没有必要进行搜索的节点，研究人员基于各种剪枝策略对 FP-tree 进行剪枝以简化 FP-tree 结构。剪枝方法[7]的核心思想就是减少网络模型中参数量和计算量，同时尽量保证模型性能不受影响。对于巨大的搜索空间，剪枝技术是提高频繁项集挖掘效率的重要手段。

5.2.1.1 剪枝分类

(1)非结构剪枝

①细粒度剪枝，即对连接或神经元进行剪枝，是粒度最小的剪枝。

②向量剪枝，即对卷积核内部进行剪枝，相对于稍大的细粒度剪枝粒度。

③核剪枝，即对某个卷积核进行剪枝，丢弃输入通道中对应卷积核的计算。

以上剪枝方法在参数量与模型性能之间可取得一定平衡，但是网络模型单层神经

元之间的组合结构会发生变化，需要专门算法或硬件结构来支持稀疏运算，即非结构化剪枝。非结构化剪枝可以实现更高压缩率，同时保持较高模型性能，但会带来网络模型稀疏化，除非底层硬件和计算加速库对稀疏计算有较好支持，否则剪枝后很难获得实质的性能提升。

（2）结构剪枝

滤波器剪枝，即对整个卷积核组进行剪枝，会改变推理过程中输出特征的通道数。滤波器剪枝主要改变网络中滤波器组和特征通道数目，不需要专门算法和硬件即可运行所得模型，称为结构化剪枝。结构化剪枝与非结构化剪枝恰恰相反，其可以方便地改变网络模型结构特征，达到压缩模型的效果。

5.2.1.2　剪枝策略

（1）基本剪枝策略一

在枚举树中，设 $Node=\{\alpha\}$ 是当前节点，则在搜索过程中仅保留 $Node$ 的频繁扩展分支，删除 $Node$ 的非频繁扩展分支，即 $Node$ 的子节点包括 $\{\alpha_i \mid i \in I, \alpha_i \in FI\}$ 。

该策略基于 Apriori 性质：任何频繁项集的子集都是频繁项集，由于对任何非频繁项集进行扩展、检测、支持度计算均没有实际意义，因此在削减搜索空间的同时，不会丢失任何有用信息。缺点在于只有发现非频繁扩展集才能剪枝，因而会产生大量无用的非频繁扩展集。

（2）基本剪枝策略二

在枚举树中，设 $Node=\{\alpha\}$ 是当前节点，则 $Node$ 的候选扩展集合 $CX(Node)$ 为其父节点 P 的频繁扩展集 $FX(Node)$。

该策略是对基本剪枝策略的有效补充，同样依据 Apriori 性质，利用父节点的频繁扩展项集作为自己的候选扩展项集，可以有效避免重复计算非频繁项集的支持度，对于采用深度优先遍历策略的算法，可以较早删除无效空间，提高算法效率。

（3）最大剪枝策略一

在枚举树中，设 $Node=\{\alpha\}$ 是当前节点，如果 $\{\alpha\} \cup CX(Node)$ 是某个最大频繁项集的子集，依据最大频繁项集的定义和 Apriori 性质：最大频繁项集的子集都是频繁的，则 $\{\alpha\} \cup CX(Node)$ 一定是频繁的，且以 $Node$ 为根的子树都可以剪掉，因此从该节点出发，不可能再枚举出更大的频繁项集。该策略用于最大频繁项集挖掘任务的剪枝。

最大剪枝策略一可以在最大频繁项集的挖掘过程中大量削减搜索空间，但其缺点是引入了子集检测，即在每次扩展时，均要检查该节点项集与候选项集的“并”能否构成某个已知最大频繁项集的子集，在一定程度上增加了算法开销。

(4)最大剪枝策略二

在枚举树中，设 $Node=\{\alpha\}$ 是当前节点，如果 $\{\alpha\}\cup CX(Node)$ 的支持度大于等于支持度阈值 min_sup，则 $\{\alpha\}\cup CX(Node)$ 是频繁的。由于不可能枚举出比 $\{\alpha\}\cup CX(Node)$ 大的项集，因此以 $Node$ 为根的枚举子树没有必要遍历。

在词典子集枚举树中，由于已知 $\{\alpha\}\cup CX(Node)$ 是频繁的，根据 Apriori 性质，它的所有子集都是频繁的，而且不会比 $\{\alpha\}\cup CX(Node)$ 更大，因此只需要检测 $\{\alpha\}\cup CX(Node)$ 的最大性即可，而将中间节点的扩展过程省略。最大剪枝策略二可以有效缩减搜索空间，但是只能用于挖掘最大频繁项集，而且在扩展时增加了候选项集的支持度计算与算法开销。

最大剪枝策略一与最大剪枝策略二相似，均适用于挖掘最大频繁项集，而且都是对当前项集与候选项集的“并”进行检测。但二者是不同的剪枝策略，前者不进行支持度计算，只需检测项集是否为某个已知最大频繁项集的子集；而后者需进行支持度计算，从而判断项集是否为频繁的。

(5)相等性剪枝策略

对于词典序子集枚举树 $Node=\{\alpha\}$，$i\in CX(Node)$，如果$\{\alpha_i\}$. sup$=\{\alpha\}$. sup，即二者的支持度相等，表明所有包含 $\{\alpha\}$ 的项集都包含 $\{\alpha_i\}$，则可以用 $\{\alpha_i\}$ 代替节点 $\{\alpha\}$，从而删除包含 $\{\alpha\}$ 而不包含 $\{\alpha_i\}$ 的节点枚举。

在枚举树中对节点 $Node=\{\alpha\}$ 进行扩展搜索时，依次从候选扩展项集 $CX(Node)$ 中取出每个候选项 i 进行扩展计算，若发现 $\{\alpha\}$ 和 $\{\alpha_i\}$ 支持度相同，表明所有包含项集 $\{\alpha\}$ 的数据库事务都包含项集 $\{\alpha_i\}$，即二者事务集相同，所以相较于在同样的项集中加入 $\{i\}$，包含 $\{\alpha\}$ 而不包含 $\{i\}$ 的项集不可能比前者更大。据此，可以删除对包含 $\{\alpha\}$ 而不包含 $\{i\}$ 的枚举空间的搜索。

由项集支持度的定义可知，当两个项集 $\{\alpha\}$ 与 $\{\alpha_i\}$ 满足 $\{\alpha_i\}$. sup$=\{\alpha\}$. sup 时，二者在数据库中的支持事务集完全相同。因此，在挖掘最大频繁项集时，对包含 $\{\alpha\}$ 而不包含 $\{i\}$ 的枚举空间的搜索是多余的。该策略也可以用于挖掘频繁闭项集，根据 $\{\alpha_i\}$. sup $=\{\alpha\}$. sup 以及频繁闭项集的定义可知，其他包含 $\{\alpha\}$ 而不包含 $\{i\}$ 的频繁项集不可能是频繁闭项集，因为这些项集都是某个包含 $\{\alpha_i\}$ 频繁闭项集的真子集，所以可以将它们从枚举空间中剪枝。

该策略利用已知支持度信息对搜索空间进行剪枝，不需要额外计算，进一步提高

了搜索空间的剪枝效率；同时在剪枝过程中没有丢失项集的支持度信息，因此被广泛应用于挖掘最大频繁项集和频繁闭项集的各类算法中。

5.2.2 基于关联规则的聚类融合

5.2.2.1 关联规则相关定义

关联规则[8]是数据挖掘的方法之一，可挖掘不同变量或属性数据间蕴含的规律性以显示几个变量或属性间的相关联系。如果关联规则中包含多个项或属性，称为多维关联规则。下面将详细讲解关联规则的概念和定义。

(1)项与项集

项为数据库中不可分割的最小单位信息，用符号 i 表示；项的集合称为项集，用符号 I 表示，包含 k 个项的项集称为 k 项集。

(2)数据库事务

设 $I=\{i_1,i_2,\cdots,i_m\}$ 是由数据库中所有项构成的集合，设与任务相关的数据 D 是数据库事务的集合，其中每个事物 T 是项的集合，使得 $T\subseteq I$，每个事务都有唯一的标识符 TID。

(3)关联规则

关联规则是形如 $A\Rightarrow B$ 的蕴涵式，其中 $A\subseteq I$，$B\subseteq I$ 且 $A\cap B=\varnothing$，这里 A 称为关联规则前项，B 称为后项或目标项。该式表明，B 随 A 的出现而出现，在某些场景下可以提供高价值信息。

(4)支持度(support)

设关联规则 $A\Rightarrow B$，其中 $A=\{a_1,a_2,\cdots,a_i\}\subseteq I$，$B=\{b_1,b_2,\cdots,b_j\}\subseteq I$，且 $A\neq\varnothing$，$B\neq\varnothing$，$A\cap B=\varnothing$。则 $A\Rightarrow B$ 的支持度记为：

$$\text{support}(A\Rightarrow B)=P(AB)=\text{support}(A\cup B) \tag{5.2.1}$$

(5)置信度(confidence)

设关联规则 $A\Rightarrow B$，其中 $A=\{a_1,a_2,\cdots,a_i\}\subseteq I$，$B=\{b_1,b_2,\cdots,b_j\}\subseteq I$，且 $A\neq\varnothing$，$B\neq\varnothing$，$A\cap B=\varnothing$。则规则 $A\Rightarrow B$ 的置信度为 $A\cup B$ 的支持度与 A 的支持度的比值，记为：

$$\text{confidence}(A\Rightarrow B)=P(B\mid A)=\frac{\text{support}(A\cup B)}{\text{support}(A)} \tag{5.2.2}$$

(6) 频繁项集

设项集 $U=\{u_1,u_2,\cdots,u_k\}$,其中 $U\subseteq I$, $U\neq\varnothing$ 。设定最小支持度阈值 min_sup,如果项集 U 的支持度 support(U)≥min_sup,则项集 U 称为频繁项集;反之,称为非频繁项集。

(7)强关联规则

设关联规则 $A\Rightarrow B$,满足 $A\subseteq I$, $B\subseteq I$,且 $A\neq\varnothing$, $B\neq\varnothing$, $A\cap B=\varnothing$ 。设定最小支持度阈值 min_sup 和最小置信度阈值 min_conf,如果 support($A\Rightarrow B$)≥min_sup 并且 confidence($A\Rightarrow B$)≥min_conf,则规则 $A\Rightarrow B$ 称为强关联规则;反之,称为弱关联规则。

5.2.2.2 单维关联规则和多维关联规则

关联规则在不同情况下有不同的分类标准,一般对关联规则分类如下:

(1)数值型关联规则

数值型关联规则也称为量化关联规则,描述项或属性被划分为区间之后的关联关系,该规则经常出现在关系型数据库或数据仓库中。

(2)布尔型关联规则

布尔型关联规则用于处理离散、种类化数值,该规则主要显示这些变量间的关系,即考虑项的存在与否。

(3)单层次关联规则和多层次关联规则

当关联规则中的项或属性涉及多个概念层次时,就称为多层次关联规则,反之,称为单层次关联规则。

(4)单维关联规则和多维关联规则

单维关联规则的每个项或属性都是一维,多维关联规则的每个项或属性都涉及多个维度。

5.2.2.3 FP-Growth 算法与聚类融合实现

针对 Apriori[9]算法可能存在的内存抖动现象与算法时间复杂度较高等问题,深度优先搜索 FP-Growth[10]算法采用分而治之的策略来解决上述问题,其挖掘频繁模式的过程可用流程图表示,如图 5.2.1。

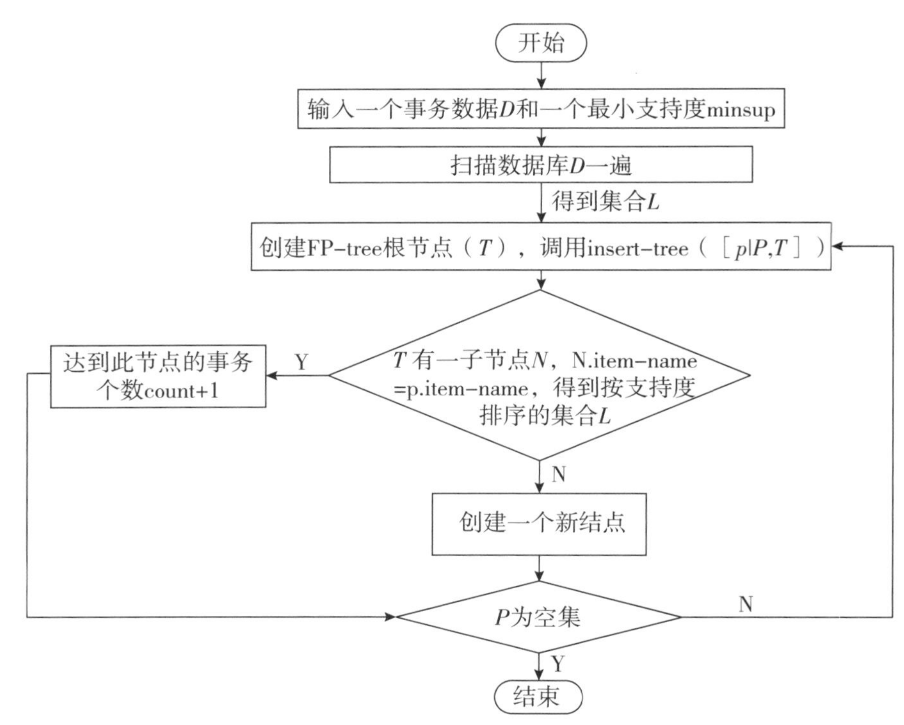

图 5.2.1　挖掘频繁模式流程

具体解释如下：与 Apriori 算法相同，针对事务数据库扫描一次得到频繁项集。首先按照设置的最小支持度阈值，删除不满足条件的项目得到集合 L，并对 L 中的频繁项按照支持度计数降序排序。再次扫描事务数据库，依次把每条事务按照集合 L 中频繁项的次序插入一棵以 null 为根节点的树中，同时记录每个节点的支持度。为了方便频繁模式的挖掘，还需要创建一个包含各个频繁项的项头表，每个项通过一个节点链指向它在 FP 树中的位置。最后将压缩后的 FP 树分成若干子树，每个子树关联一个频繁项，并分别挖掘每个条件子树，从而获得频繁模式，得到关联规则挖掘结果。

下面对 FP-growth 算法的具体流程[11]进行描述。

1)进行第一次遍历事务数据库 D，统计出满足最小支持度阈值的频繁项集 F，并按照 F 中频繁项的支持度计数降序排序，得到频繁项集合 L。

2)构造 FP-tree。首先创建根节点 T，标记为“null”。进行第二次遍历事务数据库 D，依次读取每条事务 T。执行步骤如下：

①选择当前 T 中的频繁项集并按 L 的次序进行排序，得到频繁项表$[p|P]$，其中 p 是第一个元素，而 P 是剩余列表元素。

②调用 insert_tree($[p|P]$, T)，若 T 有子节点 N 使得 N. item-name＝＝p. item-name，那么把 N 的计数加1；若 T 没有子节点，那么就创建一个新的节点 N 并将该新节点的初始计数也设置为1，找出对应的父节点 T，将其链接到具有相同 item-name 的节点。

③若 P 不为空，递归调用 insert_tree(N，T)。

3)通过调用 FP-growth(FP-tree，null)函数进行频繁模式挖掘。该函数具体流程如下：

①如果 FP 树(头元素为 α)中包含了单个路径 P，then；

②遍历路径 P 中的每个节点组合(分别记作 β)；

③产生模式 $\beta \cup \alpha$，此时，该模式的支持度 support=β 中各个节点的最小支持度；

④否则遍历 FP 树的头部的每个头元素(each α_i)；

⑤产生模式 $\beta=\alpha_i \cup \alpha$，此时，该模式的支持度 support=$\alpha_i$. support；

⑥构造模式 β 的条件模式基，并构建其 β 的条件 FP 树 $Tree_\beta$；

⑦如果 $Tree_\beta$ 不为空，则调用 FP_growth($Tree_\beta$，β)；

与 Apriori 算法相比，FP-growth 开辟了关联规则挖掘的新思路，主要有以下几个方面的优点：

①构造了一种高度压缩的数据结构 FP 树。通过扫描事务数据库，将每条事务中的频繁项压缩到 FP 树中，保证数据的完整性。

②不需要像 Apriori 算法一样频繁产生候选集，而是通过设定的最小支持度，在第二次扫描事务数据库时直接产生。因为不需要产生候选集，只需扫描两次数据库，不仅可以减小 I/O 开销，而且可以节省大量算法执行时间。

5.3 大坝运行安全状况决策级融合分析方法

依据同类信息数据级融合原理，服务于大坝异类信息决策级融合，探讨集对分析理论和 D-S 证据理论在决策融合方面的组合技术。

5.3.1 基于 D-S 证据理论的信息融合基本原理

证据理论(简称 D-S)是一种不确定性推理方法，可以利用多个对问题的模糊描述和判断，通过一定方法对描述和判断中的一致性信息进行聚焦，对矛盾信息进行排除整合来实现信息融合，其是对概率论的进一步扩充，适合于人工智能、专家系统、系统决策和模式识别等领域。在 D-S 证据理论中，识别框架是整个判断依据，基本概率分布是融合基础，合成规则是融合过程，似然函数和信任函数用来表达融合理论对某一

假设的支持力度区间的上下限。

基本概率分配函数定义如下：

设 U 是一个识别框架，则函数 $M:2^U\to[0,1]$，且满足

$$M(\varphi)=0,\sum_{A\subseteq U}M(A)=1 \tag{5.3.1}$$

式中：M——2^U 上的概率分配函数；

$M(\varphi)$——φ 的基本概率赋值；

$M(A)$——A 的基本概率赋值，$M(A)$ 示了对 A 精确信任程度。

信任函数定义如下：

设 U 是一个识别框架，则函数 $M:2^U\to[0,1]$ 是 U 上的基本概率赋值，定义函数 $Bel:2^U\to[0,1]$，且 $Bel(A)=\sum_{B\subseteq A}M(B)$ 对所有的 $A\subseteq U$ 称为 U 上的信任函数。

$Bel(A)=\sum_{B\subseteq A}M(B)$ 表示 A 的所有子集的可能性度量之和(对 A 的子集的信任也是对 A 的信任)，即表示对 A 的总信任。由概率分配函数的定义易得到：

$$Bel(\varphi)=M(\varphi)=0$$

$$Bel(U)=\sum_{B\subseteq U}M(B)=1 \tag{5.3.2}$$

似然函数定义如下：

似然函数 Pl 在 D-S 证据理论中是融合结论区间的上限。

设 U 是一个识别框架，则定义函数 $Pl:2^U\to[0,1]$，且 $Pl(A)=1-Bel(\overline{A})$，对所有的$A\subseteq U$，$Pl$ 也称为似然函数，表示对 A 非假的信任程度。易证明信任函数和似然函数有如下关系：

$$Pl(A)\geqslant Bel(A) \tag{5.3.3}$$

对所有 $A\subseteq U$，A 的不确定性由 $u(A)=Pl(A)-Bel(A)$ 表示，对偶$(Bel(A),Pl(A))$称为信任区间。

D-S 证据理论的合成准则如下：

$$M(C)=m_i(X)\oplus m_j(Y)$$

$$=\begin{cases}0 & X\cap Y=\Phi \\ \dfrac{\sum_{X\cap Y=C,\forall X,Y\subseteq\Theta}m_i(X)\times m_i(Y)}{1-\sum_{X\cap Y=\Phi,\forall X,Y\subseteq\Theta}m_i(X)\times m_i(Y)} & X\cap Y\neq\Phi\end{cases}\quad i,j=1,2,\cdots,m \tag{5.3.4}$$

式中：m_i 和 m_j——相互独立的两个证据概率分配函数；

$M(C)$——事件 X 和事件 Y 基本概率合成后的基本概率赋值。

式(5.3.2)是对两个证据进行合成的规则,若证据数目超过两个,可以将该公式进行扩展,按照上述方法两两合成进行递推,即

$$m_i \oplus m_j = m_j \oplus m_i, (m_i \oplus m_j) \oplus m_k = m_i \oplus (m_j \oplus m_k) \tag{5.3.5}$$

5.3.2 集对分析基本原理

集对分析[12-15]是一种处理模糊、随机以及不确定性问题的理论和方法,其用“联系度”来描述两个对应集合之间所具有的同、反、异特性,通过同一度、差异度和对立度三方面定量研究大坝工作性态评价指标和评价目标间集对的确定性与不确定性。

所谓集对,指具有一定联系的两个集合所组成的对子。对集合 A 和集合 B 所构成的集对,通常用 $H=(A,B)$ 表示。集对分析理论的基本思路:在具体的问题背景下,针对集对 H 的特性展开分析,共得到 T 个特性,找出这两个集合所共有的特性 S 个、对立的特性 P 个和既非共有又非对立的特性 F 个,并由此建立两个集合在指定问题背景下的联系度 μ :

$$\mu = a + bi + cj = \frac{S}{T} + \frac{F}{T}i + \frac{P}{T}j \tag{5.3.6}$$

$$T = S + F + P \tag{5.3.7}$$

式中:$\frac{S}{T}$ ——集合 A、B 的同一度;

$\frac{F}{T}$ ——集合 A、B 的差异度;

$\frac{P}{T}$ ——集合 A、B 的对立度;

i ——差异度标记符号或差异度系数,取值区间为 $[-1,1]$,依据具体研究背景而取不同的值,i 也可仅起标记作用;

j ——对立度标记符号或对立度系数,j 同样也可仅起标记作用。

根据同异反联系数 $\mu = a + bi + cj$,在 bi 项上的不同展开,多元联系数可分别记为 $\mu = a + bi_1 + ci_2 + dj$,五元联系数 $\mu = a + bi_1 + ci_2 + di_3 + ej$ 。以五元联系数为例,其中 $a+b+c+d+e=1$,$i_1 \in [0,1]$,i_2 为中性标记,$i_2=0$,$i_3 \in [-1,0]$,$j=-1$。上述多元联系数和同异反联系数(即三元联系数)可根据需要进行转换。

设一个评价系统有 N 个评价指标,记为属性集 $C=\{C_1,\cdots,C_N\}$,每个属性被划分为 K 个等级,$V=\{V_1,\cdots,V_K\}$,不同区间对应于不同等级,如优、良、中、差等。若评价指标度量值位于某个待评价区间,则在该等级上其联系数 $\mu=1$,在相邻等级上的

联系数，采用线性函数插补来确定，其范围为[－1，1]；如果指标度量值距待评价等级超过一个等级，则它们是对立的，联系数取为－1。

根据大坝工作性态评价体系、评价指标定距类型，并根据级别将区间分割成对应的等级，可得到大坝工作性态评价指标联系数[16]，计算公式如下所示：

$$\mu_{nk}=\begin{cases}1 & (x\in[v_{k-1}^{n},v_{k}^{n}))\\ 1+\dfrac{2(x-v_{k-1}^{n})}{v_{k-1}^{n}-v_{k-2}^{n}} & (x\in[v_{k-2}^{n},v_{k-1}^{n}))\\ 1+\dfrac{2(x-v_{k}^{n})}{v_{k}^{n}-v_{k+1}^{n}} & (x\in[v_{k}^{n},v_{k+1}^{n}))\\ -1 & (\text{其他})\end{cases}\tag{5.3.8}$$

式中：μ_{nk}——第 n 个指标对第 k 个等级的联系数；

$[v_{k}^{n},v_{k+1}^{n})$——第 n 个指标的第 k 个等级对应的区间。

按照上述方法确定各项指标权重之后即可依据单项指标联系度和各项指标权重来合成联系度：

$$\mu=a+bi+cj=\sum_{n=1}^{N}w_{n}a_{n}+i\sum_{n=1}^{N}w_{n}b_{n}+j\sum_{n=1}^{N}w_{n}c_{n}\tag{5.3.9}$$

式中：w——各指标权重，对于大坝安全信息综合评价而言，根据得出的合成指标联系数即可确定出大坝所处安全等级。

5.3.3 基于集对分析的 D-S 证据理论基本概率赋值确定方法

在 D-S 证据理论中，以基本可信度概率赋值表示监测数据对目标的支持程度。传统方法通过模糊隶属函数确定隶属函数值，然后对每组证据赋予对应基本概率值，即完成证据理论中基本概率赋值。但是一般的模糊隶属函数需要考虑专家意见，过于依赖主观经验，本书尝试引入集对分析方法[17]，使其能较为客观地表示 D-S 证据理论的基本概率赋值。在大坝安全信息融合中，由于下层各信息对目标层或相应上层的相对重要性不同，采用熵值法确定指标权重，由底层信息权重和通过集对分析确定的基本概率赋值，即可以得到基于 D-S 证据理论进行改进的加权基本概率赋值，由此，借助证据融合准则即可进行大坝运行安全状况的决策评价分析。

5.3.3.1 熵值法确定指标权重

在信息论中以熵权来度量系统无序度。熵权反映各指标所提供的有用信息量，信息熵越大，表示信息无序程度越高，其信息效用值越小，则权重越小；反之亦然。利用熵值法对大坝工作性态(变形、渗流等)评价指标进行赋权的基本步骤如下[18]：

设有 M 个样本，N 项评价指标，形成原始数据矩阵：

$$X=(x_{mn})_{M\times N}\quad(m=1,\cdots,M;n=1,\cdots,N)\tag{5.3.10}$$

式中：x_{mn} ——第 m 个样本的第 n 个评价指标的实测值。

将各指标数据归一化处理得到矩阵 Z_{mn}：

$$z_{mn}=(x_{mn}-x_{\min})/(x_{\max}-x_{\min})\tag{5.3.11}$$

式中：$x_{\max}$、$x_{\min}$ ——同一评价指标下最满意值和最不满意值。

第 n 个评价指标的熵为：

$$e_n=-r\sum_{m=1}^{M}p_{mn}\ln p_{mn}\tag{5.3.12}$$

式中：r ——常数，$r=1/\ln M$；

$p_{mn}=z_{mn}/\sum_{m=1}^{M}z_{mn}$ 。

当 $p_{mn}=0$ 时，$\ln p_{mn}$ 没有意义，对 p_{mn} 的计算修正为 $p_{mn}=(1+z_{mn})/\sum_{m=1}^{M}(1+z_{mn})$ 。

各评价指标的权重为：

$$w_n=(1-e_n)/(N-\sum_{n=1}^{N}e_n)\tag{5.3.13}$$

5.3.3.2 加权基本概率赋值方法

依据熵值法确定底层信息权重集 w_i 以及基本概率赋值 $m'_i(k)$，即可确定该指标加权基本概率赋值 $m_i(k)$：

$$m_i(k)=w_i m'_i(k)\tag{5.3.14}$$

依据改进的合成法则确定上一层信息基本概率赋值，将最底层记为第一层，其基本概率赋值为 m^1，第二层信息基本概率赋值为 m^2，…，则第 i 层信息基本概率赋值为 m^i，则有

$$m^2=m_1^1\oplus m_2^1\oplus m_3^1\oplus\cdots$$

$$m^{i+1}=m_1^i\oplus m_2^i\oplus m_3^i\oplus\cdots\tag{5.3.15}$$

式中：$\oplus$ ——直和，即 D-S 证据理论的信息融合与融合的顺序无关。

根据上述方法，依据大坝原始信息即可确定该评价系统的单指标联系数，从而对每组证据赋予对应基本概率值，实现基于集对分析和熵值法赋权相结合的加权 D-S

证据理论基本概率赋值。

5.4 大坝运行安全状况多源信息融合诊断模型

大坝运行安全状况综合评估是多层次、多指标融合的系统分析问题，具有随机性、模糊性、不完整性等多种不确定性，为大坝运行安全状况的综合评估和预估带来了较大困难。已有成果多存在评价过程人为参与多、主观性较大等问题[19]。本书采用集对分析方法从同、异、反三个方面进行综合分析，并用熵值法实现D-S证据理论加权基本概率赋值，构建基于D-S证据理论与集对分析相结合的大坝运行安全状况信息融合评价模型，并用集对分析方法实现大坝运行安全状况的趋势预估。以大坝渗流性态分析为例，利用前述理论和方法，阐述大坝渗流安全现状评价和发展趋势预测的实现过程。

5.4.1 大坝安全状况信息系统

以大坝渗流为例，基于大坝渗流监测资料进行的渗流性态多源信息融合，是一个以监测效应量为底层指标，以监测项目为中间指标，以大坝渗流性态为评价目标的多层次、多指标系统分析问题。对于存在横缝的混凝土重力坝，可以对各个坝段单独进行渗流性态分析，根据相关文献[20-21]构建如图5.4.1所示的混凝土重力坝渗流性态信息系统。

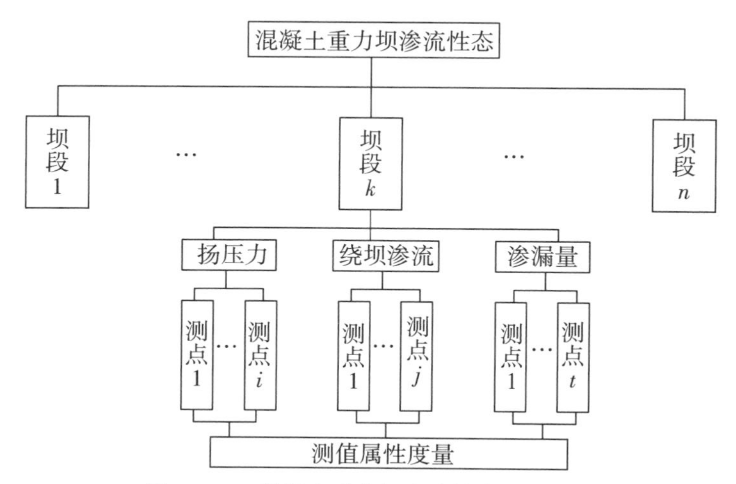

图5.4.1 混凝土重力坝渗流性态信息系统

5.4.2 指标的度量

指标度量是指在一定标准下采取某种方法，根据评价指标的定性描述和定量数据，结合评价等级划分，将难以相互比较的评价指标的原始信息转化为可相互比较的[0,1]上的数值。参考已有研究成果，将大坝渗流评价指标和评价等级区间有序分割为3级。各个评价等级及其对应区间值为：

$$\begin{aligned} V &= \{V_1,\cdots,V_K\} = \{[v_1,v_2],\cdots,(v_K,v_{K+1}]\} \\ &= \{V_1,V_2,V_3\} = \{\text{一级(正常)},\text{二级(基本正常)},\text{三级(异常)}\} \\ &= \{[0.6,1],[0.3,0.6),[0,0.3)\} \end{aligned} \tag{5.4.1}$$

渗流性态信息系统中的底层评价指标(即监测测点)是具有大量实测资料的定量指标，其指标度量主要考虑监测效应量的数值表现和趋势表现两个方面。基于实测资料，建立效应量与影响因素(上下游水位、温度、降雨、时效)之间的数学模型，将实测值与模型拟合值进行比较，并考察效应量特征值是否在正常范围内，从而得出数值评分值区间，如表5.4.1所示；再采用线性插值法得出最终数值评分值；趋势表现是指大坝实测效应量随时间推移而出现的时效分量的趋势性变化过程，效应量的时效分量可通过建立的数学模型分离得到，趋势评分值可通过分析时效分量的变化特征和变化规律得到。

表5.4.1 评价指标的度量

等级	度量标准	数值区间
一级(正常)	$y \leqslant y_{max}$，且 $y \leqslant \hat{y}+2S$	[0.6,1]
二级(基本正常)	$y \leqslant y_{max}$，且 $\hat{y}+2S < y \leqslant \hat{y}+3S$	[0.6,0.3)
三级(异常)	$y > \hat{y}+3S$	[0,0.3)

注：y 为实测效应量，$\hat{y}$ 为监控模型预测值，y_{max} 为效应量最大值，S 为监控模型均方差。

5.4.3 基于D-S证据理论的多源信息融合分析模型

在应用证据理论组合证据后如何进行决策与实际应用密切相关。D-S证据理论合成规则具有交换性和结合性两个重要特征，当证据数目超过两个时，不需要考虑两两合成的顺序问题，为进行证据组合提供了方便。如果证据相互之间存在矛盾的差异或一致性时，可以先将相似证据进行组合，然后再组合多个分组之间的合成结论，由此可以得到D-S证据融合分析模型。具体过程

如图 5.4.2 所示。

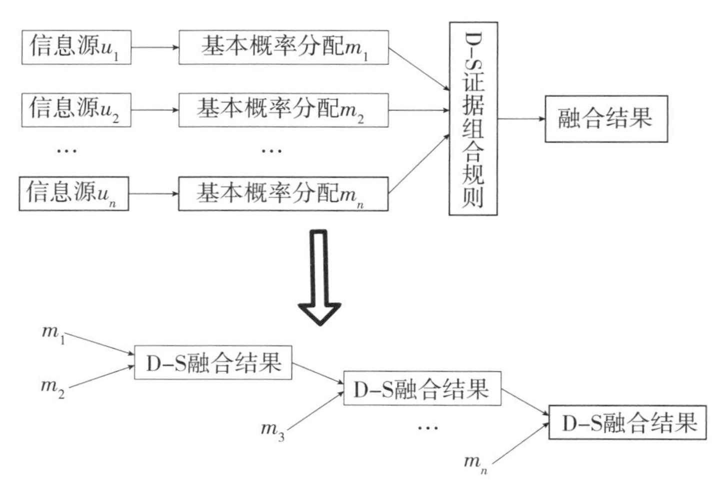

图 5.4.2 D-S 证据理论信息融合

5.4.4 大坝运行安全状况的多源信息融合诊断实现流程

大坝运行安全状况的多源信息融合诊断的具体实现流程如图 5.4.3 所示。具体步骤如下所示：

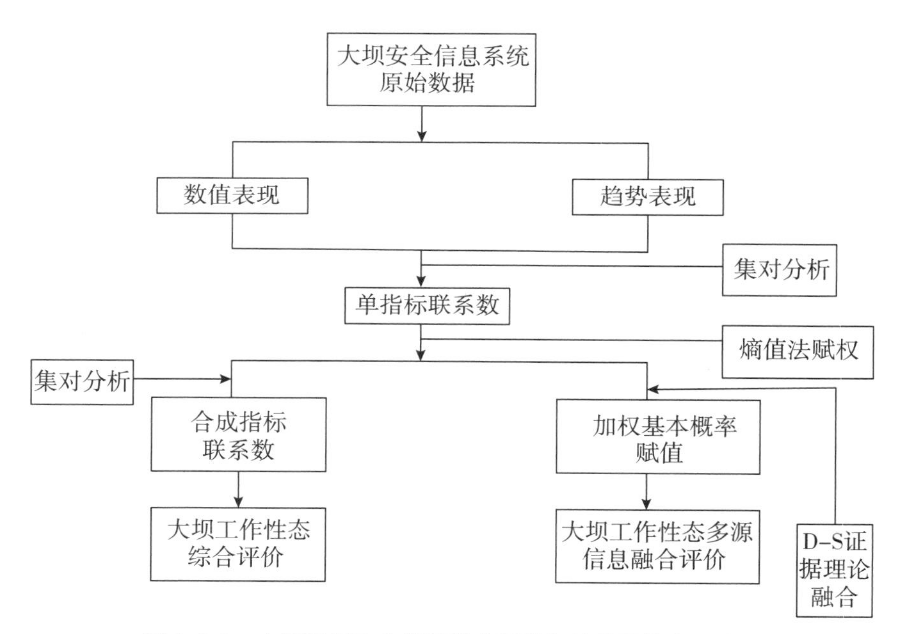

图 5.4.3 大坝运行安全状况综合评价与趋势预估实现流程

步骤 1:依据集对分析理论计算各单指标联系数；

步骤 2:依据熵权理论对各指标进行赋权;

步骤 3:基于前两步计算结果,依据集对分析理论计算合成指标联系数,进行大坝工作性态综合评价,从而得到趋势预估;

步骤 4:基于前两步计算结果,依据 D-S 证据理论对基本概率赋值进行加权融合,进行大坝工作性态多源信息融合评价。

5.5 工程实例

以 1.4 节所述某实际大坝工程为例,选取该大坝环境量监测资料(上游水位、平均气温)以及有效测点数据,利用本章所述 FP-growth 算法,依据效应量影响因子建立测点关联规则,对测点进行分类。

5.5.1 监测数据多源挖掘与测点聚类

5.5.1.1 数据预处理

大坝监测数据不连续且无序,计算前需对数据进行预处理。大坝效应量的影响因素众多,本书选取水位因子、温度因子和时效因子对测点进行划分。此外,在大坝监测数据中,包含连续的自动化监测值与不连续的人工监测值,同时也存在数据缺失或数据异常的情况,如由于某种原因水温或气温测值在某一时段内出现异常等。因此,本书对数据进行预处理,保留 682 个有效测点的数据,其中测压管有效测点 124 个,横河向变形和顺河向变形有效测点均为 87 个,沉降变形有效测点 131 个,渗压计有效测点 26 个,温度计有效测点 146 个和引张线有效测点 81 个。

5.5.1.2 数据导入和集成

数据预处理后得到数据集 K,依据监测项目、测点和环境量的不同对数据集进行集成、分类,得到最终数据集 K',部分结果如表 5.5.1 所示。

表 5.5.1 大坝数据集 K'(部分)

监测项目	测点	水位	温度	时效
测压管	U1-1	HU1-1	TU1-1	tU1-1
	U1-2	HU1-2	TU1-2	tU1-2
	U1-3	HU1-3	TU1-3	tU1-3

续表

监测项目	测点	水位	温度	时效
…	…	…	…	…
引张线	EX01YL021	HEX01YL021	TEX01YL021	TEX01YL021
	EX08HC081	HEX08HC081	TEX08HC081	TEX08HC081
	EX30HC301	HEX30HC301	TEX30HC301	TEX30HC301

5.5.1.3 构建监测数据 FP 树

将数据集 K'代入模型中，将 a、b、c、d 作为项，生成 FP 树、根据计算结果绘制 FP 树，部分 FP 树如图 5.5.1 所示。FP 树可以简明清晰地梳理大坝效应量、水压分量、温度分量和时效分量 4 组复杂数据之间的关系。

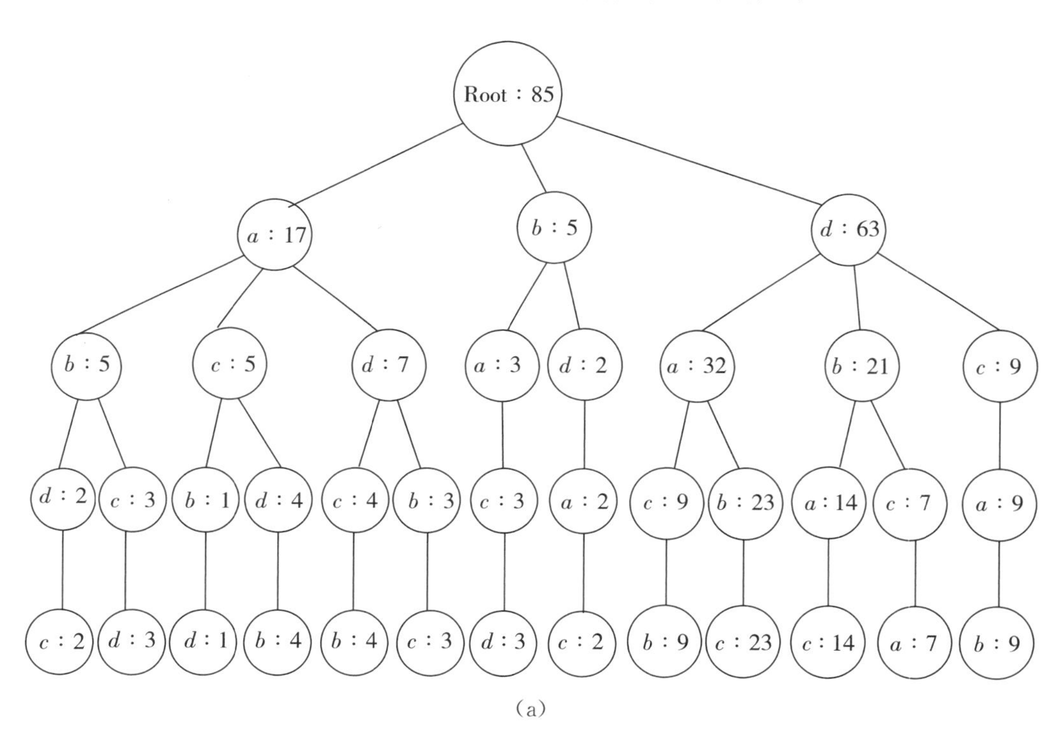

(a)

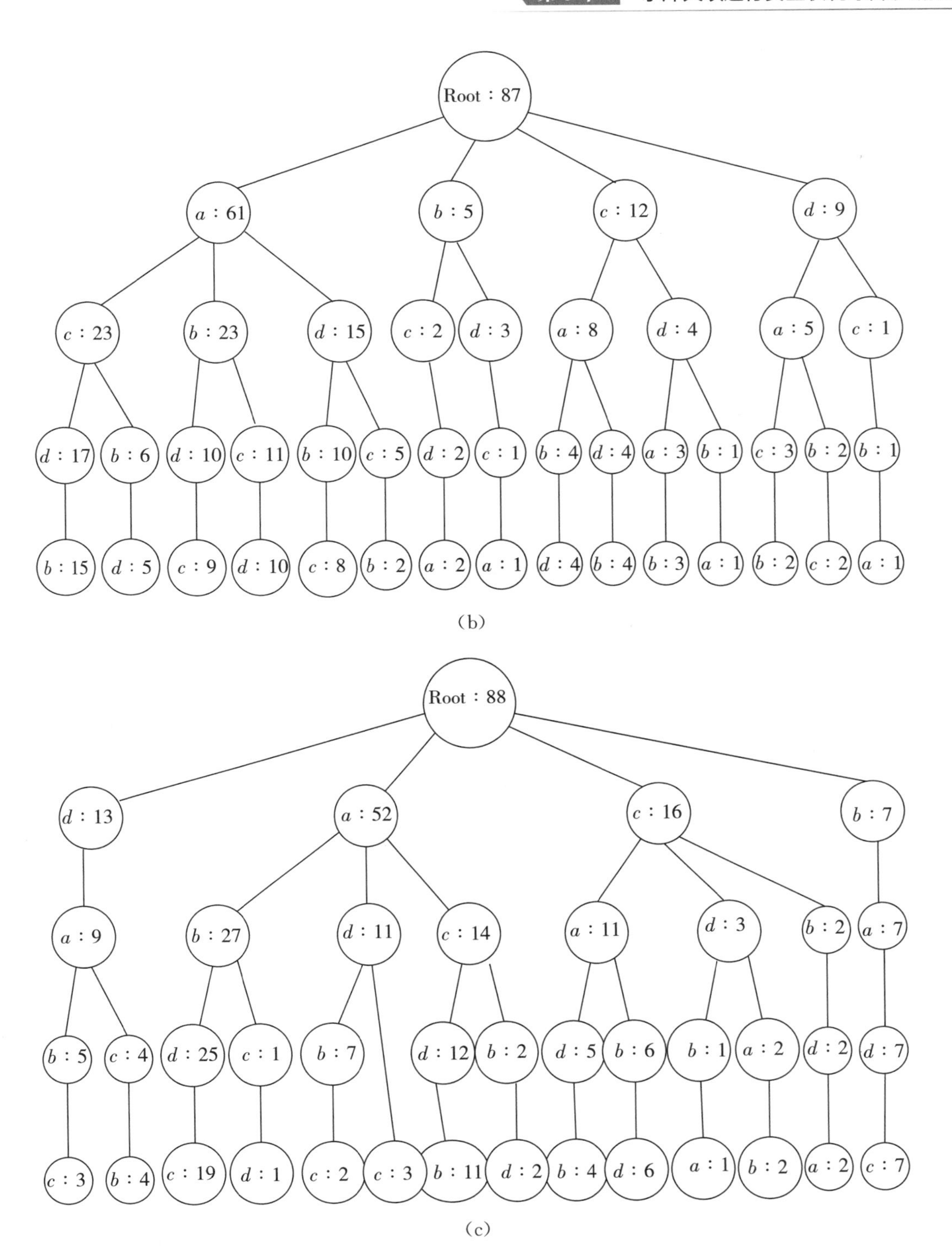
Root : 87
a : 61 b : 5 c : 12 d : 9
c : 23 b : 23 d : 15 c : 2 d : 3 a : 8 d : 4 a : 5 c : 1
d : 17 b : 6 d : 10 c : 11 b : 10 c : 5 d : 2 c : 1 b : 4 d : 4 a : 3 b : 1 c : 3 b : 2 b : 1
b : 15 d : 5 c : 9 d : 10 c : 8 b : 2 a : 2 a : 1 d : 4 b : 4 b : 3 a : 1 b : 2 c : 2 a : 1
Root : 88
d : 13 a : 52 c : 16 b : 7
a : 9 b : 27 d : 11 c : 14 a : 11 d : 3 b : 2 a : 7
b : 5 c : 4 d : 25 c : 1 b : 7 d : 12 b : 2 d : 5 b : 6 b : 1 a : 2 d : 2 d : 7
c : 3 b : 4 c : 19 d : 1 c : 2 c : 3 b : 11 d : 2 b : 4 d : 6 a : 1 b : 2 a : 2 c : 7

(b)

(c)

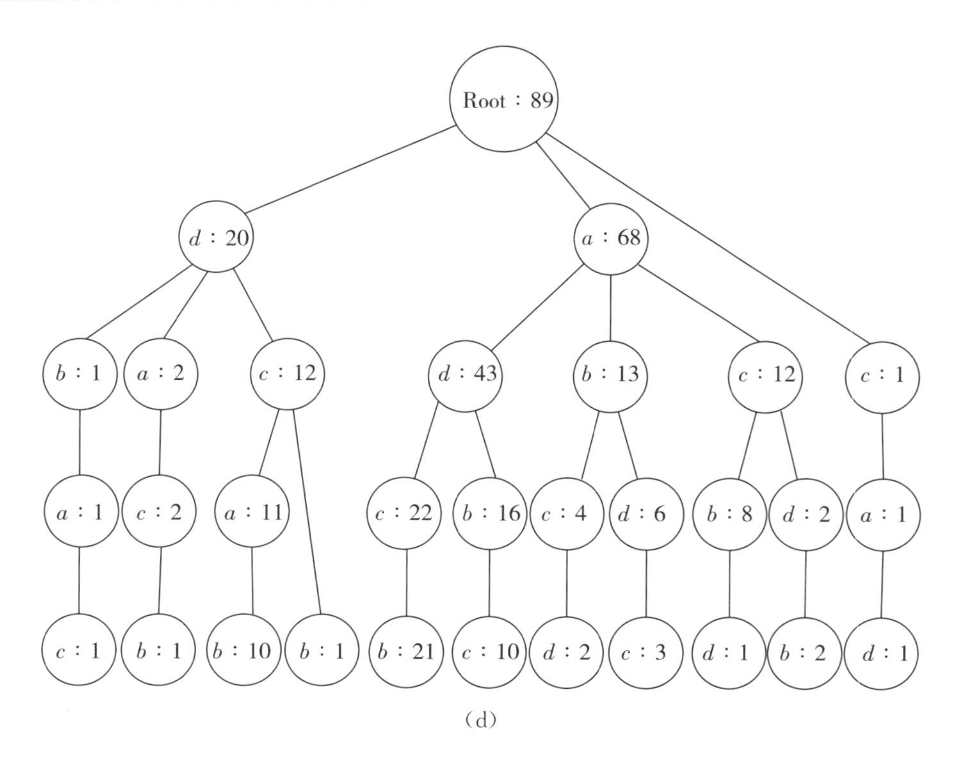

（d）

图 5.5.1　部分 FP 树图

5.5.1.4　项之间的关联规则

得到 FP 树后，将关联完成的数据代入算法中进行关联规则挖掘，每个项集不仅包括单一大坝效应量、水压分量、温度分量和时效分量的组合，也包括多项组合项集。测压管项目部分关联规则如表 5.5.2 所示。

表 5.5.2　测压管项目部分关联规则

项集		支持度	置信度	提升度	项集		支持度	置信度	提升度
b	d	0.8333	0.9341	1.0029	bc	a	0.5980	0.9683	1.2193
d	b	0.8333	0.8947	1.0029	a	bc	0.5980	0.7531	1.2193
d	c	0.6569	0.7053	1.0132	ba	c	0.5980	0.8243	1.1842
c	d	0.6569	0.9437	1.0132	ca	b	0.5980	0.8971	1.0055
b	dc	0.5882	0.6593	1.0038	d	ca	0.6373	0.6842	1.0263
d	bc	0.5882	0.6316	1.0226	c	da	0.6373	0.9155	1.1972
bd	c	0.5882	0.7059	1.0141	dc	a	0.6373	0.9701	1.2217
c	bd	0.5882	0.8451	1.0141	a	dc	0.6373	0.8025	1.2217
bc	d	0.5882	0.9524	1.0226	da	c	0.6373	0.8333	1.1972

续表

项集		支持度	置信度	提升度	项集		支持度	置信度	提升度
dc	b	0.5882	0.8955	1.0038	ca	d	0.6373	0.9559	1.0263
b	a	0.7255	0.8132	1.0240	b	dca	0.5686	0.6374	1.0002
a	b	0.7255	0.9136	1.0240	d	bca	0.5686	0.6105	1.0209
d	a	0.7647	0.8211	1.0339	bd	ca	0.5686	0.6824	1.0235
a	d	0.7647	0.9630	1.0339	c	bda	0.5686	0.8169	1.1736
b	da	0.6961	0.7802	1.0203	bc	da	0.5686	0.9206	1.2039
d	ba	0.6961	0.7474	1.0302	dc	ba	0.5686	0.8657	1.1932
bd	a	0.6961	0.8353	1.0519	bdc	a	0.5686	0.9667	1.2173
a	bd	0.6961	0.8765	1.0519	a	bdc	0.5686	0.7160	1.2173
ba	d	0.6961	0.9595	1.0302	ba	dc	0.5686	0.7838	1.1932
da	b	0.6961	0.9103	1.0203	da	bc	0.5686	0.7436	1.2039
c	a	0.6667	0.9577	1.2061	bda	c	0.5686	0.8169	1.1736
a	c	0.6667	0.8395	1.2061	ca	bd	0.5686	0.8529	1.0235
b	ca	0.5980	0.6703	1.0055	bca	d	0.5686	0.9508	1.0209
c	ba	0.5980	0.8592	1.1842	dca	b	0.5686	0.8923	1.0002

5.5.1.5 测点关联性分析

依据关联规则可以分析某一监测项目中某一测点的关联测点，选取部分测点的关联测点如表5.5.3所示。

图5.5.3　　测压管监测项目部分关联测点结果

测点	大坝分量	关联测点
1	H	17、20、21、22、26、27、28、32、38、39、44、47、48、49、58、63、71、77、82、91、99、116
	T	2、3、4、5、6、7、13、14、15、19、23、24、35
	t	8、9、10、11、12、16、18、29、30、31、110
2	H	3、6
	T	1
…	…	…
124	H	19、23、26、60、78、92、100、103、109
	T	17、39、49、54

5.5.1.6 测点分类结果

依据监测项目测点之间的关系可以进一步分析计算，将每个监测项目中关联性强的测点归为一类，实现测点分类。7个监测项目中的测点分类结果如表5.5.4所示。

表5.5.4 测点分类结果

监测项目	测点
测压管	1、25、33、36、41、42、43、50、53、55、56、57、64、70、73、75、76、79、80、86、87、93、104、111、120、121
	34、37、40、45、46、51、52、54、59、60、61、72、88、92、94、98、107、113、122、124、8、23、29、32、38、91、116
	62、65、66、67、68、69、74、83、95、103、105、108、4、9、18、24、44、48、49、99
	78、81、84、85、89、90、96、97、101、102、114、119、7、11、14、15、21、26、31、35、58、82、6
	100、106、112、115、10、12、22、30、47、63
	109、117、118、123、2、5、13、16、19、20、27、71、77
	17、28、39、110、3
横河向变形	1、2、3、4、5、6、7、8、9、12、14、19、20、21、22、26、31、33、34、35、36、38、46、48、49、51、52、56、57、61、62、72、73、77、80
	10、11、13、17、24、28、29、32、37、41、42、43、45、50、55、58、66、67、69、74、81
	15、16、18、23、25、27、30、39、40、44、47、53、54、59、64、65、68、75、84、85、86
	60、63、70、71、76、78、79、82、87、83
顺河向变形	1、2、3、4、5、6、7、8、13、16、18、19、20、22、23、25、26、29、30、31、32、34、37、38、39、40、41、43、44、46、49、51、52、61、65、69、73、75、82、84、85
	9、10、11、12、14、15、17、21、24、27、28、33、35、36、42、45、47、48、50、58、59、62、63、64、70、71、77
	53、56、57、60、72、74、76、79、83、86、87
	54、55、66、67、68、78、80、81
沉降变形	1、2、4、5、14、16、39、58、60、62、83、85、87、91、93
	6、7、8、9、10、12、18、31、35、55、64、110、73
	11、15、25、28、36、42、51、56、86、80
	32、34、37、41、46、81、84、99
	38、40、43、47、48、50、82、95、125、3、33
	44、45、49、52、70、75、79、98、126、59
	54、57、66、68、77、108、30、67、74、76、105、24

续表

监测项目	测点
沉降变形	88、92、102、103、113、13、21、107
	90、94、115、122、63
	96、97、100、104、111、116、127、17、53
	112、114、117、119、120、69、109、72
	118、124、128、129、23、27、65、20
	130、19、29、61、101、106
	71、78、89、131、22、26
	121、123
渗压计	1、2、3、4、5、6、7、8、9、10、11、12、16、21、22、26
	13、14、15、17、18、19、20、23
	24、25
温度计	1、2、4、5、6、7、9、15、16、17、18、21、22、23、31、36、45、49、50、52、55、57、63、75、95、96、108、109、121、130、143
	3、8、10、11、12、13、14、19、27、32、33、37、38、41、43、46、60、61、73、76、89、94、98、99、129、136、142、26、132
	20、24、25、28、30、39、48、54、68、70、72、78、79、84、85、86、91、92、104、112、138、44、122、133、141
	29、35、40、42、47、51、56、59、64、67、69、71、77、81、90、100、111、113、116、118、123、137、144
	58、65、66、74、88、103、105、114、115、124、126、134、34、62
	80、82、87、93、97、101、102、106、107、117、120、125、127、128、135、139、53、110
	145、146、83、119、131
	140
引张线变形	1、2、3、4、5、7、8、9、10、11、27、29、30、34、37、38、39、41、42、44、45、54、61、68、70、80、81
	12、13、14、15、17、20、24、28、31、32、47、50、55、56、58、59、62、63、64、67、69、71、72、76、77、79、6、16
	18、19、21、22、23、25、26、33、35、36、40、43、46、48、49、51、52、53、57、60、65、66、73、74、75、78

5.5.2 基于D-S理论和集对分析相结合的异类监测信息决策层融合

5.5.2.1 集对分析的指标联系度计算

通过对该坝段监测资料定量分析（建立监测效应量统计模型，分析时效分量、特征值等）和定性分析（过程线、分布图、工程运行情况等），按照式（5.3.6）分别计算各指标等级联系数并进行归一化处理，结果部分测点底层指标度量值如表5.5.5所示，大坝运行状况部分监测项目测点的归一化指标联系数如表5.5.6所示。

表5.5.5　部分测点底层指标度量值

监测项目	测点	数值评分	趋势评分	综合评分值
测压管	U10－1	0.7700	0.3305	0.5503
	U19－1	0.8263	0.9862	0.9062
	U21－4	0.8048	0.7137	0.7592
横河向变形	IP01HC13	0.8438	0.9046	0.8742
	IP01HC24	0.8476	0.9307	0.8892
	IP01HC25	0.8349	0.9095	0.8722
	IP01HC27	0.8691	0.9653	0.9172
顺河向变形	IP01HC13	0.7982	0.6606	0.7294
	IP01HC24	0.8541	0.9425	0.8983
	IP01HC25	0.7502	0.9872	0.8687
	IP01HC27	0.8226	0.9872	0.8687
沉降变形	TC01YLY61	0.7700	0.6588	0.7144
	TC01YLY62	0.7973	0.7542	0.7757
	TC02YLY62	0.7973	0.7540	0.7757
	TC03YLY41	0.7598	0.5204	0.6401
渗压计	P01DB10	0.7750	0.4973	0.6362
	P01Y1	0.8147	0.9192	0.8669
	P01Y2	0.9325	0.9810	0.9568
	P01YL	0.6677	0.9638	0.8157

续表

监测项目	测点	数值评分	趋势评分	综合评分值
温度计	T01YF055	0.6137	0.6277	0.6207
	T02DB10	0.8147	0.9886	0.9016
	T02YF055	0.6252	0.6271	0.6261
	T02YL075	0.6586	0.8104	0.7345
引张线变形	EX03HC103	0.7064	0.4848	0.5956
	EX03HC292	0.7068	0.4997	0.6032
	EX03YL03Z1	0.6292	0.3306	0.4799
	EX03YL03Z2	0.8383	0.7860	0.8121

表 5.5.6　　　　大坝运行状况部分监测项目测点的归一化指标联系数

监测项目	测点	归一化指标联系数		
		一级	二级	三级
测压管	U10-1	0.4171	0.5000	0.0829
	U19-1	0.8101	0.1899	0
	U21－4	0.6243	0.3757	0
横河向变形	IP01HC13	0.7607	0.2393	0
	IP01HC24	0.7830	0.2170	0
	IP01HC25	0.7579	0.2421	0
	IP01HC27	0.8285	0.1715	0
顺河向变形	IP01HC13	0.5965	0.4035	0
	IP01HC24	0.7927	0.2028	0
	IP01HC25	0.7528	0.2472	0
	IP01HC27	0.7937	0.2063	0
沉降变形	TC01YLY61	0.5834	0.4166	0
	TC01YLY62	0.6408	0.3592	0
	TC02YLY62	0.6407	0.3593	0
	TC03YLY41	0.5264	0.4736	0
渗压计	P01DB10	0.5237	0.4763	0
	P01Y1	0.7504	0.2496	0
	P01Y2	0.9025	0.0975	0
	P01YL	0.6846	0.3154	0

续表

监测项目	测点	归一化指标联系数		
		一级	二级	三级
温度计	T01YF055	0.4563	0.5000	0.0437
	T02DB10	0.6073	0.3927	0
	T02YF055	0.5956	0.4044	0
	T02YL075	0.6013	0.3987	0
引张线变形	EX03HC103	0.4927	0.5000	0.0073
	EX03HC292	0.5020	0.4980	0
	EX03YL03Z1	0.2998	0.5000	0.2002
	EX03YL03Z2	0.6804	0.3196	0

5.5.2.2 D-S证据理论的信息融合过程

依据前节所述，可以由集对分析计算所得指标联系数确定D-S证据理论中的基本概率赋值。根据该坝段已有监测信息与测点聚类分区结果，对大坝各监测项目测点的指标联系数归一化值进行加权计算，得到基本概率赋值，结果如表5.5.7所示。

表5.5.7　D-S证据理论的基本概率赋值

监测项目	一级	二级	三级
测压管	0.7460	0.2507	0.0033
	0.7531	0.2469	0
	0.7243	0.2684	0.0073
	0.7437	0.2563	0
	0.7189	0.2811	0
	0.7260	0.2740	0
	0.7092	0.2908	0
横河向变形	0.6483	0.3427	0.0091
	0.6001	0.3818	0.0181
	0.5938	0.3987	0.0075
	0.6515	0.3187	0.0298

续表

监测项目	一级	二级	三级
顺河向变形	0.5696	0.4021	0.0284
	0.5930	0.3980	0.0090
	0.5223	0.4606	0.0172
	0.5224	0.4522	0.0254
沉降变形	0.6345	0.3655	0
	0.6127	0.3872	0.0002
	0.6136	0.3856	0.0008
	0.6293	0.3707	0
	0.6261	0.3739	0
	0.6520	0.3480	0
	0.6510	0.3490	0
	0.6271	0.3729	0
	0.6244	0.3756	0
	0.6458	0.3542	0
	0.6551	0.3449	0
	0.6085	0.3915	0
	0.6762	0.3238	0
	0.6738	0.3262	0
	0.6371	0.3629	0
	0.6345	0.3655	0
渗压计	0.6872	0.3097	0.0031
	0.6940	0.2819	0.0241
	0.8117	0.1883	0
温度计	0.5732	0.4149	0.0118
	0.5663	0.4268	0.0068
	0.5650	0.4348	0.0002
	0.5651	0.4329	0.0020
	0.5139	0.4666	0.0195
	0.5328	0.4542	0.0130
	0.5059	0.4750	0.0191
	0.4276	0.5000	0.0724

续表

监测项目	一级	二级	三级
引张线变形	0.5367	0.4300	0.0334
	0.5362	0.4248	0.0390
	0.5285	0.4347	0.0368

基于各监测项目实测资料，按照式(5.3.8)至式(5.3.11)，采用熵权法计算渗流评价指标权重，结果如表5.5.8所示。

表5.5.8　　各评价指标权重

监测项目	坝基纵向扬压力
测压管	0.1424、0.1436、0.1424、0.1436、0.1426、0.1417、0.1437
横河向变形	0.2493、0.2498、0.2504、0.2505
顺河向变形	0.2486、0.2512、0.2482、0.2520
沉降变形	0.0663、0.0670、0.0661、0.0668、0.0651、0.0671、0.0661、0.0678、0.0672、0.0678、0.0658、0.0669、0.0665、0.0664、0.0671
渗压计	0.2887、0.2888、0.4225
温度计	0.1243、0.1253、0.1246、0.1248、0.1254、0.1255、0.1257、0.1246
引张线变形	0.3337、0.3323、0.3340

依据D-S证据理论对表5.5.7中的信息进行融合，结果如表5.5.9所示。对表5.5.9分析可知，大坝各监测项目合成联系数的最大值均位于一级(正常)等级对应区间，表明由各监测项目所反映的大坝安全状况均为正常。

表5.5.9　　D-S证据融合后的合成联系数

监测项目	一级	二级	三级
测压管	0.9991	0.0009	0.0000
横河向变形	0.9934	0.0066	0.0000
顺河向变形	0.9786	0.0214	0.0000
沉降变形	0.9998	0.0002	0.0000
渗压计	1.0000	0.0000	0.0000
温度计	0.9960	0.0040	0.0000
引张线变形	0.9950	0.0050	0.0000

参考文献

[1] Chair Z, Varshney P K. Optimal Data Fusion in Multiple Sensor Detection Systems[J]. IEEE Trans,1986, 22(1):98-101.

[2] Waltz E, Llina J. Multi-sensor Data Fusion [M]. Boston: Artech House, 1990.

[3] 韩崇昭，朱洪艳，段战胜，等．多源信息融合[M]．北京：清华大学出版社，2005：2-40.

[4] 李子阳，马福恒，华伟南．多源信息融合诊断大坝安全监测资料合理性[J]．水利水运工程学报，2013(1)：41-46.

[5] David L, Linas J. An Introduction to Multisensor Data Fusion[J]. IEEE, 1997, 85(1): 6-15.

[6] 耿立校，李恒昱，刘丽莎．基于主成分分析的模糊频繁项集合挖掘方法[J]．计算机仿真，2022，39(2)：410-413.

[7] 李平，袁晓彤．基于稀疏敏感的鲁棒网络分层剪枝策略[J]．计算机应用与软件，2023，40(5)：200-206.

[8] 陈兴华，王雄飞，张远，等．基于FP-Growth算法的安全稳定控制装置故障关联特性分析[J]．制造业自动化，2023，45(5)：135-139+171.

[9] 王敏亦，丁卉，徐锐，等．基于改进Apriori算法的环境空气NO_2浓度变化的关联因素分析[J]．热带气象学报，2022，38(6)：890-900.

[10] 白勇，张占龙，熊隽迪．基于FP-Growth算法和GRNN的电力知识文本挖掘[J]. 计算机科学，2021，48(8)：86-90.

[11] 朱岸青，李帅，唐晓东．Spark平台中的并行化FP_growth关联规则挖掘方法[J]. 计算机科学，2020，47(12)：139-143.

[12] 赵克勤．集对分析及其初步应用[M]．杭州：浙江科学技术出版社，2000：1-198.

[13] Pawlak Z. Rough Sets[J]. Communications of ACM,1995, 38(11): 89-95.

[14] Zadeh L A. Fuzzy sets[J]. Information and Control,1965(8): 338-353.

[15] Yunlinag J, Congfu X. A New approach for Representing and Processing Uncertainty Konwlege[C]. 2003.

[16] 任艳玲，朱明放．基于集对分析的综合评价方法及其应用[J]．微计算机信

息，2007，23(36)：220-222.

[17] 蒋云良，徐从富．集对分析理论及其应用研究进展[J]．计算机科学，2006，33(1)：205-209.

[18] 肖明，赵宏伟，王晓峰．用熵确定权重的方法研究[J]．商场现代化，2007(6)：21-22.

[19] 刘亚莲，胡建平．土石坝安全的集对分析—可变模糊集评价模型[J]．人民长江，2011(11)：91-94.

[20] 何金平，施玉群，齐文强．基于集对分析的指标属性测度确定方法[J]．武汉大学学报(工学版)，2010(4)：429-432.

[21] 杨捷，何金平，李珍照. 大坝结构实测性态综合评价中定量评价指标度量方法的基本思路[J]．武汉大学学报(工学版)，2001(4)：25-28.

第6章 水库大坝运行安全智能监控与预警建模系统

综合上述章节建立的大坝安全监控理论体系，通过自研分析平台建立了功能完备、高度耦合集成的水库大坝运行安全智能监控与预警建模系统，以期实现水库大坝安全监测数据分析与预警模型和方法的示范应用。

6.1 系统基础信息

6.1.1 系统功能模块

水库大坝运行安全智能监控与预警建模系统平台采用B/S架构，以大坝各监测项目实测数据为基础，通过输入监测数据并进行数据自动化预处理，挖掘大坝结构性态多元特征，实现监测数据的跟踪分析，完成对大坝安全预警指标的拟定，大坝结构性态的安全预警、综合诊断以及大坝安全状况的综合评价。

本系统平台主要包括以下九个功能模块：模块一为数据管理输入模块，模块二为监测数据保真降噪模块，模块三为性态多元特征挖掘模块，模块四为性态在线跟踪监控模块，模块五为安全警戒值域拟定模块，模块六为变化趋势异常预警模块，模块七为监控测点聚类分析模块，模块八为运行性态综合诊断模块，模块九安全状况综合评价模块。本系统平台具有功能全面、界面友好、操作简便、人机交互能力强等优点，可高效实现大坝监测数据的处理与分析。

6.1.2 系统界面功能分区

系统界面包括三个功能分区，分别为数据管理区、系统功能区和功能操作区，如图6.1.1所示。

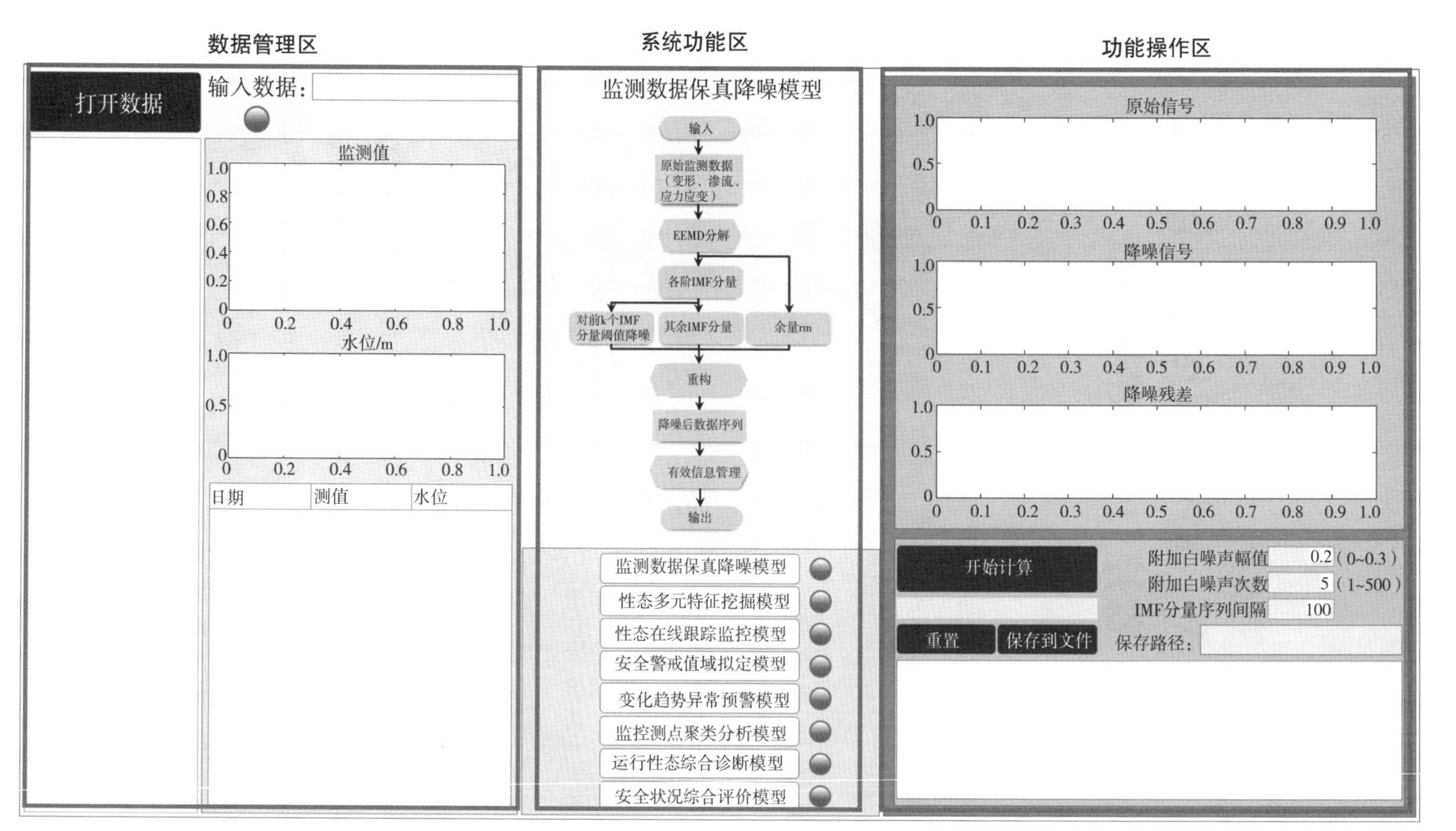

图6.1.1 系统主界面功能分区

6.1.2.1 数据管理区

数据管理区能够实现监测数据的输入和展示，通过点击“打开数据”按钮选择监测数据文件，输入工程的各项监测数据，即可展示测点的组织结构，自动绘制测点监测数据过程线并展示实测值，如图 6.1.2 所示。

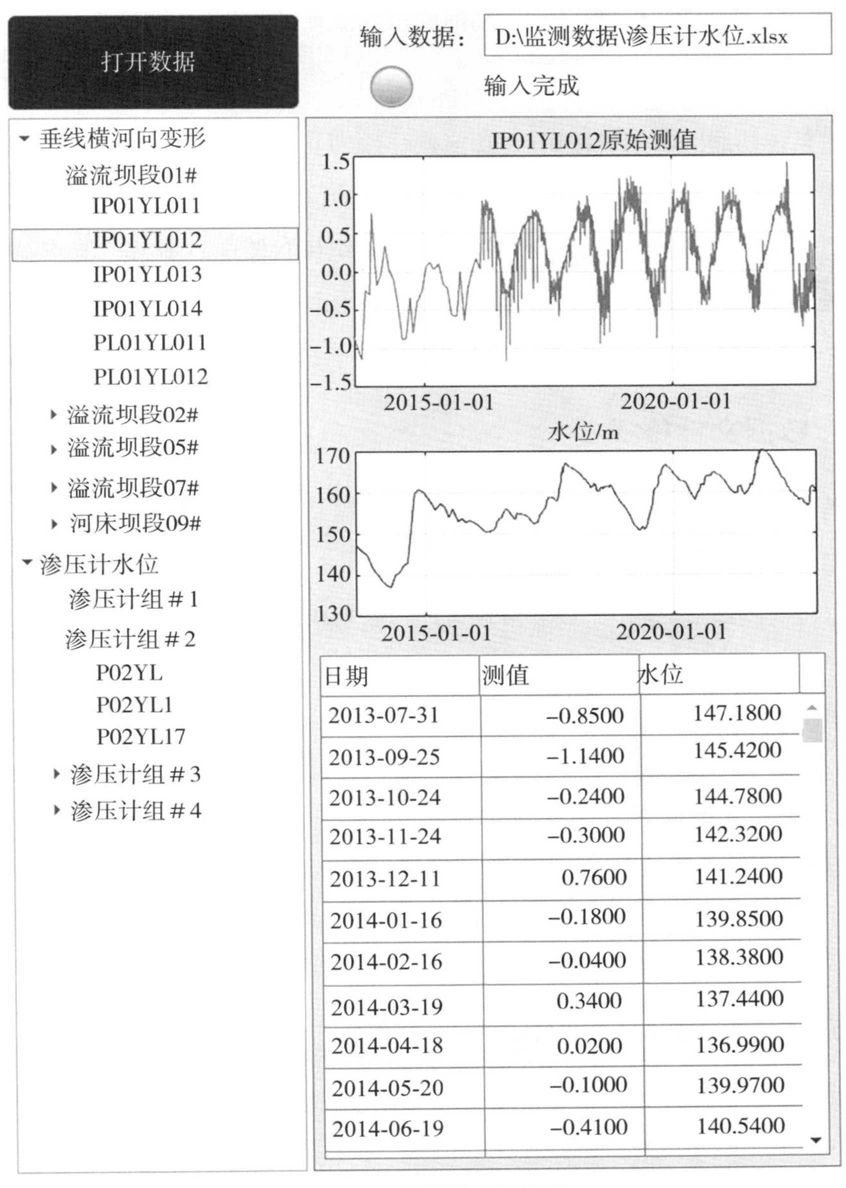

日期	测值	水位
2013-07-31	−0.8500	147.1800
2013-09-25	−1.1400	145.4200
2013-10-24	−0.2400	144.7800
2013-11-24	−0.3000	142.3200
2013-12-11	0.7600	141.2400
2014-01-16	−0.1800	139.8500
2014-02-16	−0.0400	138.3800
2014-03-19	0.3400	137.4400
2014-04-18	0.0200	136.9900
2014-05-20	−0.1000	139.9700
2014-06-19	−0.4100	140.5400

图 6.1.2 数据管理区展示

6.1.2.2 系统功能区

系统功能区涵盖了数据处理与分析的八个功能模块，即模块二至模块九。其下部区域按照监测数据的分析流程列出了系统的功能模块按钮，通过点击各功能模块按钮，能够实现当前分析功能的切换，并通过状态指示控件对监测数据处理的完成情况进行标识，同时在上部区域展示相应功能的算法流程，如图 6.1.3 所示。

6.1.2.3 功能操作区

点击系统功能区各模块按钮后，功能操作区即切换到相应的功能界面，进而开展相关算法参数的设置、分析结果的展示及与用户的信息交互。在完成某功能模块的数据处理与分析后，通过在系统界面左侧的测点组织树状图中点击某一测点，功能操作区即可展示相应的数据处理与分析结果。各功能模块对应的功能操作区展示结果如图 6.1.4 所示。

6.1.3 数据文件格式

为满足本系统平台监测数据输入规则，用户需将监测数据整理为 *.xlsx 格式文件进行输入，具体要求为：

1）以各监测项目命名 *.xlsx 格式文件，如"垂线横河向变形.xlsx""渗压计水位.xlsx"等。

2）如图 6.1.5 所示，*.xlsx 格式文件中，包含一个名为"name"的 sheet，其中列出所有的监测部位与测点名称信息；对于所有测点，其监测数据保存在以该测点名命名的 sheet 中。

3）保存监测数据的各 sheet 中，各列数据分别为测量时间、监测数据和对应的水位。

4）工程的上游水位和降雨数据需保存在"环境量.xlsx"文件的"环境量"sheet 中，各列数据分别为测量时间、上游水位和当日降雨量。

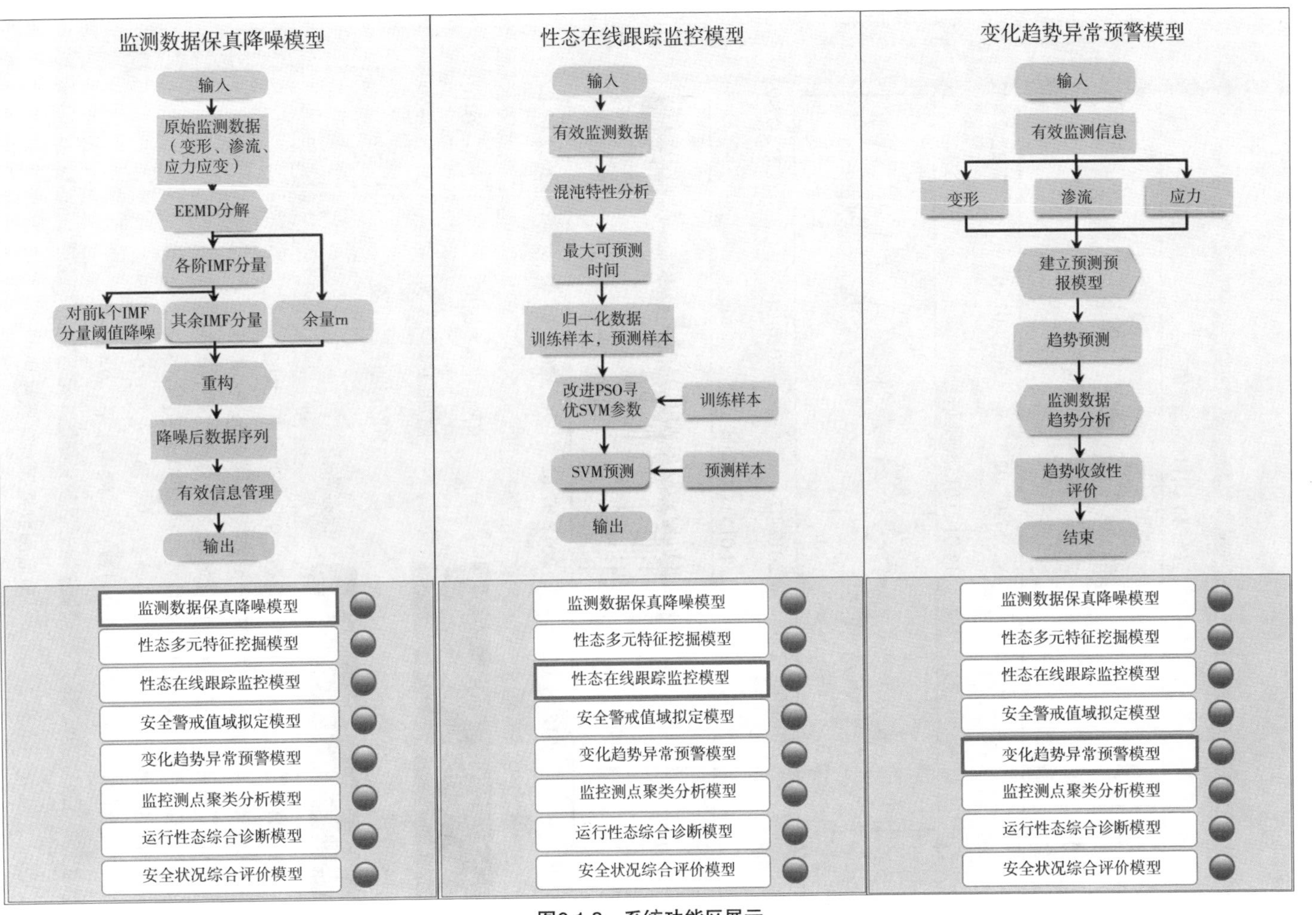

图6.1.3 系统功能区展示

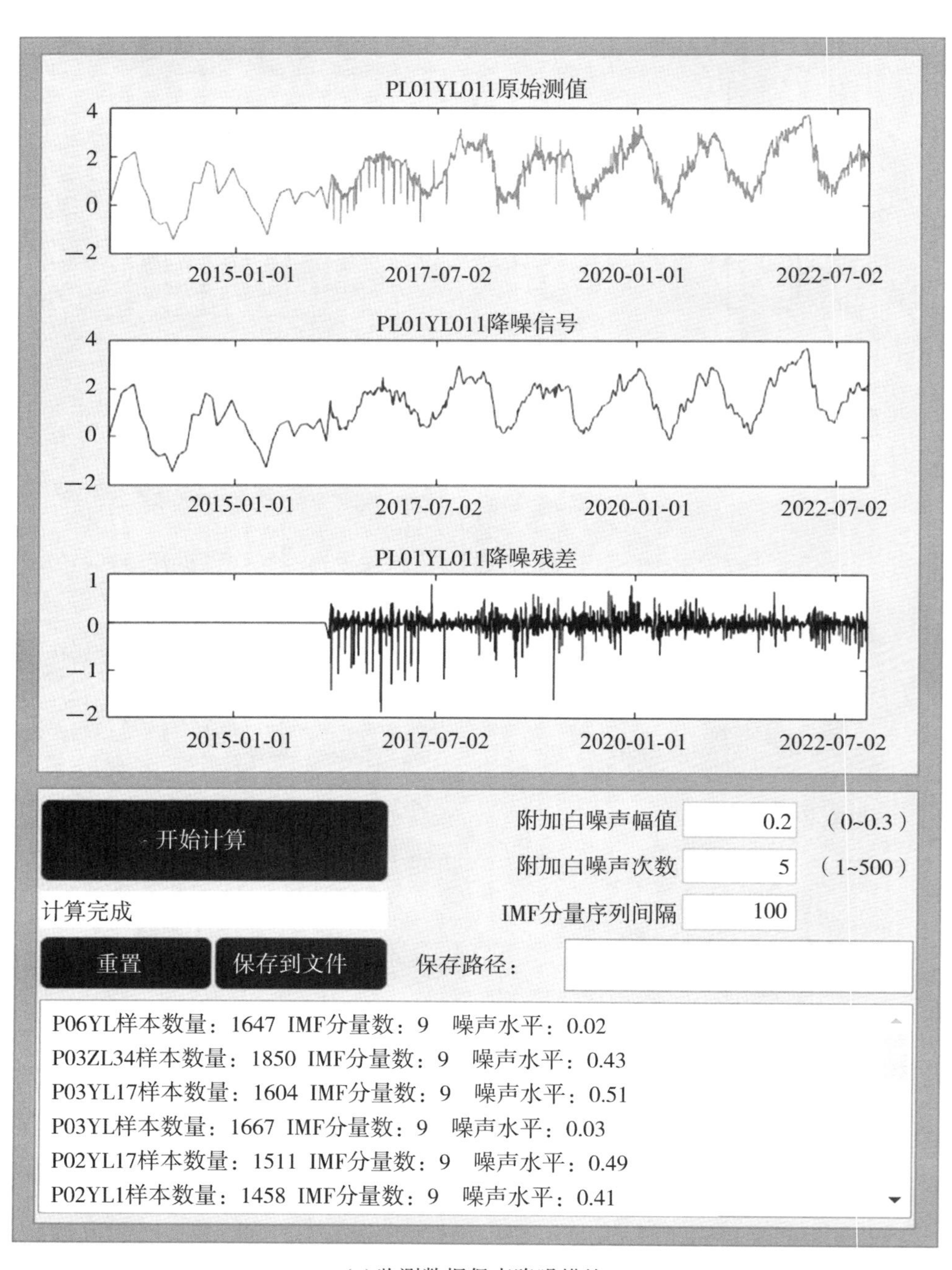

（a）监测数据保真降噪模块

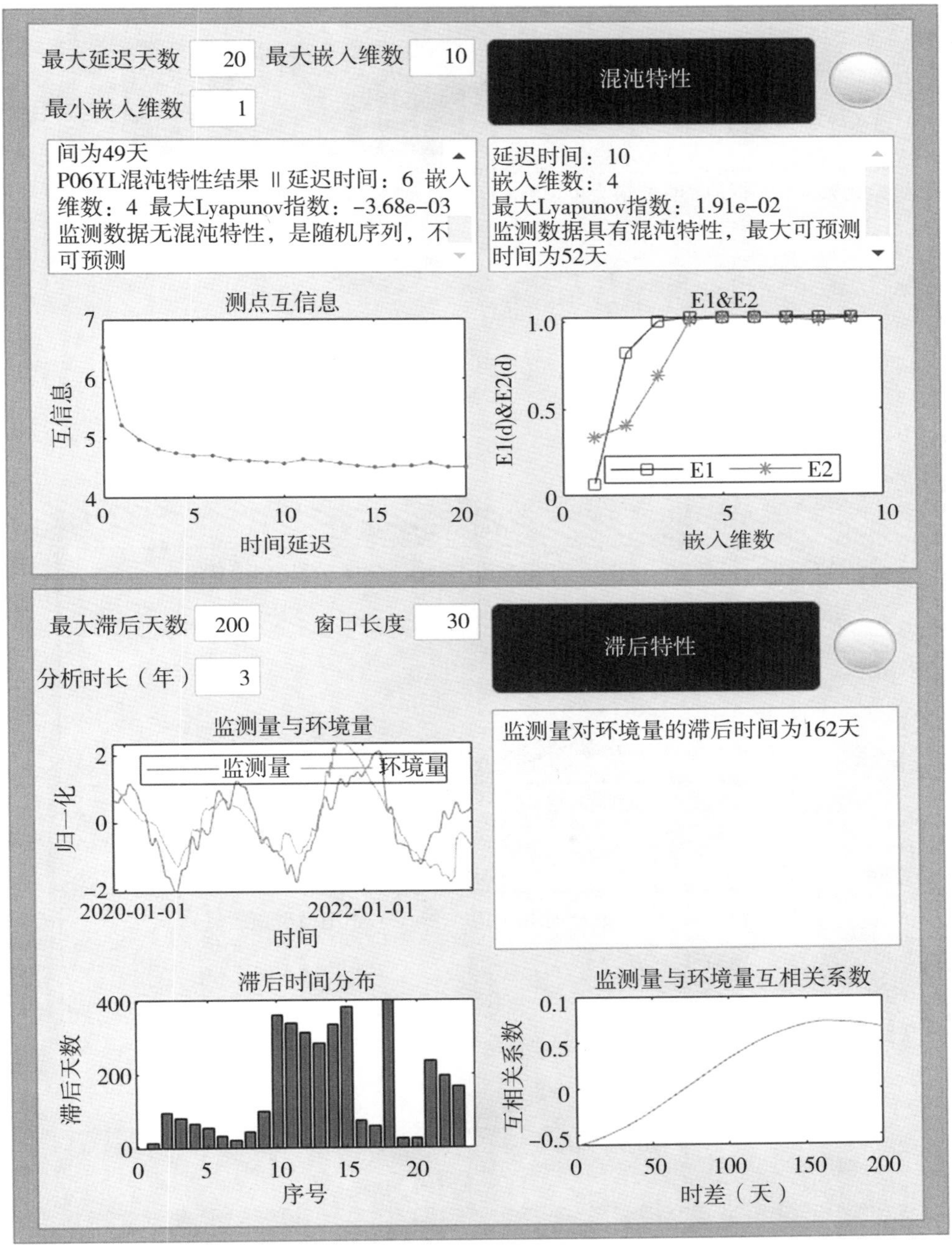

最大延迟天数 20
最大嵌入维数 10
混沌特性
最小嵌入维数 1
间为49天
P06YL混沌特性结果 || 延迟时间：6 嵌入维数：4 最大Lyapunov指数：-3.68e-03
监测数据无混沌特性，是随机序列，不可预测
延迟时间：10
嵌入维数：4
最大Lyapunov指数：1.91e-02
监测数据具有混沌特性，最大可预测时间为52天
测点互信息
互信息
时间延迟
E1&E2
E1(d)&E2(d)
E1
E2
嵌入维数
最大滞后天数 200
窗口长度 30
滞后特性
分析时长（年） 3
监测量与环境量
监测量
环境量
归一化
2020-01-01
2022-01-01
时间
监测量对环境量的滞后时间为162天
滞后时间分布
滞后天数
序号
监测量与环境量互相关系数
互相关系数
时差（天）

(b)性态多元特征挖掘模块

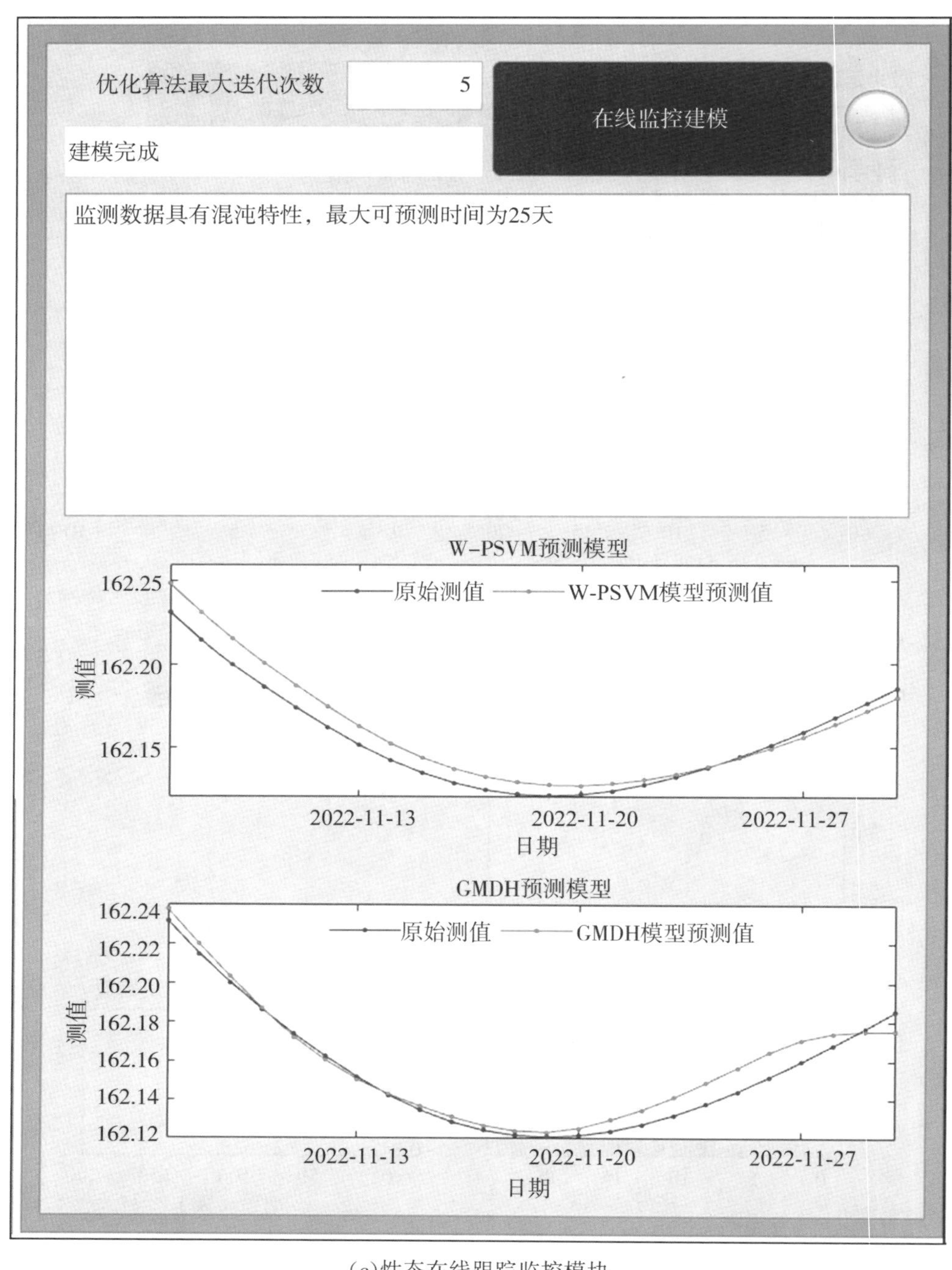

(c)性态在线跟踪监控模块

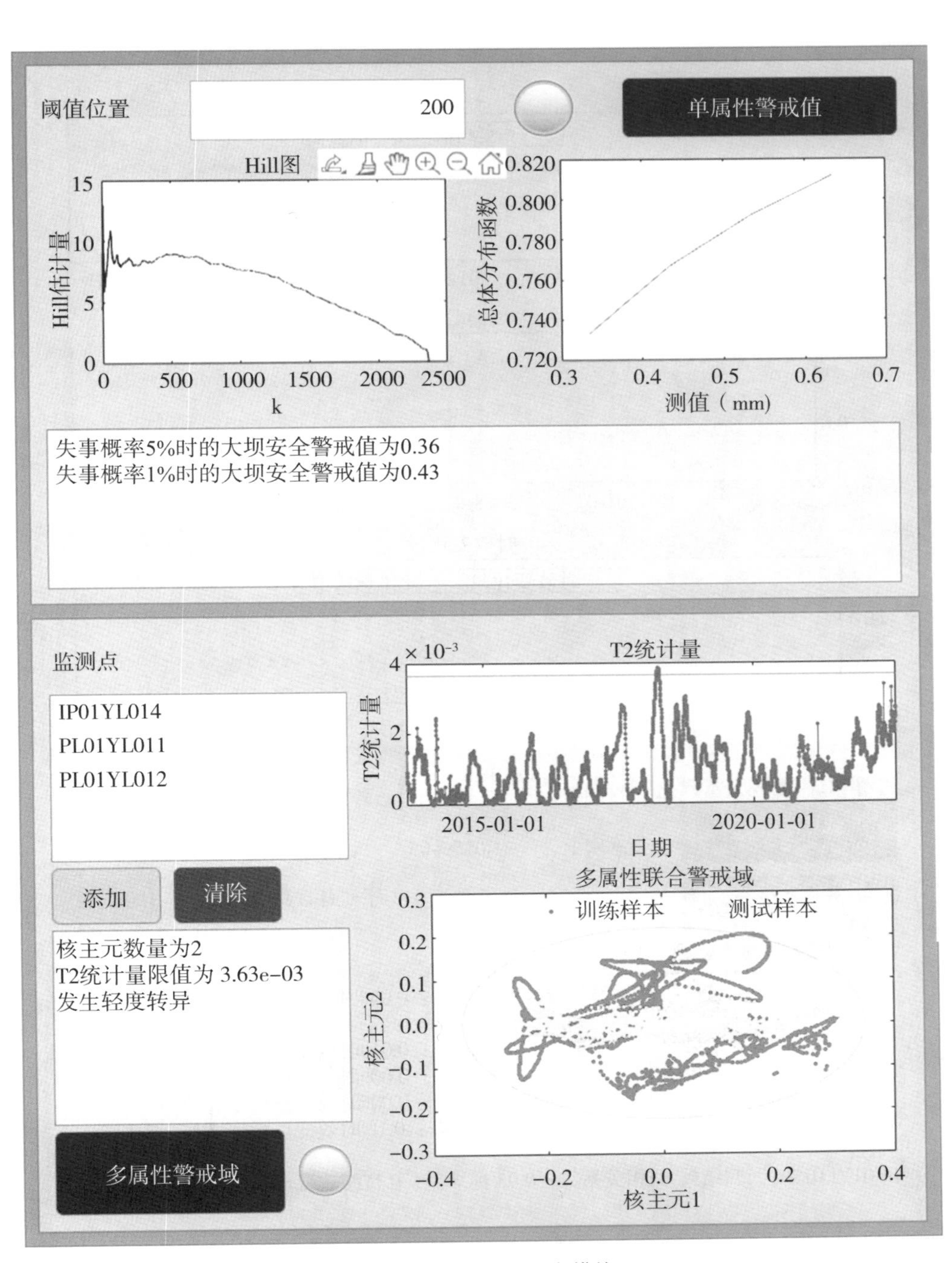

(d)安全警戒值域拟定模块

第6章

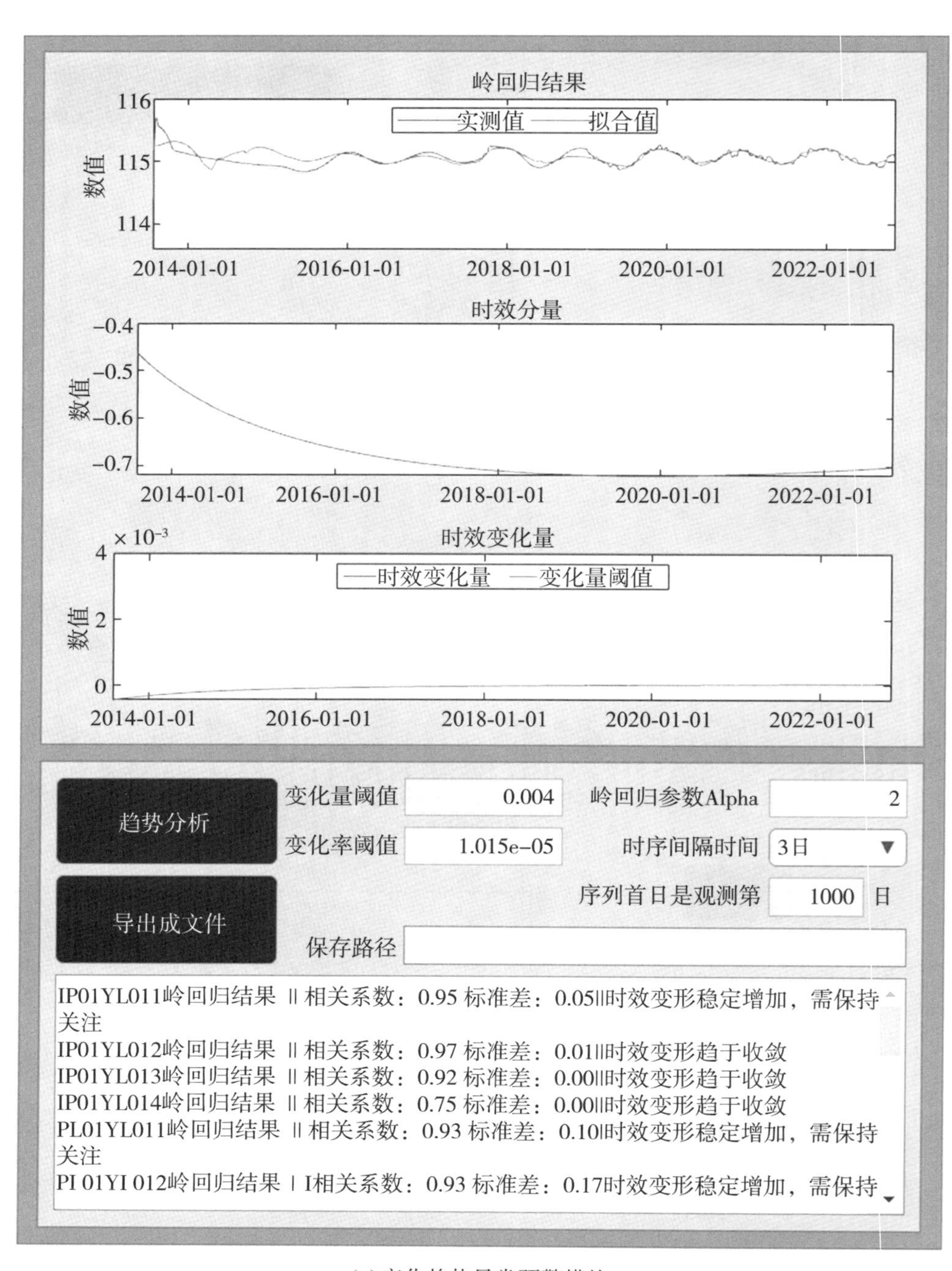

(e)变化趋势异常预警模块

支持度 0.2 影响因子分析

分析完成

监测项目：垂线顺河向变形-2
第1类测点（共10个）：
IP01YL011
IP01YL012
IP01YL013
IP01YL014
PL01YL011
PL01YL012
PL01YLY21
PL01YLY22
PL02YLY21
PL02YLY22
监测项目：渗压计水位-2
第1类测点（共10个）：
P01DB10
P01Y1
P01YL
P02YL
P02YL1
P02YL17
P03YL
P03YL17
P03ZL34
P06YL

(f)监控测点聚类分析模块

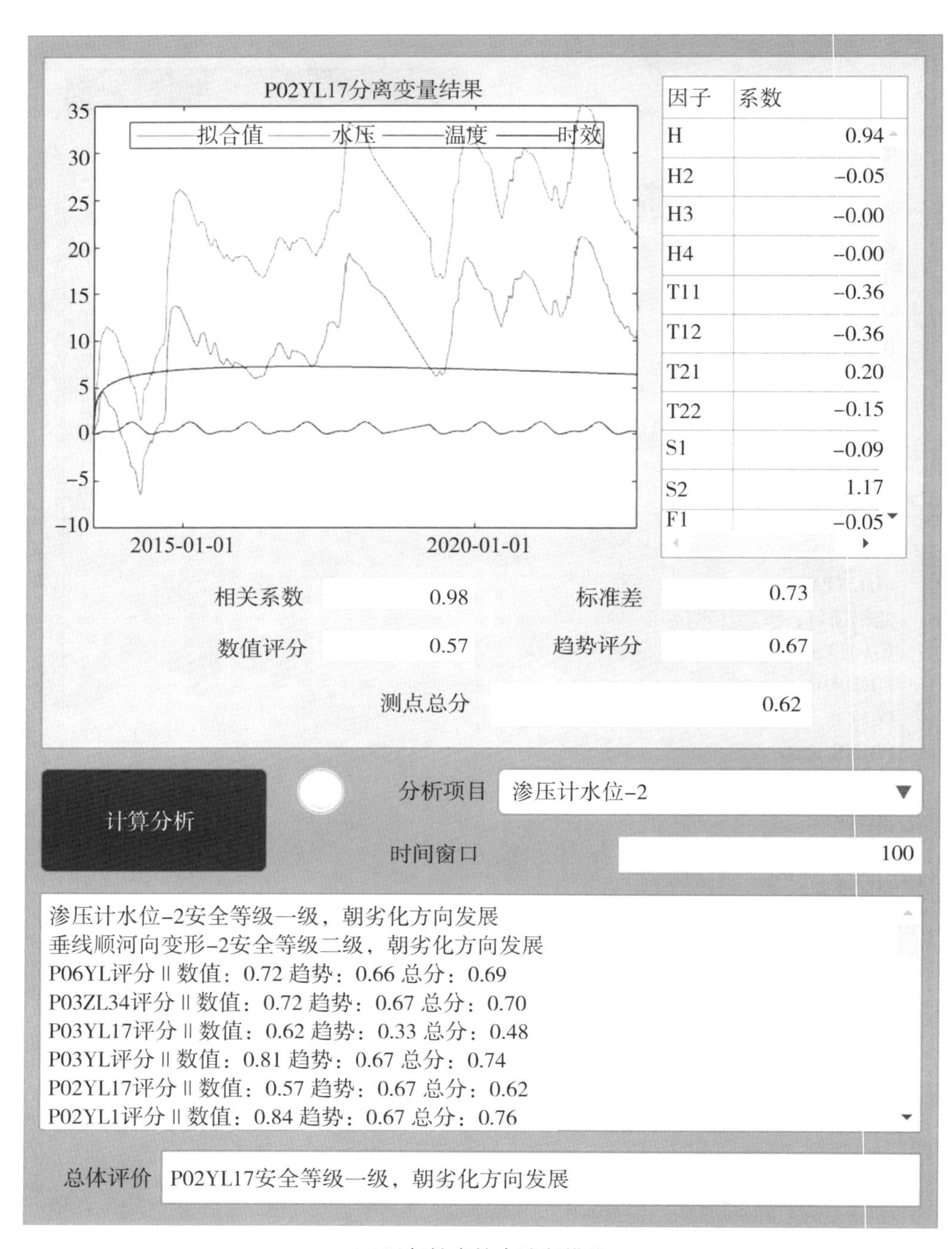

(g)运行性态综合诊断模块

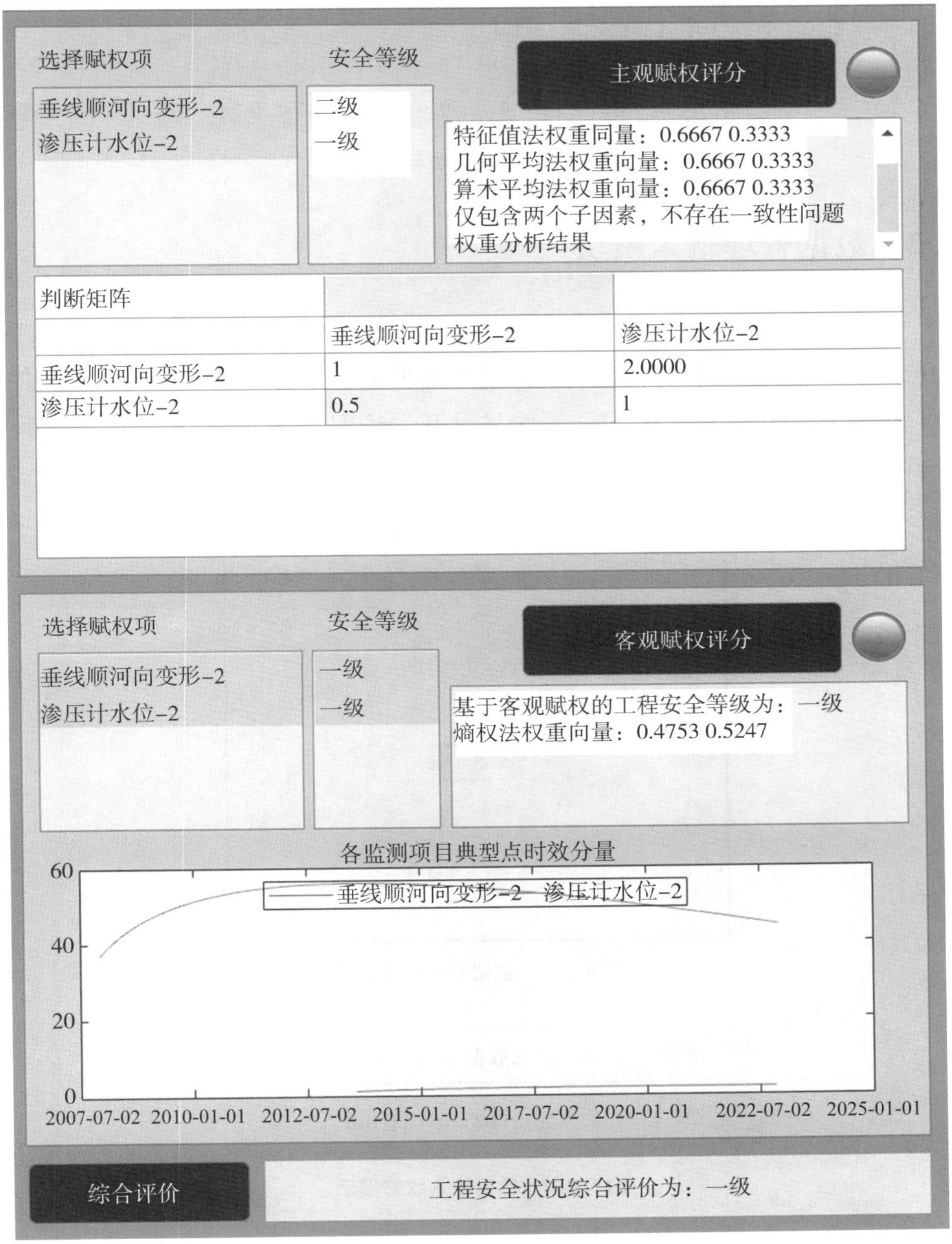

选择赋权项

垂线顺河向变形-2
渗压计水位-2

安全等级

二级
一级

主观赋权评分

特征值法权重同量：0.6667 0.3333
几何平均法权重向量：0.6667 0.3333
算术平均法权重向量：0.6667 0.3333
仅包含两个子因素，不存在一致性问题
权重分析结果

判断矩阵		
	垂线顺河向变形-2	渗压计水位-2
垂线顺河向变形-2	1	2.0000
渗压计水位-2	0.5	1

选择赋权项

垂线顺河向变形-2
渗压计水位-2

安全等级

一级
一级

客观赋权评分

基于客观赋权的工程安全等级为：一级
熵权法权重向量：0.4753 0.5247

各监测项目典型点时效分量

垂线顺河向变形-2 渗压计水位-2

60
40
20
0

2007-07-02 2010-01-01 2012-07-02 2015-01-01 2017-07-02 2020-01-01 2022-07-02 2025-01-01

综合评价

工程安全状况综合评价为：一级

(h)安全状况综合评价模块

图 6.1.4　各功能模块区界面

	A	B	C	D	E	F	G	H	I
1	溢流坝段01#	IP01YL011	IP01YL012	IP01YL013	IP01YL014	PL01YL011	PL01YL012		
2	溢流坝段02#	PL01YLY21	PL01YLY22	PL02YLY21	PL02YLY22				
3	溢流坝段05#	IP01YLY5	PL01YLY51	PL01YLY52	PL02YLY51	PL02YLY52	PL02YLY53		
4	溢流坝段07#	IP01YL071	IP01YL072	IP02YL07	PL01YL071	PL01YL072	PL02YL071	PL02YL072	
5	河床坝段09#	PL01HC091	PL01HC092	PL01HC093					
6									
7									

name | IP01HC13 | IP01HC24 | IP01HC25 | IP01HC27 | IP01HC31 | IP01YL011 | IP01YL0

图 6.1.5 监测部位与测点名称

6.2 数据管理输入模块

点击“打开数据”按钮，系统弹出如图 6.2.1 所示的提示窗口，点击“Select a file”按钮，系统弹出文件选择窗口，选取需要输入系统的监测项目数据文件。

数据文件上传至服务器后，系统平台开始读取数据文件，同时在输出框显示当前输入测点名、已输入测点数和总测点数信息(图 6.2.2)。

图 6.2.1 数据输入提示窗口

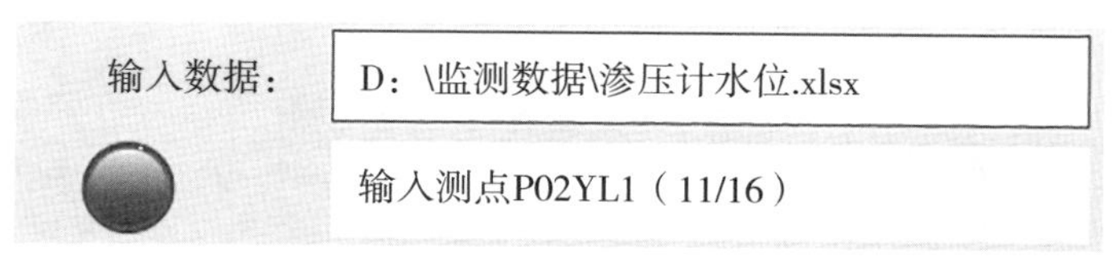

图 6.2.2 数据输入状态提示

6.3 监测数据保真降噪模块

本模块主要功能是对原始监测数据(如测压管水位、渗压计、温度计等)进行降噪处理，降低监测数据噪声水平。

6.3.1 降噪方法参数设置

在“监测数据保真降噪模块”中，设置有降噪方法参数设置窗口，可在该窗口中设置降噪方法的关键参数大小。监测数据保真降噪模块所用降噪方法为总体经验模态分解(EEMD)，算法核心参数为“附加白噪声幅值”和“附加白噪声次数”。

在 EEMD 降噪算法中附加白噪声的幅值一般取值范围为 0.1～0.3，建议取值为 0.2。EEMD 降噪算法中附加白噪声的次数一般取值范围为 100～500，取值过大会影响计算时间，需要综合考虑降噪效果和降噪时间来进行设置，建议取值为 200。在降噪方法参数设置窗口中还设置有 IMF 分量序列间隔，该参数设置的作用是可以根据监测数据的长度来对横坐标数据显示的间隔进行设置。

6.3.2 监测数据降噪

在“监测数据保真降噪模块”主界面中设置有“降噪信号”和“降噪残差”显示窗口，监测数据进行降噪处理后，降噪信号和降噪残差可通过这两个窗口直观展示监测数据经过监测数据保真降噪模块处理后的降噪效果。

监测数据进行降噪处理后，设置有显示窗口对监测数据经过降噪方法处理后的相关信息进行展示，包括监测数据的样本长度大小、分解出的 IMF 分量个数以及信号的噪声水平估计。经过数据分解、平滑、滤波、重构等过程实现监测数据的平滑降噪，能有效降低监测数据序列的噪声水平，为后续进一步处理分析奠定基础。监测数据降噪结果显示窗口如图 6.3.1 所示，监测数据降噪结果相关信息显示窗口如图 6.3.2 所示。

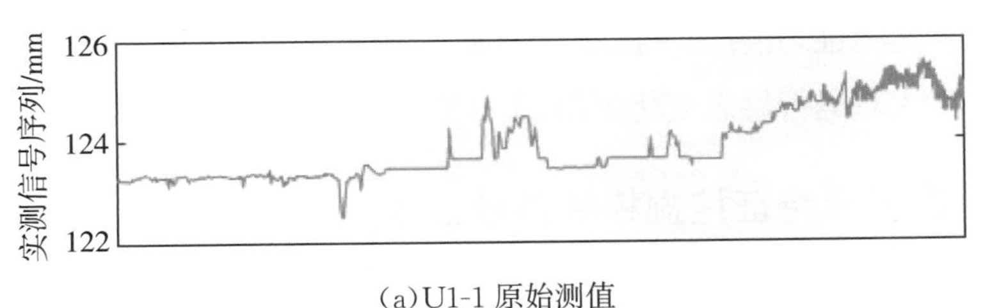

(a)U1-1 原始测值

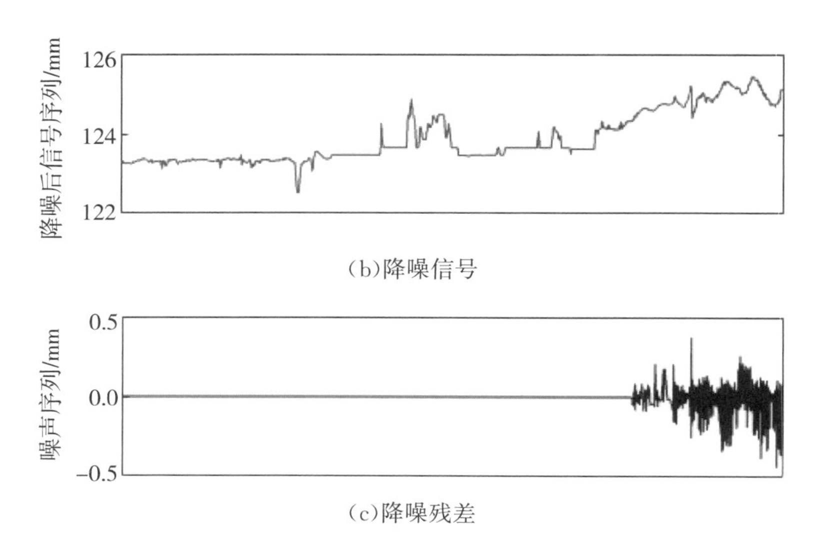

图 6.3.1 监测数据降噪结果显示窗口

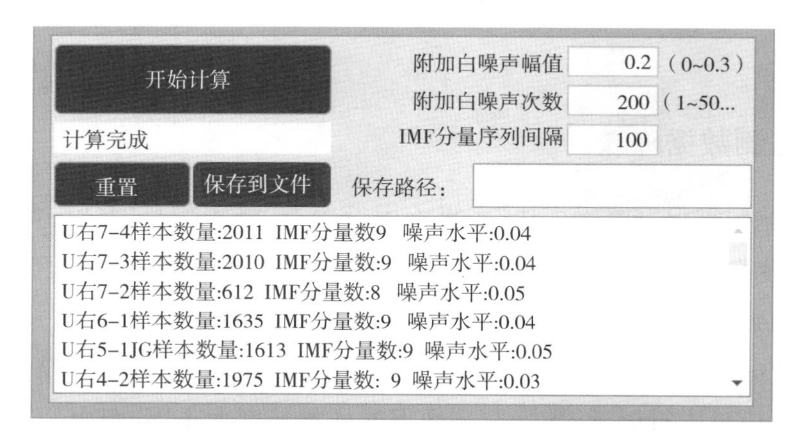

图 6.3.2 监测数据降噪结果相关信息显示窗口

6.4 性态多元特征挖掘模块

本模块将采用相空间重构技术、相似序列匹配技术以及互相关图分析方法等，针对水库大坝运行性态混沌特性、滞后特征、时效特征等，对其开展辨识与挖掘，更深入认知水库大坝运行性态变化规律，更好服务于后续安全监控模块的构建。

6.4.1 性态多元特征挖掘模块参数设置

监测数据常包含混沌特征和滞后特征两种特征，其中混沌特征和滞后特征，混沌特征中，需要输入“最大延迟天数”“最大嵌入维数”“最小嵌入维数”参数。在滞后特征中，需要输入"最大滞后天数""窗口长度""分析时长(年)"参数，"最大滞后天数"参数范围一般需要根据所分析监测资料确定(图 6.4.1、图 6.4.2)。

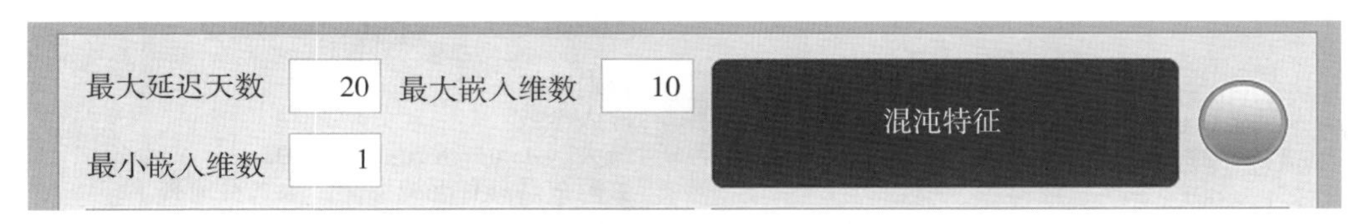

图 6.4.1　混沌特征参数设置窗口

图 6.4.2　滞后特征参数设置窗口

6.4.2　性态多元特征挖掘

在点击"混沌特性"按钮后，模块可逐点完成输入监测数据的混沌特性挖掘分析。在点击"滞后特性"按钮后，模块可逐点完成输入监测数据的滞后特性挖掘分析，其结果如图 6.4.3 所示。

6.5　性态在线跟踪监控模块

本模块综合应用支持向量机(SVM)、小波理论、粒子群算法(PSO)、相空间重构方法、数据分组处理算法(GMDH)等，融合水库大坝运行性态表现出的强非线性、滞后性等特性，基于第三、四模块成果，开发了水库大坝运行性态在线跟踪监控模型。

6.5.1　性态在线跟踪监控模块参数设置

性态在线跟踪监控模型中，使用两种方法对监测效应量进行预测。第一种为 W-PSVM 预测模型，第二种为 GMDH 预测模型。第一种模型需输入参数"优化算法最大迭代次数"(图 6.5.1)，其使用多元特征挖掘模块中的混沌特性——最大预测天数作为接续参数输入，无须在本模块中手动输入；第二种模型使用多元特征挖掘模块中的滞后特性——各监测量对于水位、温度等环境量的滞后天数作为接续参数输入，无须在本模块中手动输入。

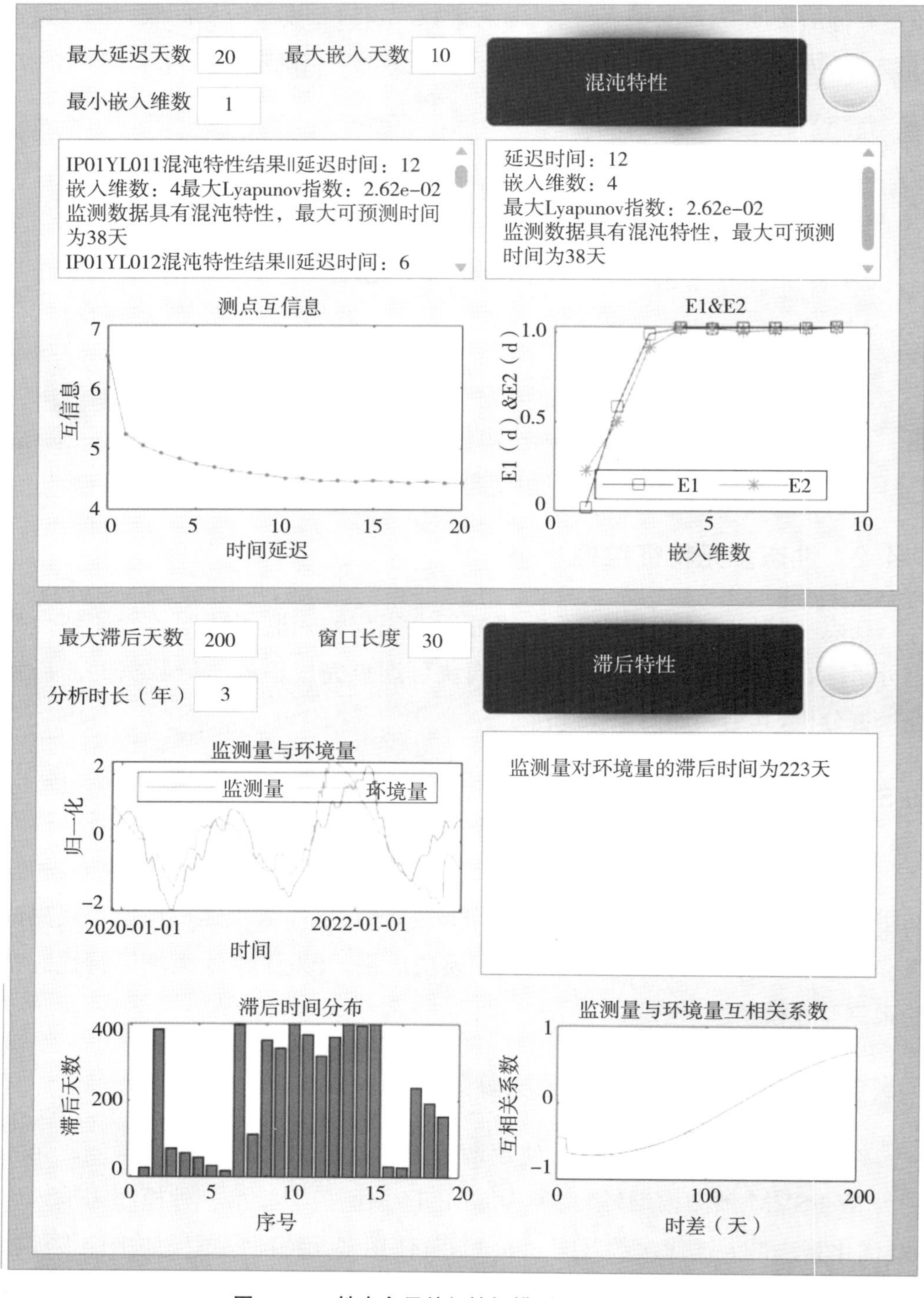

图 6.4.3 性态多元特征挖掘模型运行结果展示

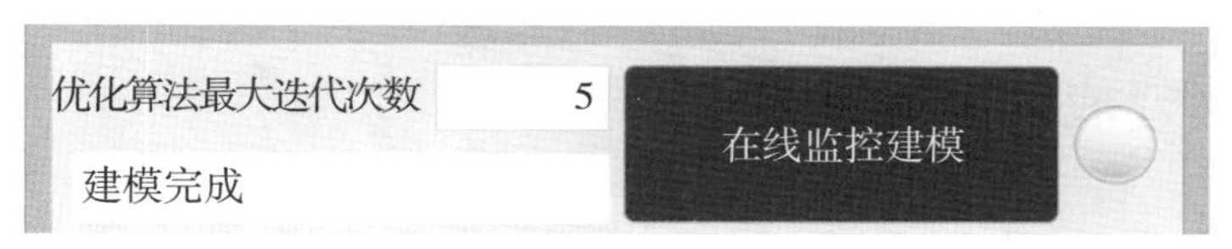

图 6.5.1　在线跟踪参数设置窗口

6.5.2　性态在线跟踪监控

在单击“在线监控建模”按钮后，模块可逐点完成输入监测数据的监控模型建立。从结果中优选效果良好（红框标注出）的预测结果作为最终值，如图 6.5.2 所示。

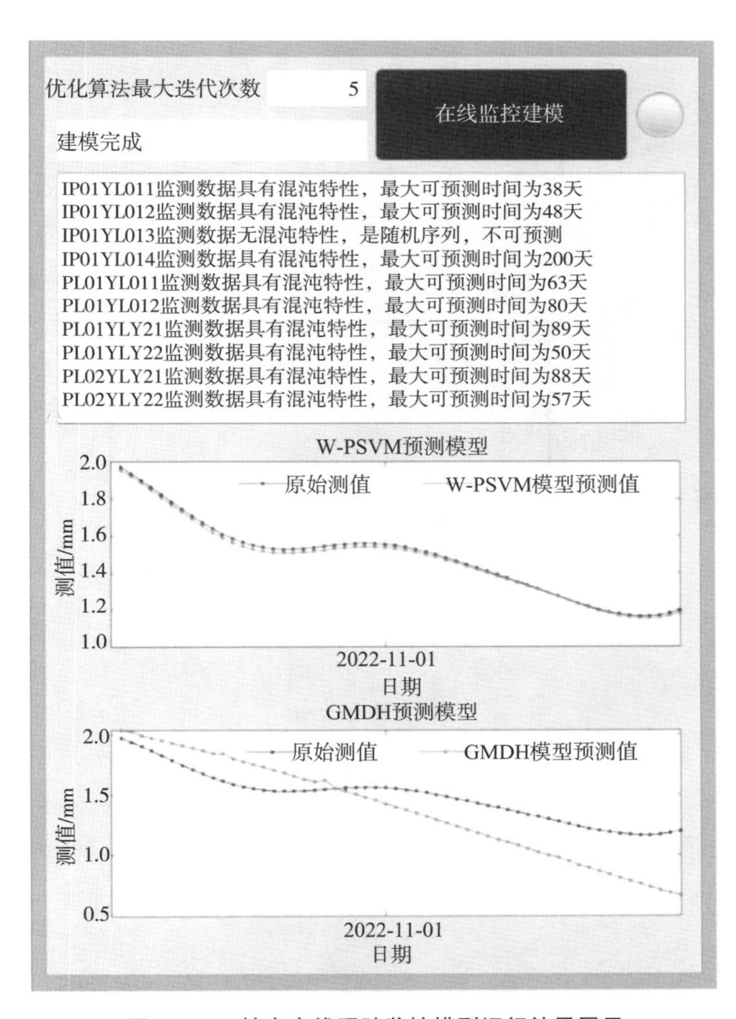

图 6.5.2　性态在线跟踪监控模型运行结果展示

6.6 安全警戒值域拟定模块

6.6.1 单属性警戒值拟定

在“安全警戒值域拟定模块”主界面中设置有“Hill 图”和“总体分布图”显示窗口，可通过观察 Hill 图中曲线变化趋势确定序列阈值和观察总体分布函数对数据的拟合情况（图 6.6.1）。

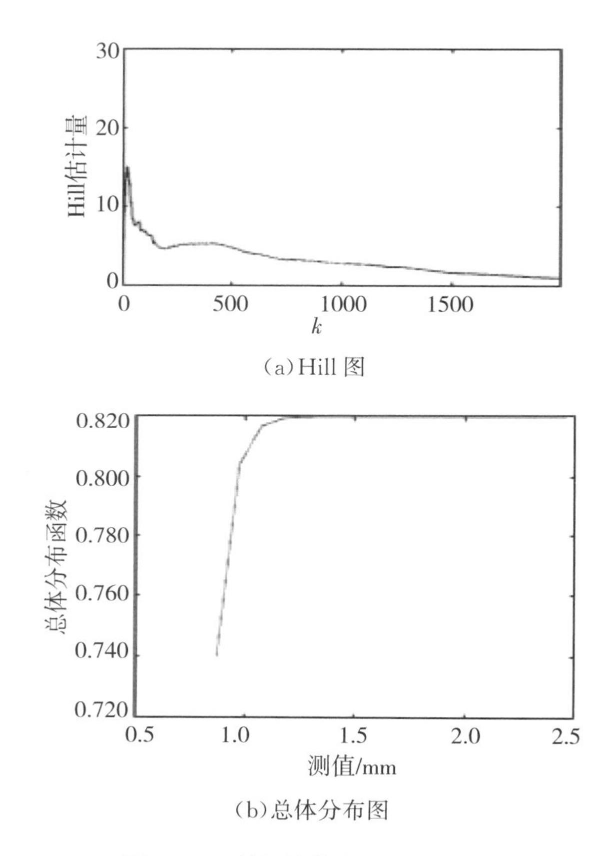

（a）Hill 图

（b）总体分布图

图 6.6.1 单属性警戒值拟定过程量

变形、渗流和应力等属性进行警戒值拟定后，设置有窗口对不同失事概率下的警戒值进行显示，包括失事概率、警戒值，可以快速实现大坝安全的快速预警。

6.6.2 多属性警戒域拟定

在“安全警戒值域拟定模块”主界面中设置有“监测点”“T2 统计量”和“多属性联合警戒域”显示窗口，“监测点”窗口显示进行警戒域拟定的测点，“T2 统计量”窗口显示原始数据统计量波动情况，“多属性联合警戒域”窗口显示警戒域、实测数据和转异数据三者之间的关系(图 6.6.2)。

变形、渗流和应力等属性进行警戒域拟定后，设置有显示窗口对核主元数量、T2 统计量限值和转异程度进行显示，可以快速实现大坝安全的快速预警，对有效降低大坝灾变风险具有重要意义。

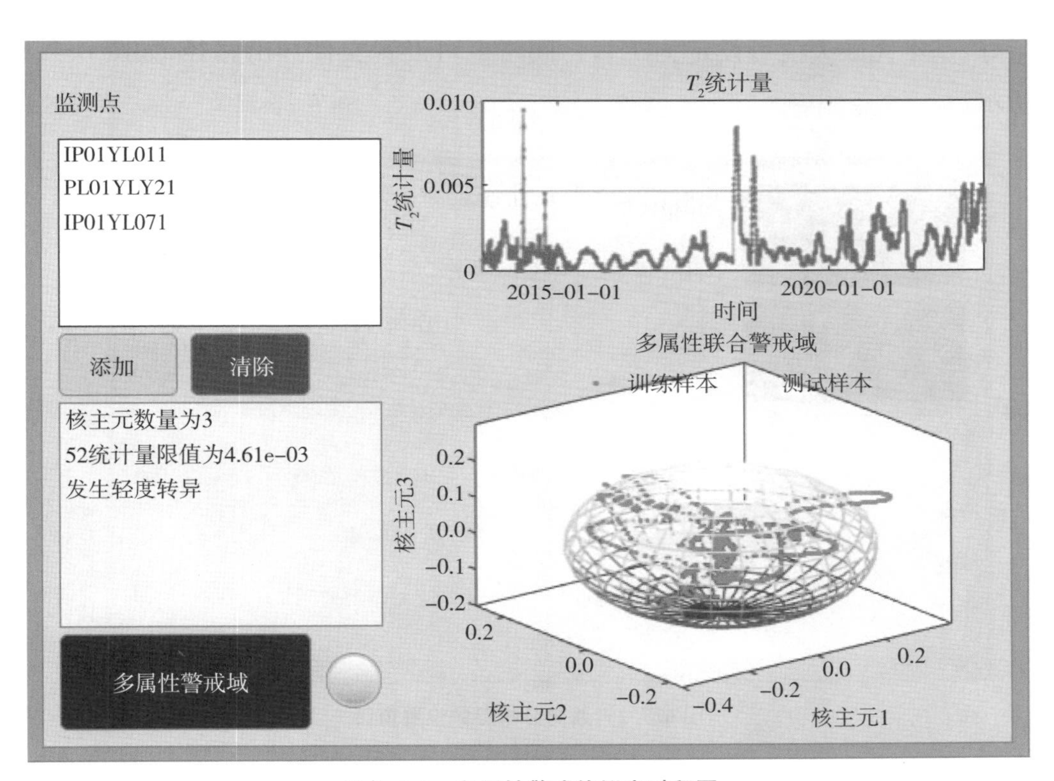

图 6.6.2 多属性警戒值拟定过程图

6.7 变化趋势异常预警模块

本模块基于大坝安全有效监测信息，集成数据整备、缺失值填补算法，利用三次样条函数对数据进行整备，构建基于岭回归的大坝运行安全性态趋势

预测模型，对大坝变形、渗流渗压、应力应变等效应量进行外延预测值拟定。通过分析与给定大坝运行安全趋势警戒值间差异，以实现大坝运行趋势预警判识。

6.7.1 变化趋势异常预警模块参数设置

完成大坝监测数据导入、计算分析模型选取后，需设置变化量阈值、变化率阈值、岭回归参数 Alpha 和时序间隔时间。变化量阈值为相邻两个监测日的监测数据变化值，需依照实际监测数据进行拟定；变化率阈值为相邻两个监测日监测数据连线的斜率；岭回归参数 Alpha 默认 2；时序间隔时间可在 1 日、3 日、7 日和 1 月间进行选择，默认为 3 日，根据监测数据质量来确定，若数据质量好，基本无缺失值可设定为 1 日。同时也可设置文件导出路径，如图 6.7.1 所示。

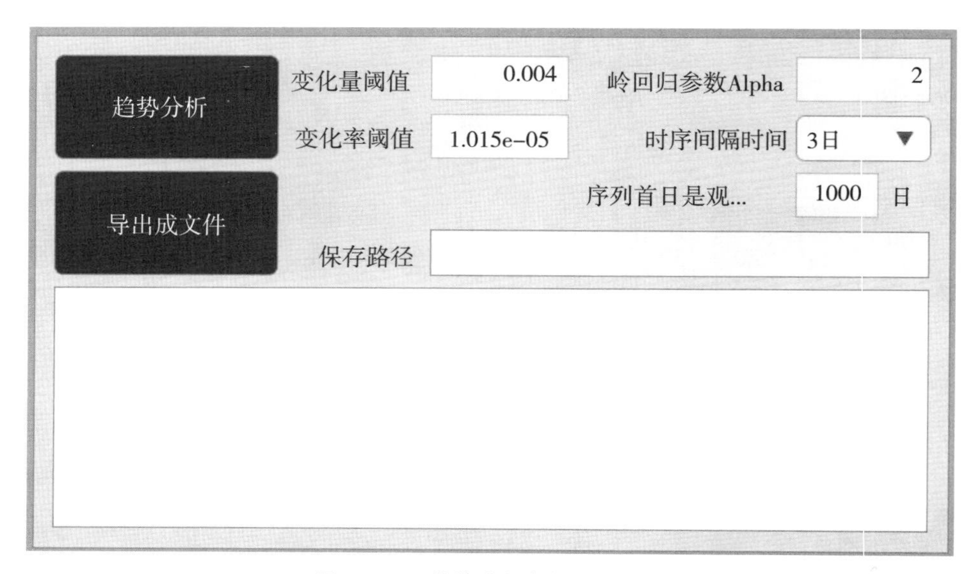

图 6.7.1 趋势分析参数设置窗口

6.7.2 变化趋势预测预警

模块首先通过三次样条插值处理缺失值，通过岭回归(Ridge Regression)对数据进行建模拟合，形成大坝运行变形、渗压趋势线，输出大坝运行安全趋势过程线、趋势变化量及变化率曲线、趋势综合评定结论。在设置好参数并单击“趋势分析”按钮后，模块可逐点完成输入监测数据的趋势分析，如图 6.7.2

所示。

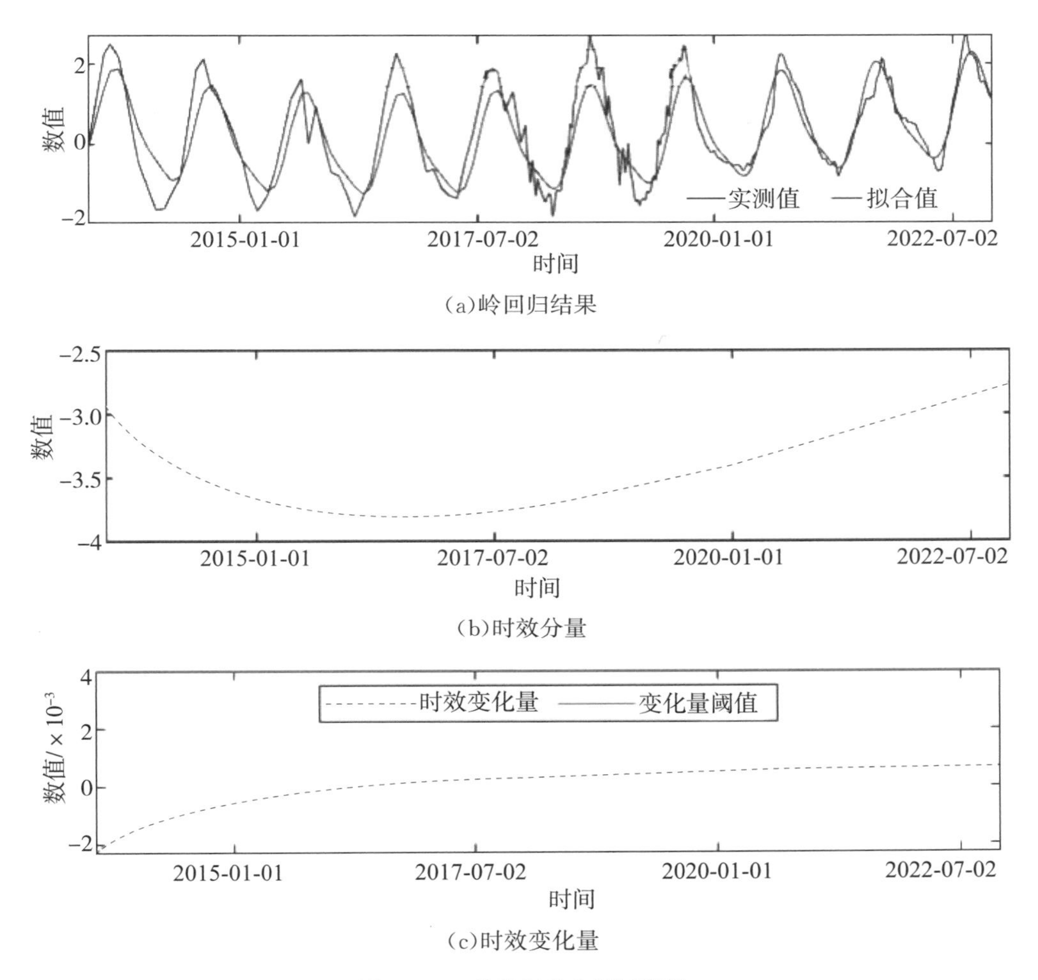

图 6.7.2 趋势异常分析过程量

6.8 监控测点聚类分析模块

本模块从信息融合角度出发，综合应用数据库剪枝技术、核关联规则、FP-Growth 算法、D-S 证据理论和集对分析等理论和方法，对多源信息进行多方面、多层次的互补集成，改善不确定环境中的决策过程，解决数据用于确定共同空间和时间框架的信息理论问题，实现对大坝运行安全性态的合理评估和预测。

在"监控测点聚类分析模块"中，设置有多源信息融合参数设置窗口，可以在该窗口中设置支持度的大小。关联规则支持度一般取值范围为 0～1。在

“监控测点聚类分析模块”主界面中，单击“影响因子分析”即可进行测点分类。影响因子分析具体步骤如下：

第一步：依据集对分析理论计算各单指标联系数；

第二步：依据熵权理论对各指标进行赋权；

第三步：基于前两步计算结果，再次依据集对分析理论计算合成指标联系数，进行大坝各监测项目安全状况判识，从而得到趋势预估；

第四步：基于前两步计算结果，依据 D-S 证据理论对基本概率赋值进行加权融合，进行大坝工作性态多源信息融合评价。

大坝运行安全测点聚类分析流程如图 6.8.1 所示。大坝运行安全测点聚类结果如图 6.8.2 所示。

输入多个测点进行分析后，设置有显示窗口对测点分类结果进行显示，包括监测项目、测点类别。

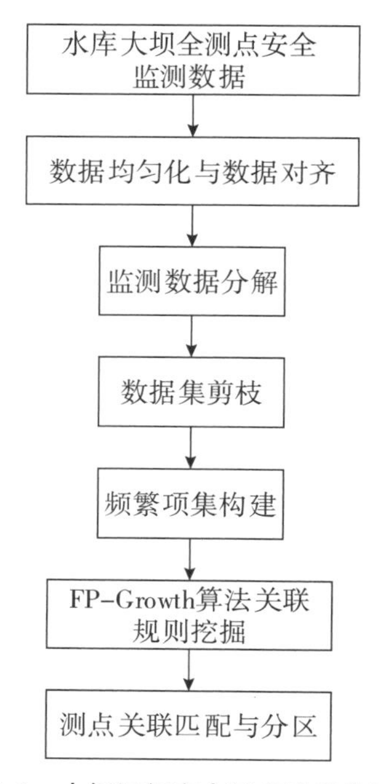

图 6.8.1　大坝运行安全测点聚类分析流程

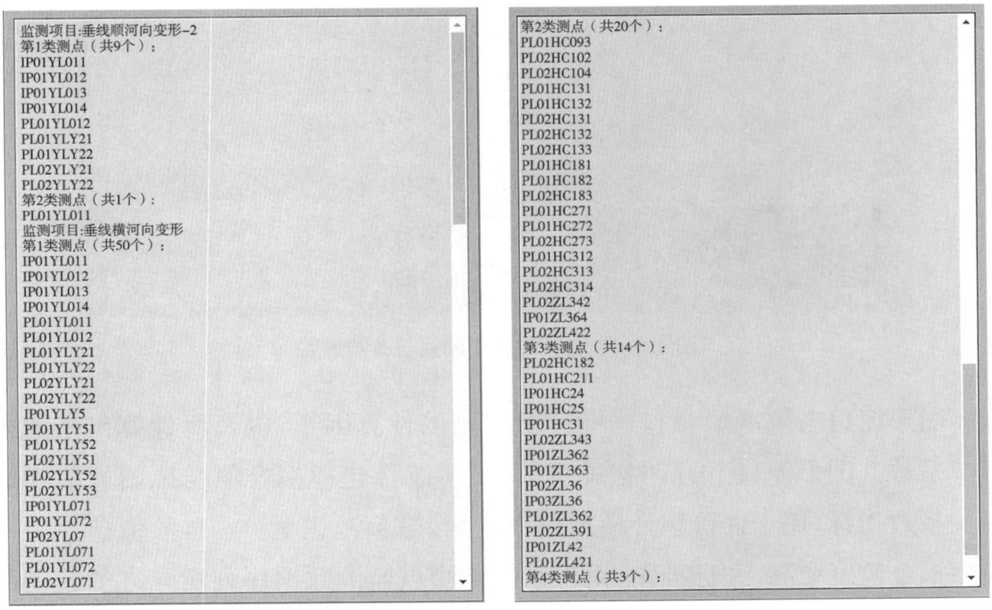

监测项目:垂线顺河向变形–2
第1类测点（共9个）：
IP01YL011
IP01YL012
IP01YL013
IP01YL014
PL01YL012
PL01YLY21
PL01YLY22
PL02YLY21
PL02YLY22
第2类测点（共1个）：
PL01YL011
监测项目:垂线横河向变形
第1类测点（共50个）：
IP01YL011
IP01YL012
IP01YL013
IP01YL014
PL01YL011
PL01YL012
PL01YLY21
PL01YLY22
PL02YLY21
PL02YLY22
IP01YLY5
PL01YLY51
PL01YLY52
PL02YLY51
PL02YLY52
PL02YLY53
IP01YL071
IP01YL072
IP02YL07
PL01YL071
PL01YL072
PL02VL071

(a)

第2类测点（共20个）：
PL01HC093
PL02HC102
PL02HC104
PL01HC131
PL01HC132
PL02HC131
PL02HC132
PL02HC133
PL01HC181
PL01HC182
PL02HC183
PL01HC271
PL01HC272
PL02HC273
PL01HC312
PL02HC313
PL02HC314
PL02ZL342
IP01ZL364
PL02ZL422
第3类测点（共14个）：
PL02HC182
PL01HC211
IP01HC24
IP01HC25
IP01HC31
PL02ZL343
IP01ZL362
IP01ZL363
IP02ZL36
IP03ZL36
PL01ZL362
PL02ZL391
IP01ZL42
PL01ZL421
第4类测点（共3个）：

(b)

图 6.8.2　大坝运行安全测点聚类结果

计算完成后,各监测项目内测点分区结果可在图 6.8.1 中所示窗口读取,处于相同分区内的测点表示相互间具有较强的相关性。在安全监测与评估中,若个别测点数据异常,可通过重点关注分区内其他测点数据变化的协调与同步,缩小监控范围,判断测点异常类型,指导大坝安全监控管理。此外,该模块计算分析结果将自动导入后续运行性态综合诊断模块,实现多源信息、多层次分区、多维度致因融合的大坝运行性态诊断。

6.9　运行性态综合诊断模块

6.9.1　参数设置及指标解读

在“变化趋势异常预警模块”中开展分析计算的时间窗口长度选择默认的 100,点击“计算分析”,如图 6.9.1 所示。

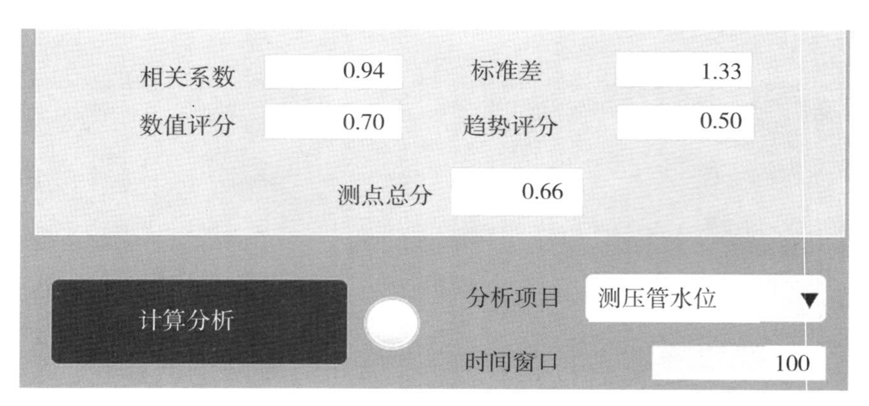

图 6.9.1　计算过程中间量与参数设置

图形窗口右侧展示参与建模分析所用的计算因子，以及所计算出来的各因子系数。图形窗口下方，“相关系数”显示统计建模拟合值与原始测值间的相关系数指标，用于评价统计模型建立优劣，数值范围为 0～1，数值愈大表示模型拟合精度愈高。“标准差”用于刻画该测点监测数据序列所允许的波动范围。“数值评分”是根据实测效应量数值与统计分析模型拟合效应量数值比较后，在不同标准差倍数范围内所进行的评分数值，用于评价反映当前时间窗口内数值与理论数值间的比较情况，数值范围为 0～1，分数愈高，表示二者愈接近。“趋势评分”表示该测点效应的时变行为的收敛情况，由模型中的时效分量计算得出，反应效应量时变行为的收敛程度，数值范围为 0～1，数值愈大表示当前时间窗口相对上一时间窗口的变化幅度愈小。“测点总分”表示数值评分与趋势评分加权组合后，大坝当前测点的总体得分，数值范围为 0～1，得分愈高，表示愈健康。

6.9.2　性态综合诊断

计算完成后，如图 6.9.2 所示，“计算分析”按钮右侧圆形图标颜色由灰色变为绿色。上方图形窗口实时展示所导入的各监测数据序列统计建模过程中所分解的水压分量、温度分量、时效分量以及总的拟合值。“计算分析”下方窗口会实时输出各测点监测数据序列的建模信息与评分数值。

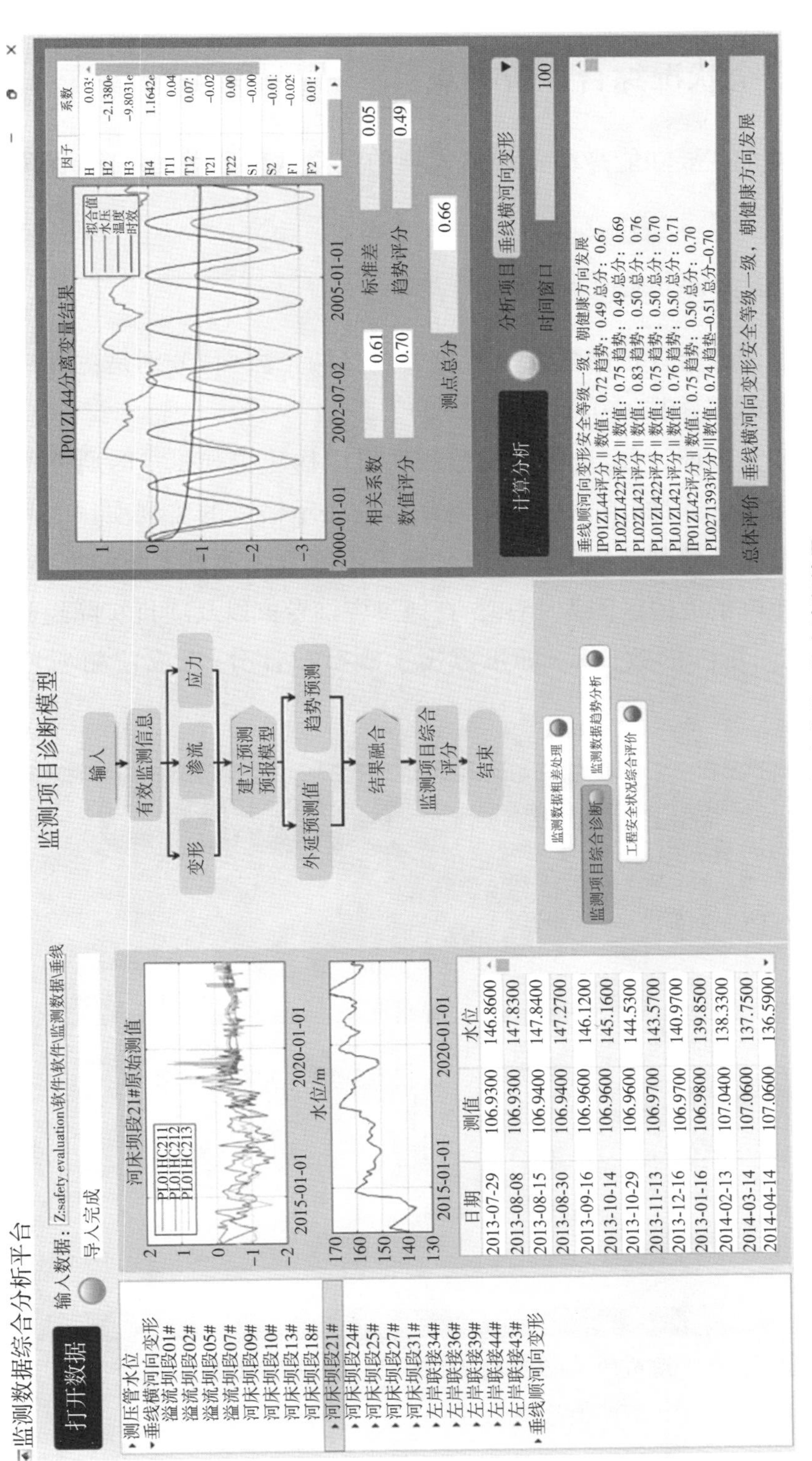

图6.9.2 大坝运行安全状况综合诊断结果

6.10 安全状况综合评价模块

本模块的主要功能是综合评估大坝的安全状况和潜在风险，保障大坝工程的运行安全。

6.10.1 综合评价参数设置

安全状况综合评价的参数设置主要包括两个方面，分别是主观权重赋权和客观权重赋权(图 6.10.1、图 6.10.2)。

主观权重方面，可全选输入的监测项目以构建主观赋权时所需的判断矩阵。可以看到，此时的矩阵的数值全为 1，这表示输入的监测项目之间同等重要。可以通过调整判断矩阵的数值来表示不同监测项目之间的重要程度，建议的判断矩阵的取值区间为 1～9。在通过咨询专家以及项目实际经验的基础上，确定判断矩阵的数值后，即可点击主观赋权评分，完成监测项目的主观赋权。

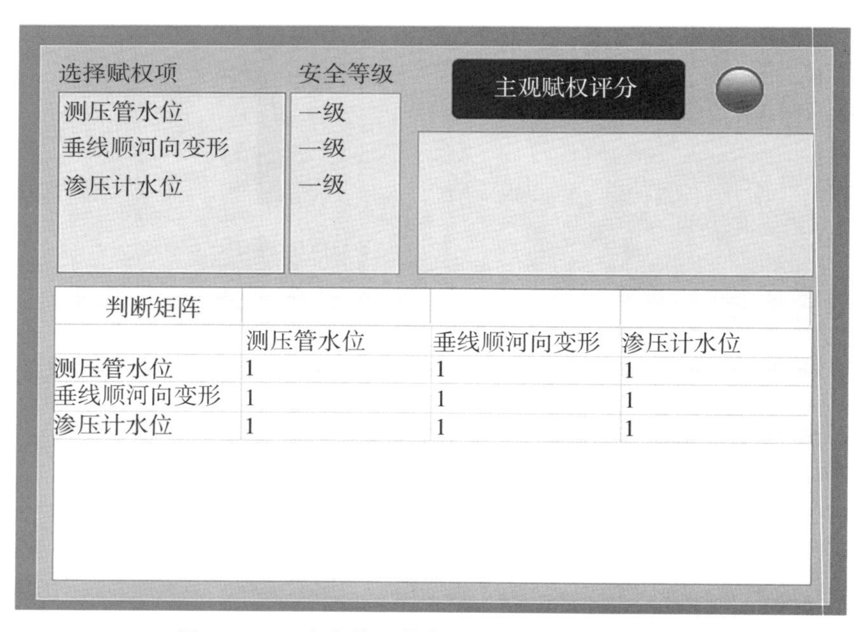

图 6.10.1 安全状况综合评价模块主观赋权展示

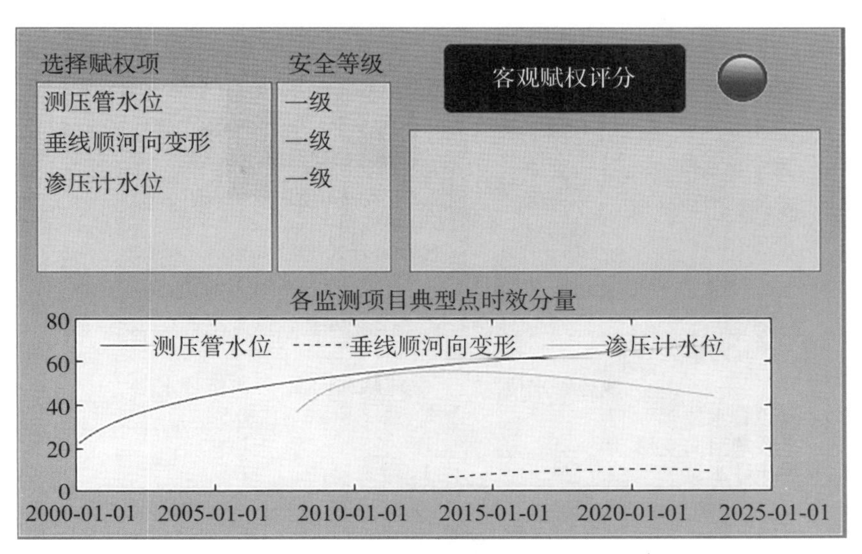

图 6.10.2 安全状况综合评价模块客观赋权展示(水位:m,变形:mm)

客观赋权的操作与主观赋权类似,全选输入的监测项目,此时会出现各监测项目典型点时效分量过程线。完成上述操作后,点击客观赋权评分即可实现评价指标的客观赋权。

6.10.2 安全状态综合评价

计算出的结果会显示在主观赋权按钮下部,主要内容有基于主观赋权的工程安全等级和不同方法计算出的权重向量。在这里,系统默认使用特征值法的权重向量进行后续计算。最终可通过点击综合评价来实现安全状况的评估,评估的结果为一级,说明项目处于正常运行状态(图 6.10.3)。

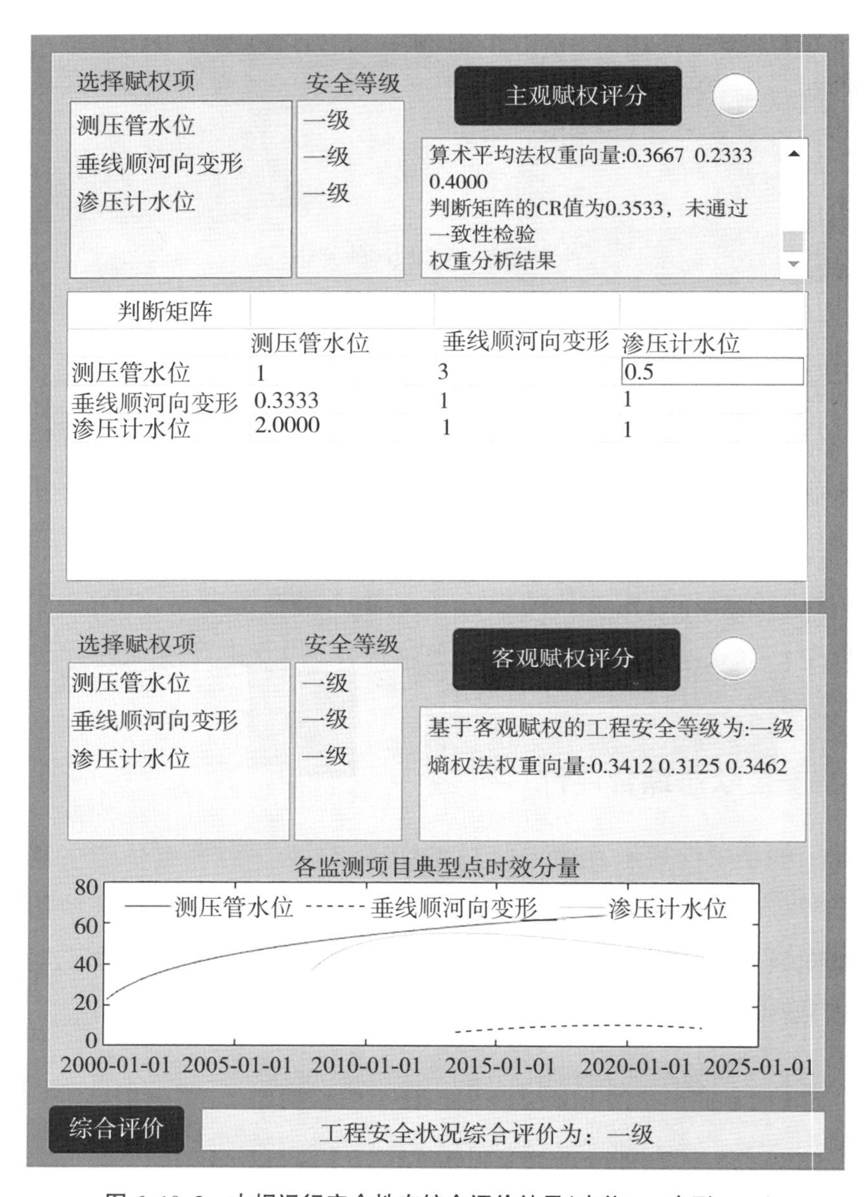

图 6.10.3　大坝运行安全性态综合评价结果（水位：m，变形：mm）